机器人进阶系列

人形机器人

（原书第2版）

[日] 梶田秀司（Shuuji Kajita） 编著
冷春涛 曹旸 曹其新 译

ヒューマノイド ロボット（改訂2版）

机械工业出版社
CHINA MACHINE PRESS

图书在版编目（CIP）数据

人形机器人：原书第 2 版／（日）梶田秀司编著；冷春涛，曹旸，曹其新译 .—北京：机械工业出版社，2024. 6（2025. 3 重印）
（机器人进阶系列）
ISBN 978-7-111-75720-7

Ⅰ. ①人…　Ⅱ. ①梶…　②冷…　③曹…　④曹…　Ⅲ. ①机器人　Ⅳ. ①TP242

中国国家版本馆 CIP 数据核字（2024）第 087908 号

机械工业出版社（北京市百万庄大街 22 号　邮政编码 100037）
策划编辑：王　颖　　　　责任编辑：王　颖
责任校对：龚思文　王　延　　责任印制：郜　敏
三河市国英印务有限公司印刷
2025 年 3 月第 1 版第 3 次印刷
165mm×225mm · 16 印张 · 266 千字
标准书号：ISBN 978-7-111-75720-7
定价：79.00 元

电话服务　　　　网络服务
客服电话：010-88361066　　机　工　官　网：www. cmpbook. com
010-88379833　　机　工　官　博：weibo. com/cmp1952
010-68326294　　金　　书　　网：www. golden-book. com
封底无防伪标均为盗版　　机工教育服务网：www. cmpedu. com

PREFACE

第2版前言

自2005年本书的第1版出版以来，已经过去了15年。在过去的15年里，针对人形机器人的研究在世界范围内掀起了热潮。得益于此，本书的第1版于2007年被翻译成中文和德文，2009年被翻译成法文，2014年被翻译成英文。

然而，在机器人领域，世界各地的研究每天都在取得新进展。第2版在保持第1版基本内容的基础上，比留川博久（第3章）、吉田英一（第5章）和梶田秀司（第1、2、4和6章）对2020年人形机器人研究中需要解决的问题进行了补充。

本书介绍的大多数机器人是由川田机器人有限公司开发的。为此，我们衷心感谢川田机器人有限公司的总裁川田忠裕先生、五十栖隆胜先生和其他相关优秀工程师。

日本产业技术综合研究所（简称产综研）的AIST-CNRS机器人联合研究实验室目前正在推动人形机器人的研究。在此要感谢该实验室主任金广文男先生、CNRS研究主任Abderrahmane Kheddar先生和联合研究实验室副主任森泽光晴先生，以及我的同事金子健二、阪口健、Rafael Cisneros、Mehdi Benallegue、神永拓、熊谷伊织、Adrien Escande、鲇泽光等其他成员。

此外，我们还要感谢已经离开研究小组、自己创办公司在社会上推广人形机器人基础研究成果的Choreonoid公司总裁中冈慎一郎先生，感谢他在百忙之中抽出时间来检查手稿。

最后，我们要感谢三浦郁奈子，她于2007年加入AIST人形机器人研究小组，作为 HRP-4C“未梦”的开发成员发挥了重要作用。如果不是 2013 年她作为访问学者在美国麻省理工学院逗留期间发生了不幸的事故，她将是对这本书的出版最高兴的人之一。

梶田秀司

PREFACE

第1版前言

今天在电视和展示会看到人形机器人像真人一样行走和跳舞，各种各样的机器人表演令人叹为观止。很多人不禁好奇："那些动作是怎样实现的呢?"本书的首要目的就是回答这个问题。本书介绍的理论和技术已经实际应用于人形机器人 HRP-2 的控制，类似的技术也应用于诸如本田的 ASIMO 和索尼的 QRIO 等著名的人形机器人。

乍看起来，书中内容并不简单。对那些不擅长数学的人而言，本书的方程式数量多得令人生畏。为了克服这些数学算式的枯燥乏味，我们尽可能地加插了图片，以使它们形象生动。事实上，这是一些用数学语言和物理语言仔细谱写的"乐谱"，隐藏在人形机器人令人赞叹的表演背后。我们希望本书能引起更多的人对人形机器人感兴趣并认识到科学和技术是构筑现代社会的支柱。如果这个目的能达到，那么本书的写作就获得了成功。

本书第 1 章由隶属于产业技术综合研究所的智能系统研究所人形机器人研究室主任比留川博久执笔；第 3 章由该研究室的研究员原田研介和梶田秀司共同执笔；第 5 章由智能系统研究所的自主行为控制研究室主任横井一仁执笔；第 2 章、第 4 章、第 6 章由梶田秀司执笔。

若没有其他很多人的帮助，本书是难以出版的。首先感谢川田工业株式会社航空和机械事业部的川田忠裕、五十栖隆胜和其他优秀的工程师，他们设计制造了包括人形机器人 HRP-2 在内的硬件平台。感谢 General Robotix 株式会社的小神野东贤和川角祐一郎，他们为我们负责机器人的维护保养。我们还感谢智能系统研究所人形机器人研究室的金子健二、金广文男、藤原清司、斋藤元和森泽光晴等，他们做出了很多优秀的研究成果。本书的内容主要是人形机器人研究室全体人员的研究成果，该室研究人员对书稿提出过有益的建议。智能系统研究所的分布系统设计研究室主任黑河治久在最后阶段对书稿提出过重要建议，筑波大学研究生院学生长崎高已指出了原稿中的一些错误。

最后感谢智能系统研究所所长平井成兴和前所长谷江和雄。若没有他们的管理以维持一个良好的研究环境，本书也就难以问世。

梶田秀司
2005 年 3 月

本书主要贡献者

梶田秀司

比留川博久

原田研介

横井一仁

吉田英一

CONTENTS

目 录

CHAPTER 1

第 1 章 人形机器人概论

1.1 人形机器人简介

1.1.1 什么是人形机器人

人形机器人是指外形像人类的机器人。科幻小说和电影中出现的许多想象中的机器人都是人形的。许多人在听到“机器人”这个词时，首先想象的可能就是一个人形机器人。在现实世界中，机器人被要求在某种意义上对人有用。为什么机器人要模仿人类的外形？就像飞机的形状不像鸟一样，如果我们只关注功能方面，一定会有另一种最佳形式。

在考虑这个问题之前，首先需要思考我们想从机器人身上得到什么。汽车是 20 世纪最伟大的商品之一，满足了人类的两个基本愿望：去远方和享受驾驶的乐趣。机器人能满足人类哪些基本需求？答案可以归纳为两点：“为我做我不想做的事”和“享受他人的陪伴”。从实现这些功能的角度来看，人形机器人具有以下三个特点。

- 可以适应人类生活的环境。
- 可以使用人类使用的工具。
- 模仿人类的外形。

当今人类生存的环境普遍符合人类的生活习惯。走廊的宽度、楼梯的高度、扶手的位置、门把手的位置、厨房水槽的高度……这样的例子不胜枚举。因此，一旦机器人的外形类似于人类的外形，就可以适应环境而不必做任何改变。对于非人形机器人，如轮式机器人，就有必要根据机器人的情况创造一个无障碍的环境，例如拓宽走廊、安装电梯等，需要对环境基础设施进行改造。相反，让机器人的外形与人类相似则比较经济。

人使用的各种工具都是为了适应人的外形，比如剪刀就是根据手的形状制作的。设计机器人，使其能够使用人类使用的工具，一定比重新塑造所有这些工具以适应非人形机器人更经济。

为了让人类感到熟悉，并对机器人产生“拟人化”感受，机器人的外形必须与人类的外形相似。机器人的外形离人类越远，人类对机器人的“感情”就越少。人形机器人的这一特点能够让人与机器人相处时感到舒适。科幻小说和电影中的许多机器人之所以采取人类的外形，也是为了实现这一目的。

1.1.2 人形机器人历史

第一个真正意义上的人形机器人出现于1973年，当时日本早稻田大学的加藤一郎实验室研发出了WABOT-1。WABOT-1是一个双臂机器人，通过视觉识别物体，通过听觉和使用人工嘴与人类交流，用具有触觉的手操纵物体，用两条腿行走（尽管很慢）。该机器人具有划时代的意义，因为它拥有人形机器人的所有构成要素。后来，早稻田大学还研发出了WABOT-2，一种弹钢琴的机器人，并在1985年的筑波科学博览会上向公众展示。图1.1显示了WABOT-1和WABOT-2的外观（源于文献［133］）。

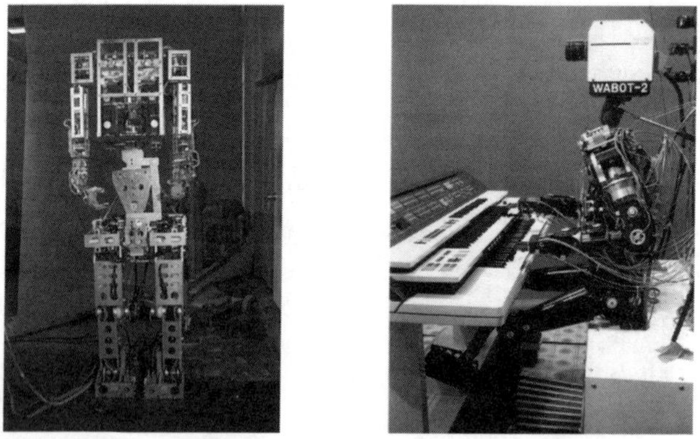

WABOT-1 (1973)　　WABOT-2 (1984)

图1.1　早稻田大学的人形机器人

（图片来源：早稻田大学仿人研究所）

引发人形机器人研究和开发热潮的是本田技术研究所（以下简称“本田

技研”）于 1996 年研发的 P2 人形机器人。本田技研自 1986 年以来一直在进行人形机器人的研究和开发，于 1996 年研发出了 P2 人形机器人，该机器人高 180 cm，重 210 kg。P2 是世界上第一个在体内装有计算机和电池的自主机器人，具有高度可靠的双足行走能力。1997 年，本田技研推出了身高 160 cm、重 130 kg 的 P3 人形机器人。2000 年，本田技研又推出身高 120 cm、体重 43 kg 的 ASIMO 人形机器人。P2、P3 和 ASIMO 的外形如图 1.2 所示。

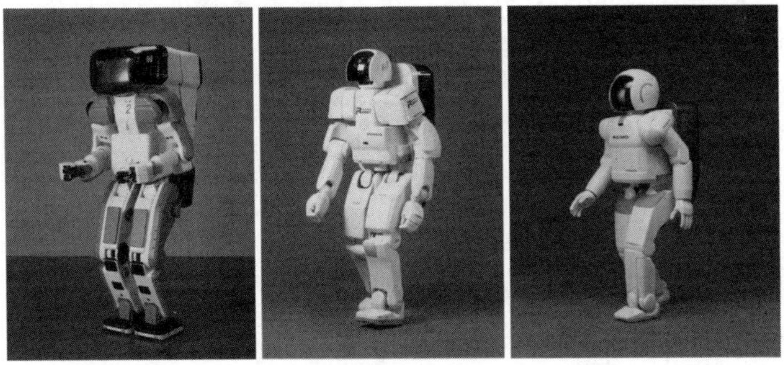

P2 (1996)　　P3 (1997)　　ASIMO (2000)

图 1.2　本田技研的人形机器人

（图片来源：本田技研）

在 P2 出现之前，人们普遍认为，要研发一个能够稳定地用双足行走的自主人形机器人，在技术上是很困难的。因此 P2 的出现令人震撼。那么，与当时之前的机器人相比，P2 有哪些改进？

首先是硬件方面的改变。早期在大学实验室开发的人形机器人大多是由学生手工制作或在小工厂制造的，连杆都是机械加工的，刚性很低，而且减速机构经常使用具有较大反向间隙的重型行星齿轮。相比之下，本田技研的双足机器人使用的是合金铸造的连杆。这种连杆具有较高的三维刚度，并且相对较轻。减速机构也使用低反冲的谐波驱动。在此之前，谐波驱动已经被用于体形相对较小的双足机器人，但它还没有被用于与人类同样大小的人形机器人。在设计方面，本田技研使用了最新的 CAD，进行了详细的三维应力分析，从而使 P2 具有高刚性的结构。此后，上述采用谐波驱动的高刚性连接和减速机构已成为人形机器人的标准配置。

其次是传感器的升级。即使设定的行走模式是稳定的，机器人的运动也会受到各种干扰。为了减少干扰，基于传感器信息的反馈控制被用于稳定步态。早期的人形机器人没有配备足够的传感器。然而，本田技研采用了加速度计和陀螺仪的组合，以此检测机器人的姿态。P2 的脚部配备了六轴力觉传感器，以检测地面反作用力和力矩。此前，传统的力传感器已被用于机器人的手腕和身体的其他部分。但是没有任何传感器能够承受双足机器人行走时的地面冲击。本田技研则开发了适用于双足机器人的定制六轴力传感器。此后，人形机器人的标准配置是采用加速度计和陀螺仪来检测机器人的姿态，以及一个多轴力传感器来检测地面反作用力和力矩。

最后是机器人脚部结构的改进。因为机器人整体的刚性机构与地面碰撞时产生的冲击力大到足以阻止其行走，所以，为了实现稳定的双足行走，有必要抑制机器人摆动的脚落地时的地面冲击力对其造成的干扰。然而，如上所述，双足机器人必须具有较高的整体刚性，所以不可能引入低刚性的结构。随着机器人行走速度的增加，地面冲击力也会增加。因此，为机器人脚部配备弹簧减震器等减震装置是一个可行的方法。本田技研在为机器人配备减震装置的同时，选择了合适的刚性，既能满足结构的需要，也能减小机器人行走时的地面冲击力。

1.2 本书章节内容

第 2 章将介绍人形机器人的运动学。首先介绍一种在三维空间中表示旋转的方法，解释了旋转矩阵的导数和角速度矢量之间的关系。其次介绍如何根据机器人的关节角度，描述每个连杆的位置和姿态（这被称为正向运动学）。最后介绍如何根据每个连杆的位置和姿态，描述相应的机器人关节角度（这被称为反向运动学）。

第 3 章介绍在人形机器人的运动控制中起着重要作用的 ZMP（Zero-Moment Point，零力矩点）。人形机器人不像工业机器人那样是固定在地面上的，它在行走过程中，脚是要离开地面的，这可能导致摔倒。现在考虑人形机器人的脚在水平地面行走的情况，只要它的脚在地面上，整个脚底就与地面接触，脚离开地面时，整个脚底同时离开地面。如果在整个行走过程中，至少有一只脚的整个脚底都与地面接触，那么人形机器人就不会摔倒。武科布拉托维奇（Vukobratović）等人在 1972 年提出的 ZMP 概念，为确定机器人在行走中是否能保持脚底与地面的接触提供了规范。ZMP 是指机器人脚底从地面承受的力矩为 0 的点，它总是在地面和脚底的接触面上的某个地方。

第 4 章描述了人形机器人双足行走动作的生成和控制方法。人形机器人的步态模式要能防止机器人自身在没有干扰的情况下翻倒，一般是通过反馈控制来稳定的。有很多方法来生成这种步态模式。基于线性倒立摆的动力学的方法或以 ZMP 作为规范的方法是有代表性的。第 4 章从基于二维线性倒立摆的方法开始，将其扩展到三维，并说明如何将其应用于多环节模型。图 1.3是一个三维线性倒立摆的图像。

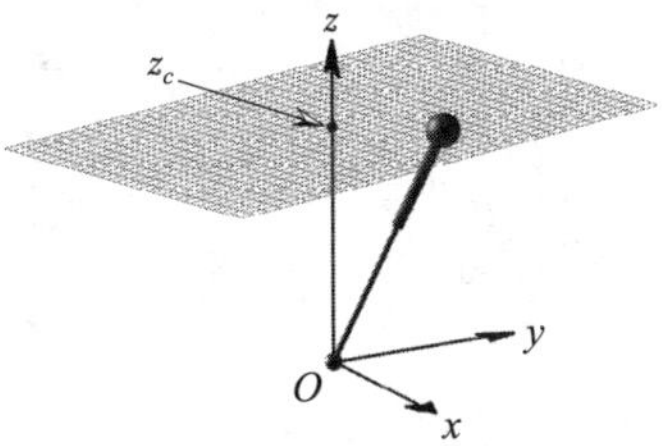

图 1.3　三维线性倒立摆的图像。通过调整腿部踢踏力，重心在约束平面上移动。约束平面的倾斜并不影响重心的水平运动

第 5 章将介绍人形机器人实现双足行走以外动作的方法。首先介绍生成大致的全身运动模式的方法。其中包括动作捕捉法、GUI 法、快速高阶空间搜索法等。即使通过这些方法能够做出大致的动作，但人形机器人也未必能够稳定地执行这些动作。作为动作捕捉对象的人类和机器人的自由度构成和力学特性不同，通过 GUI 和快速高阶空间搜索制作的动作往往没有考虑到动力学特性。其次介绍了消除这些差距的方法。具体介绍动态滤波器、自动平衡器等概念；同时，还将说明人形机器人全身运动的远程操作方法。

第 6 章介绍了人形机器人的动力学模拟。首先展示了在无重力空间中运动的刚体的旋转运动的计算方法，接着将其扩展到平移运动，进一步考虑多个物体连接运动的情况，即机器人的运动。通过以上介绍，我们可以了解到模拟人形机器人运动的方法。本章的基础是 Newton-Euler 的运动方程。其次介绍了集成机器人模拟器 Choreonoid，该模拟器实现了正向动力学算法，任何人都可以轻松尝试机器人的模拟。

1.3　人形机器人的研发动向

1.3.1　人类合作、共存型机器人系统研发项目（1998—2002）

日本经济产业省在 1998 年开启了为期 5 年的“人类合作、共存型机器人系统研发项目（Humanoid Robotics Project，HRP）”，在开发人形机器人基础技术的同时，验证其应用的可能性。例如，验证了人形机器人在工业设备的维护和检查作业中的应用。人形机器人可以在有楼梯、台阶、竖井等的环境中工作。HRP-1 下楼梯的情况如图 1.4 所示。

图 1.4　HRP-1 下楼梯的情况

该项目的另一个成果是由川田工业、安川电气、清水建设以及产综研开发的人形机器人 HRP-2[128]。在本书中，HRP-2 被用作典型的人形机器人的例子。

1.3.2　类人形机器人研究的扩大与扩展（2005—2012）

1. 产综研的研究

2005 年，新能源产业技术综合开发机构（NEDO）和产综研成功开发出恐龙双足机器人，以探索双足机器人技术在娱乐领域的应用可能性。

图 1.5 展示了开发的两种恐龙机器人的照片[29]。霸王龙形机器人全长 3.5 m，重量为 83 kg，具有 27 个自由度；副栉龙机器人全长 3.5 m，重量为 81 kg，具有 26 个自由度。这些恐龙机器人的尺寸是实际恐龙尺寸的 2/7。

考虑到建筑现场作业等实际应用时，HRP-2 在物体操作能力和耐环境性能方面存在局限性。为了解决这个问题，2007 年川田工业、川崎重工以及产综研在 NEDO 的支持下开发出了新的人形机器人[49]。图 1.6a 显示了身高 161 cm、体重 68 kg、具有 42 个自由度的人形机器人 HRP-3。为了在多种环境下作业，该机器人具有防尘、防水溅配置。

a）霸王龙机器人

b）副栉龙机器人

c）与人类比较

图 1.5　两种恐龙机器人

a）HRP-3

b）操纵示范

c）防水溅演示

图 1.6　HRP-3 和相应实验

2009年，产综研开发出了新型人形机器人HRP-4C。它的最大特点是体形被设计得接近日本青年女性的平均体形[46]。HRP-4C（左侧）与传统的人形机器人HRP-2（右侧）相比，具有更接近人类的外观，如图1.7a所示。我们的目的是探索人形机器人的新应用领域（例如在时装秀等娱乐领域），以及在评估人使用各种装备的可能性。

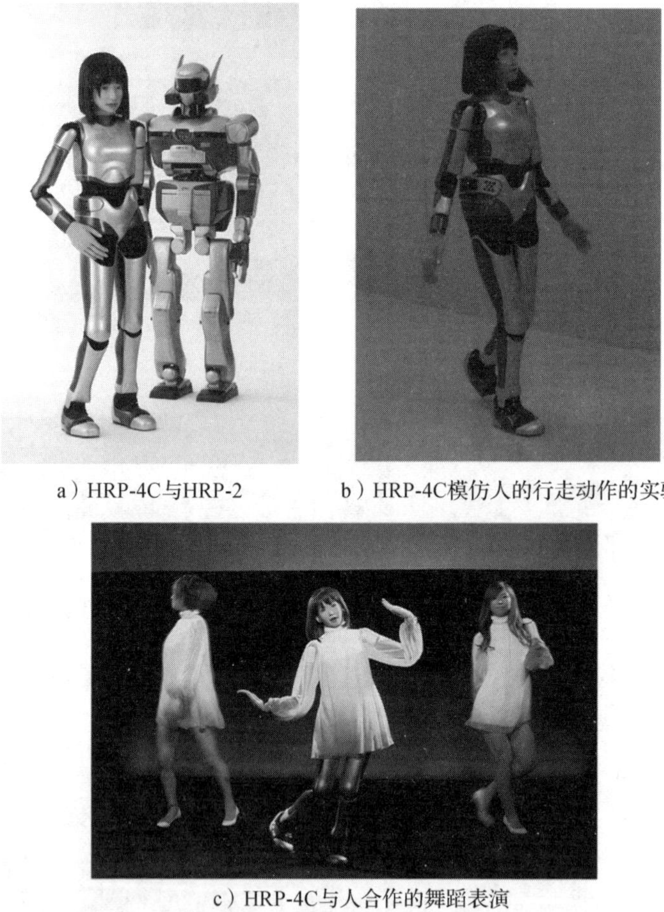

a）HRP-4C与HRP-2　　b）HRP-4C模仿人的行走动作的实验

c）HRP-4C与人合作的舞蹈表演

图1.7　HRP-4C和相应实验

图1.7b展示了HRP-4C模仿人类行走动作[51]。图1.7c展示了HRP-4C与人类合作的舞蹈表演。同时，有效地编排这种舞蹈的软件也被开发出来[82]。HRP-4C的硬件自2009年发布以来经过多次改造，最新的机身身高

160 cm，体重 46 kg，共 44 个自由度[47]。

2010 年，川田工业和产综研以 HRP-4C 为基础，开发出了轻量、苗条的实验用机器人 HRP-4，如图 1.8a 所示，这是一款身高 151 cm，体重 39 kg，具有 34 个自由度的人形机器人。

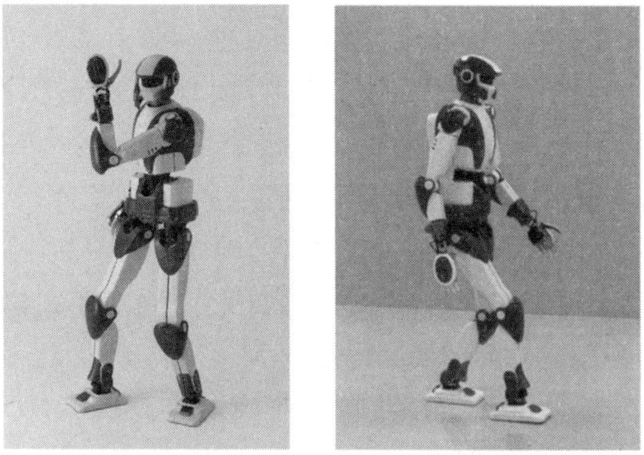

a）HRP-4　　b）HRP-4步行示范

图 1.8　HRP-4 及其步行示范

为了实现比现有 HRP-2 更高级的物体操作，HRP-4 具有 7 个自由度的双臂和 2 个自由度的手部。该机器人由 kawada robotics 销售，在多所大学作为研究平台使用[101]。

2. 大学和研究机构的研究

在日本，早稻田大学的高西敦夫教授小组继承加藤一郎教授的工作开发出世界最早的类人计算机 WABOT-1，积极推进了相关研究。他们的 WABIAN-2R 在 2006 年实现了脚尖着地、脚尖离地的接近人类的大步行走[95]。

东京大学稻叶雅幸教授领导的研究小组在 2010 年利用 HRP-2 成功地在线推算出人形机器人对质量未知物体所需的操作力，并成功将该物体抬高和传送[83]。另外，该小组的浦田等人还开发出了一种双足机器人，它在被人踢到的情况下，只要踏出几步就不会摔倒，还能维持平衡[38]。

ATR 的计算脑科学研究所正在从脑科学的角度推进人形机器人的研究。他们使用液压驱动的人形机器人 cbi（SARCOS 公司生产）作为实验平台，进行了具有脑神经科学可行性的平衡控制系统实验[66]。

从 2005 年开始，在日本以外的其他国家，双足人形机器人的研发日趋活跃。较为出名的有：慕尼黑理工大学开发的 LOLA[80]、韩国科学技术院

(KAIST) 被开发的 HUBO2[10]、中国的北京理工大学开发的 BHR-2[100]、意大利的国立研究所和热那亚大学开发的 ICUB[25]、美国的弗吉尼亚理工大学开发的 CHARLI[20]、德国航空宇宙中心 (DLR) 开发的可控制全身转矩的 TORO[14,15]等。

3. 企业开发

本田技研在 1996 年发布人形机器人 P2 之后，一直持续进行 ASIMO 系列的开发。2011 年本田技研发布的 ASIMO 实现了 9 km/h 行驶、向后行驶、单脚/双脚跳跃等操作[173]。

在 2005 年举办的"爱·地球博览会"上，丰田汽车开发的机器人在丰田集团的展馆进行了演示。其中，能演奏小号的双足人形机器人、能载人行走的搭乘型双足行走机器人吸引了观众的目光。2007 年，丰田集团发布了能演奏小提琴的人形机器人和能双足行走的人形机器人[134]。

韩国三星电子公司一直在与韩国工业技术研究所 (KIST) 合作进行人形机器人的研发。它们于 2012 年发布了一个像人一样能够膝盖伸展着行走的人形机器人 Roboray[11]。

位于西班牙巴塞罗那的 PALRobotics 公司开发了一个真人大小的双足人形机器人 REEM-C[72]。许多小型人形机器人也在这一时期推出，包括 Aldebaran Robotics 的 NAO[1]、ROBOTIS 的 DARwIn-OP[73]、Fujisoft 的 PALRO 以及 Kondo Kagaku 的 KHR 系列[4]。

1.3.3 核电站事故与 DARPA 机器人挑战赛 (2011—2015)

1. 福岛第一核电站事故

2011 年 3 月 11 日下午 2 点 46 分，宫城县近海发生了 9.0 级的地震，当时正在运行的福岛第一核电站 1～3 号机组因地震而关闭，但地震造成的高压钢塔倒塌和海啸淹没了应急柴油发电机，从而失去了所有电力。失去冷却手段的反应堆在当晚发生了熔毁，反应堆内的辐射水平上升。通过现场工人和救援人员的努力，才使反应堆恢复到稳定状态，这个事件中并没有利用机器人技术。

福岛第一核电站事故暴露出机器人技术对现实的无能为力，这给全世界的机器人研究人员带来了冲击，对以后的机器人研究潮流也产生了很大影响。

2. DARPA 机器人挑战赛预选赛

美国国防高级研究计划局 (DARPA) 制定的 DARPA 机器人挑战赛

(DRC) 旨在引领先进的机器人技术，无须派遣救援人员就能应对福岛第一核电站事故等事态[3,5]。

一方面，DRC 并没有将参加比赛的机器人限定为人形机器人，而只是要求它们“以类似人类的方式完成既定任务”。事实上，一些参赛队伍带着非人形的机器人参加比赛。例如，卡耐基梅隆大学国家机器人工程中心(NREC) 的 TartanRescue 开发了一个四足机器人 CHIMP[2]，每条腿上都配备了轮子。美国宇航局喷气推进实验室（JPL）的 RoboSimian 也开发了 ROBOSIMIAN[33]，这是一个四足机器人，腿的末端也带有轮子。

另一方面，整个 DRC 被认为是一个人形机器人比赛，因为波士顿动力公司开发的 Atlas 人形机器人被提供给选定的团队作为比赛的官方机器人平台，还有许多其他团队带着自己的人形机器人参加。

预选赛于 2013 年 12 月在佛罗里达州的 Homestead Miami Speedway 举行。11 个参赛机器人被要求执行以下任务，以应对福岛第一核电站的事故。

（1）车辆：驾驶工作车辆到达目的地并下车。

（2）地形：在不平坦的地形上移动。

（3）梯子：爬梯子。

（4）杂物：清除挡住入口的杂物。

（5）门：打开三扇门并通过。

（6）墙：使用工具破墙。

（7）阀门：关闭三个阀门。

（8）软管：从卷轴上取下消防软管，并将其连接到消防栓上。

冠军由每项任务的得分之和决定（32 分为满分），SCHAFT 公司（由东京大学稻田实验室的助理教授 Yuhi Nakanishi 和 Junichi Urata 于 2012 年创立）开发的 S-ONE 获得了冠军。S-ONE 有一个伺服放大器和水冷电机，这使得它尽管是电力驱动，却能产生很高的功率，而且它的双足行走性能很好(见图 1.9)。TeamIHMCRobotics 以 20 分排在第二位，TartanRescue 以 18 分排在第三位。

3. DARPA 机器人挑战赛决赛

DRC 决赛于 2015 年 6 月在加利福尼亚州波莫纳的 Fairplex 举行。决赛要求完成以下 8 项任务。

（1）开车：驾驶工作车辆到达目的地。

（2）撤离：离开车辆。

图1.9 SCHAFT的S-ONE（左），在预选赛的不平整地上行走的S-ONE（右）

（3）门：打开一个门，进入一个建筑物。

（4）阀门：找到并打开一个阀门。

（5）墙：用工具在墙上钻一个洞。

（6）惊喜：五个预先宣布的任务之一。

（7）碎石：穿越不平坦或散落的碎石表面。

（8）楼梯：爬一段楼梯后到达终点线。

与预选赛相比，决赛更简单，但增加了以下规则：（1）在没有人力协助的情况下，在1 h内完成8项任务。（2）没有防止翻倒的安全绳，没有外部电源。因此，比赛更接近真实的灾难现场，对机器人的要求更高。

共有23支队伍参加了DRC决赛。获胜者是韩国KAIST开发的DRC－HUBO＋(高170 cm，重80 kg，共32个自由度，见图1.10)[37]。

该机器人是双足机器人，膝盖部分配备了带有动力的车轮，当变成跪着的状态时，机器人可以凭借稳定的车轮移动。另外，通过旋转腰轴，机器人能够反向弯曲膝盖，还可以爬楼梯。DRC－HUBO＋以最短的44 min 28 s完成了全部8项任务，毫无争议地获得了第一名。

在DRC决赛中获得第二名的是IHMC团队（完成了所有8项任务，耗时50 min 26 s），该团队使用波士顿动力公司的人形机器人Atlas（190 cm，175 kg），并利用控制软件实现了双足行走，它还是唯一完成DRC决赛所有任务的纯双足人形机器人。

图 1.10　DRC－HUBO＋（左），车轮模式下的阀门操作（中），爬楼梯（右）
（图片来源：KAIST 人形机器人研究中心）

第三名是 TartanResque 的机器人 CHIMP（完成 8 项任务，55 min 15 s），CHIMP 是一个高 150 cm、重 201 kg 的非人形机器人，其手臂和腿上有小轮。在 DRC 决赛的 23 个机器人中，它是唯一一个能够从跌倒中爬起来并独立完成任务的机器人。

由 AIST 研究人员组织的 AIST-NEDO 团队是来自日本的五个参赛团队之一。HRP-2 改是 HRP-2 的改进版，体积更大，功能更强[50]。

图 1.11 展示了 HRP-2 改（高 171 cm，重 65 kg，32 个自由度）。为了完成各种任务，如穿越不平坦的地形、通过门和转动阀门，HRP-2 改的四肢长度增加了 10 cm，关节的执行器增强，手臂的自由度从 6 个增加到 7 个，并采用了新的手部结构。

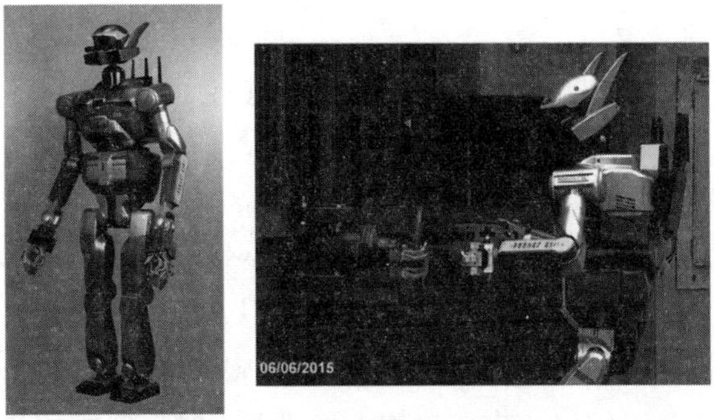

图 1.11　HRP-2 改（左），执行阀门任务的 HRP-2 改（右）

东京大学信息系统工程实验室（JSK）为DRC决赛开发了一个高功率真人大小的人形机器人JAXON[53]。它具有类似人类的比例、关节排列、带有水冷电机驱动器的高功率驱动系统以及可以吸收跌落冲击的外部结构（见图1.12）。

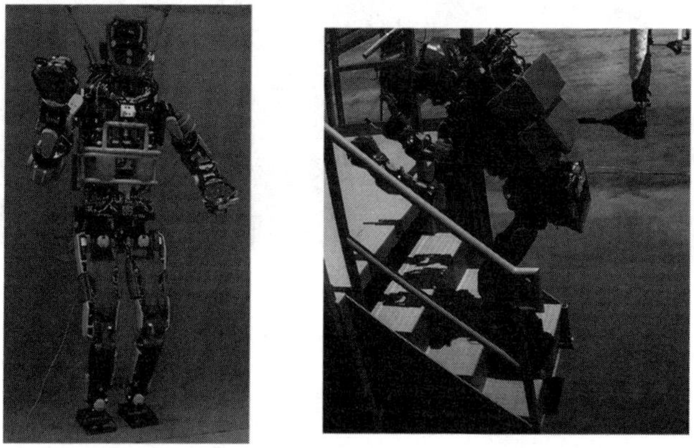

图1.12 JAXON-2（左），JAXON-2正在尝试楼梯任务（右）
（图片来源：东京大学信息系统工程实验室）

DRC决赛是一场历史性的比赛，汇集了来自世界各地的人形机器人研究小组，是改变未来几年机器人研究进程的分水岭。在DRC决赛结束后，我向KAIST的吴教授提问："如果像福岛第一核电站那样的事故再次发生，你会怎么做？"他的回答非常谦虚："即使有了DRC－HUBO＋，仍然难以充分应对。"[114]

1.3.4 DRC之后（2015—2020）

1. 产综研的开发

产综研在DRC后也继续使用HRP-2改进行了防摔倒用气囊和防摔倒动作的研究等[40,41]。为了满足企业研发的需求，日本在2018年公布了在建筑工地、飞机和船舶等大型构造物组装中应用的人形机器人原型。该机器人HRP-5P身高182 cm，体重101 kg，拥有37个自由度，是产综研开发的历代人形机器人中最大的机器人（见图1.13）[48]。基于DARPA机器人挑战赛的经验，产综研将机器人手臂的自由度提高到8个，增加了关节的活动范围，使得HRP-5P能够轻松完成以往人形机器人难以完成的各种工作。

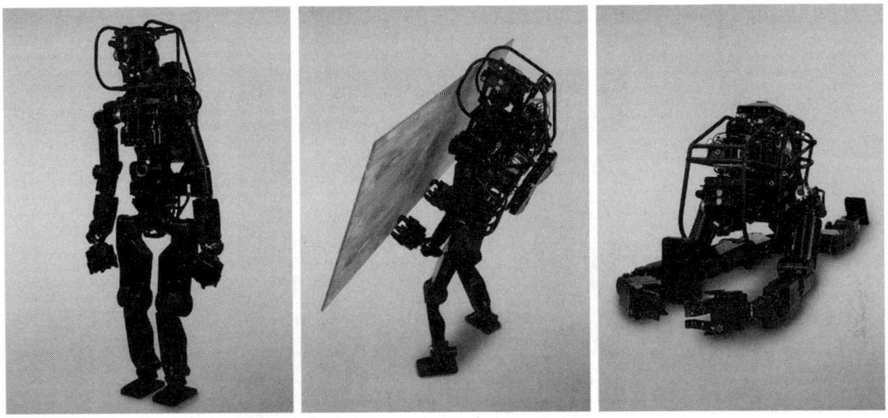

图 1.13 HRP-5P．正面（左），运输面板（中），伏地姿态（右）

2. **大学和研究机构**

由东京大学、千叶工业大学、大阪大学、神户大学的研究人员组成的NEDO-HYRRA团队虽然报名参加了DRC决赛，但因开发进度不及最终弃赛，但他们所制作的电气油压方式的人形机器人Hydra由东京大学的中村研究室继续进行开发，2018年Hydra通过黏弹性分配控制的新控制方式实现了稳健行走[52]。

在DRC决赛中获得第二名的IHMC团队继续利用Atlas进行高级步态控制的研究，并于2019年公开了Atlas使用激光雷达（LiDAR）在各种不平地段、狭窄的道路上双脚交叉稳定行走的实验视频。

意大利IIT和比萨大学为DRC决赛开发出了人形机器人WALK-MAN（180 cm，120 kg），他们于2017年发布了改进后的WALK-MAN[88]。

ImPACT塔夫机器人（应对灾害的机器人开发研究项目）挑战赛于2014～2018年举行[162]，以早稻田大学的人形机器人研究小组为中心的团队开发出了能在厂房内代替人类执行危险作业的机器人。开发的ec-1是非人形的四足机器人，可实现开闭阀门、在瓦砾上移动、升降垂直梯等功能[27]。

3. **企业的开发**

在DRC预选赛中获胜的SCHAFT在被Google收购后放弃参加DRC决赛，继续开发自己的机器人。他们在2016年公开了双足机器人T2（见图1.14），该机器人采用滑动式脚部结构，不仅结构紧凑，而且具有极强的双足行走能力。

SCHAFT的目标是将这款机器人实用化（楼梯清扫等），但非常遗憾的是，Alphabet 公司于 2018 年 11 月宣布终止 SCHAFT。

图 1.14 SCHAFT T2

开发 DRC 标准人形机器人平台 Atlas 的波士顿动力公司与 SCHAFT 一样被谷歌公司收购，2018 年又被日本软银公司收购至今。在此期间，波士顿动力公司一直坚持开发商业化的四足机器人。2020 年 6 月，波士顿动力公司开始以 74500 美元的价格销售四足机器人 Spot（110 cm，32.5 kg）。能够上下楼梯、适应不平整地面的动态行走的机器人，能够作为非研究用途的商品销售，可以说是历史性的壮举（见图 1.15）。

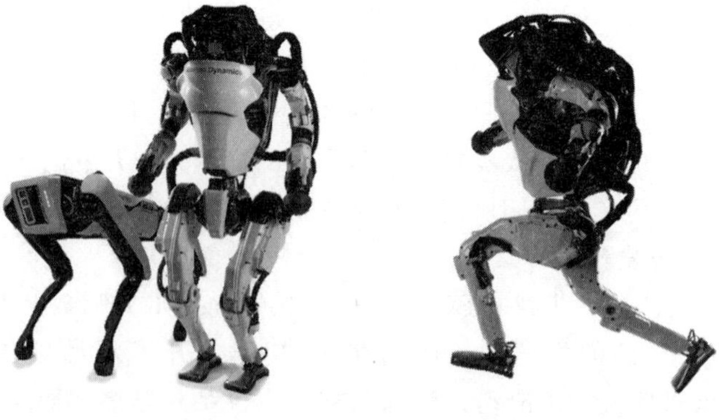

图 1.15 Atlas 四足机器人

（图片来源：Boston Dynamics）

在人形机器人方面，基于“拓展全身运动能力极限的研究平台”的定位，由 DRC 开发的 Atlas 的性能不断提高。最新的 Atlas（150 cm，80 kg）通过 3D 打印，拥有将油压管路和结构一体化的脚架和紧凑的油压泵。在互联网视频网站上发表的 Atlas 的室外跑、后空翻、跑酷、地面运动等令人印象深刻的表现吸引了很多人的眼球。

2017 年，本田提出了 E2-DR（Experimental Robot Type 2 for Disaster Response）原型人形机器人，用于灾难应对[90]。这个机器人高 168 cm，重 85 kg，有 33 个自由度。它可以上下梯子，通过狭窄的空间，用两条腿以 4 km/h 的速度行走，用四条腿以 2.3 km/h 的速度在布满碎石的坑洼地上用双手移动。

丰田汽车公司在 2017 年发布了第三代的人形机器人 t-hr3（身高 154 cm，体重 75 kg，具有 32 自由度，有十根手指）。该机器人的开发目标是在家庭和医疗机构等场景中代替人类。最大的特点是佩戴头戴式显示器的操控者可以像自己的分身一样操控机器人。

川崎重工业是近年来新加入人形机器人开发的企业。2017 年以后，为了应对灾害，川崎重工业持续开发了即使摔倒也不会损坏的稳健型人形机器人。2019 年公开的 KaleidoVer. 6 是身高 178 cm，体重 85 kg 的人形机器人，在国际机器人展上进行了灾害救助等演示。

1.4 展望

人形机器人技术的实用化是一项艰巨的事业，在过去的 15 年里，世界各地的研究人员、专业工程师和业余爱好者都对人形机器人的研究潜力和学术氛围保持热情。与其他许多研究领域一样，全世界研究人员之间开放信息共享和合作的趋势将在未来加速。

如果说汽车开发的目标是实现由机器组成的“马”，那么人形机器人开发的目标就是实现由机器组成的“人”。我们希望这本书将有助于实现这一目标。

1.5 拓展：相关书籍

細田耕：「柔らかヒューマノイド」

这本书从近年来研究活跃的软体机器人的视角论述了与本书涉及的基于

模型的控制相反的研究方法。（出版社：化学同人，2016 年出版）

Nenchev，Konno，Tsujita：*Humanoid Robots：Modeling and Control*

与本书相比，这本教科书涵盖了更广泛的主题。（出版社：Butterworth-Heinenmann，2018 年出版）

Goswami，Vadakkepat（Eds.）：*Humanoid Robotics：A Reference*

这本厚厚的三卷本手册汇集了目前在人形机器人领域前沿的评论文章。（出版社：Springer，2019 年出版）

Harada，Yoshida，et al.：*Motion Planning for Humanoid Robots*

这本书专门讨论人形机器人的运动规划。（出版商：Springer，2010 年出版）

二足歩行ロボット協会：「ROBO-ONE にチャレンジ！二足歩行ロボット自作ガイド」

这本书介绍了面向专业人士的人形机器人技术，促进了学术研究和业余活动之间的交流。（出版社：Ohmsha，2018 年出版）

CHAPTER 2

第 2 章

机器人运动学

机器人运动学（Kinematics）是分析构成机器人的连接件的位置、姿态和关节角度之间关系的理论。机器人运动学是机器人工程学的基础，在计算机图形学中也有应用。运动学是能够简单、准确地表现物体在三维空间自由运动表现的数学和算法。

2.1 坐标变换

人形机器人 HRP-2[128]（见图 2.1a）身高 154 cm，搭载电池时体重为

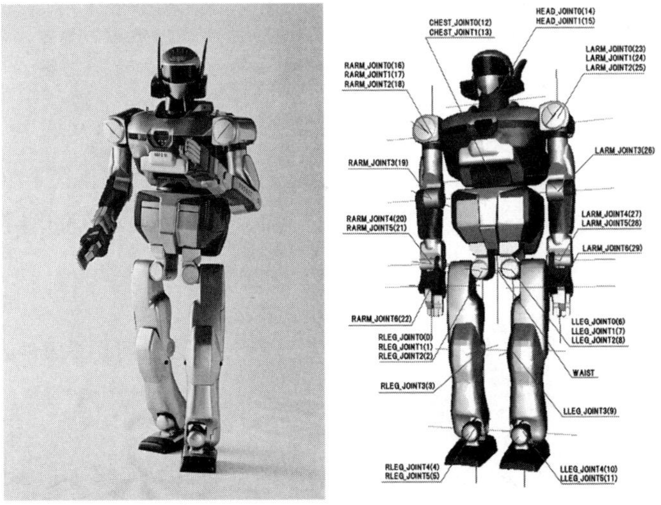

a）　　　　b）

图 2.1　人形机器人 HRP-2 及其各关节的名称和坐标轴

58 kg，依靠电池可行走约 1 h。HRP-2 共有 30 个关节，每个关节都可以独立控制。图 2.1b 展示出了它的所有关节的名称和坐标轴。

2.1.1　世界坐标系

在控制这种人形机器人时，定义各组成部分的位置十分重要。设定世界坐标系，以初始状态的人形机器人正下方的点为原点，它的前方为 x 轴，它的左方为 y 轴，它的上方为 z 轴，如图 2.2 所示。

以世界坐标系 Σ_W㊀为基准，描述机器人的位置及其周围的环境。从而可以通过数值比较计算来判断机器人的手指是可以抓住物体，还是会发生碰撞等问题。

世界坐标系中表示的位置被称为绝对位置。在图 2.2 中，手指的绝对位置用下面的三维向量表示。

$$\boldsymbol{p}_h = \begin{bmatrix} p_{hx} \\ p_{hy} \\ p_{hz} \end{bmatrix}$$

同样，在世界坐标系中还使用了绝对姿态、绝对速度等术语。

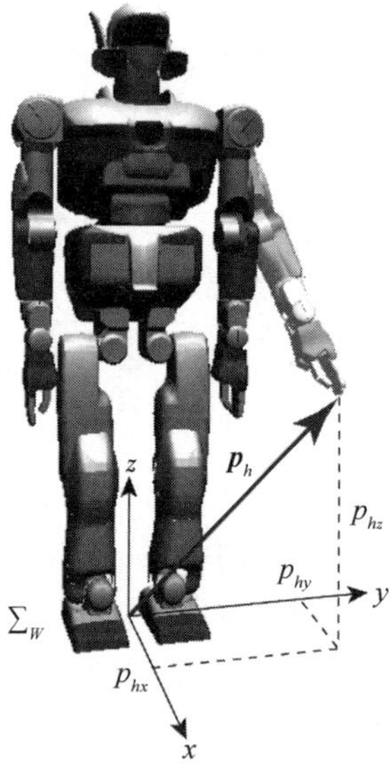

图 2.2　世界坐标系。将初始状态的人形机器人正下方作为原点。在世界坐标系里用 $\boldsymbol{p}_h$ 表示指尖位置

2.1.2　局部坐标系和同次变换矩阵

现在转动机器人的肩部，来分析手指的位置 $\boldsymbol{p}_h$ 会发生怎样的变化。从图 2.3a 中 Σ_W 的视角看，机器人的左肩位置为 $\boldsymbol{p}_a$，机器人的肩膀到指尖的向量为 $\boldsymbol{r}$。从图 2.3 中可以得出

$$\boldsymbol{p}_h = \boldsymbol{p}_a + \boldsymbol{r}$$

由图 2.3b 可知，如果将手臂张开状态下从肩膀指向指尖的向量设为 $\boldsymbol{r}'$，则指尖位置为

$$\boldsymbol{p}_h = \boldsymbol{p}_a + \boldsymbol{r}' \tag{2.1}$$

肩部的位置 $\boldsymbol{p}_a$ 保持不变，通过向量 $\boldsymbol{r}$ 向 $\boldsymbol{r}'$ 的旋转可以实现手指尖的运动。

㊀　书中变量符号的正斜体遵照原书，与我国标准不同。——编辑注

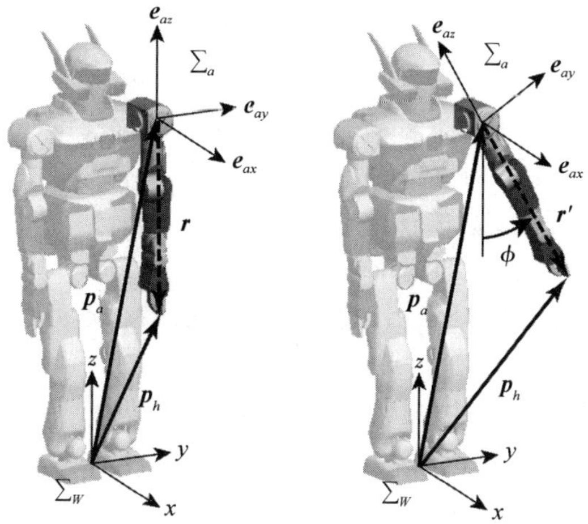

a）开始时，Σ_W 和 Σ_a 平行　　b）Σ_a 和手臂一起旋转

图 2.3　世界坐标系 Σ_W 和手臂的局部坐标系 Σ_a

现在考虑固定在手臂（肩膀）上的局部坐标系 Σ_a。与固定在地面上的世界坐标系不同，局部坐标系是根据机器人的运动而改变位置和姿态的“可移动坐标系”。

Σ_a 是根据肩膀上设定的原点和 x、y、z 轴的单位向量组成。三个单位向量 $\boldsymbol{e}_{ax}$，$\boldsymbol{e}_{ay}$，$\boldsymbol{e}_{az}$ 在手臂放下的初期姿态与 Σ_W 平行（见图 2.3a）。一旦机器人手臂抬起，Σ_a 就会以 $\boldsymbol{e}_{ax}$ 轴为中心旋转，旋转角度为 ϕ（见图 2.3b）。

手臂的旋转角度 ϕ 和 Σ_a 的关系如下所示。

$$\boldsymbol{e}_{ax}=\begin{bmatrix}1\\0\\0\end{bmatrix}\quad \boldsymbol{e}_{ay}=\begin{bmatrix}0\\\cos\phi\\\sin\phi\end{bmatrix}\quad \boldsymbol{e}_{az}=\begin{bmatrix}0\\-\sin\phi\\\cos\phi\end{bmatrix} \tag{2.2}$$

因为是围绕 x 轴的旋转，所以只有 $\boldsymbol{e}_{ay}$、$\boldsymbol{e}_{az}$ 发生变化。将三个向量汇总后的 3×3 矩阵 $\boldsymbol{R}_a$ 定义如下。

$$\boldsymbol{R}_a\equiv[\boldsymbol{e}_{ax}\boldsymbol{e}_{ay}\boldsymbol{e}_{az}] \tag{2.3}$$

使用矩阵 $\boldsymbol{R}_a$，图 2.3 中的 $\boldsymbol{r}$ 和 $\boldsymbol{r}'$ 的关系可以用下式表示。

$$\boldsymbol{r}'=\boldsymbol{R}_a\boldsymbol{r} \tag{2.4}$$

也就是说，乘以矩阵 $\boldsymbol{R}_a$，向量会旋转。关于这一点将在后面详细说明（2.2 节）。

将以局部坐标系 Σ_a 为基准点看指尖的位置设为 ${}^a\boldsymbol{p}_h$。左上角的附带字 a

表示以 Σ_a 为基准点。

$$ {}^{a}\boldsymbol{p}_h = \boldsymbol{r} \tag{2.5}$$

在图 2.3 中，Σ_a 和整个左臂作为一个整体进行旋转，${}^{a}\boldsymbol{p}_h$ 是不变的。

表示左手臂手指尖的位置的方法如下：

- 从世界坐标系 Σ_W 的视角看手指尖位置 $\boldsymbol{p}_h$。
- 从局部坐标系 Σ_a 的视角看手指尖位置${}^{a}\boldsymbol{p}_h$。

基于这些关系，式（2.1）、式（2.4）、式（2.5）可以表达为

$$\boldsymbol{p}_h = \boldsymbol{p}_a + \boldsymbol{R}_a\, {}^{a}\boldsymbol{p}_h \tag{2.6}$$

式（2.6）还有如下的表达方式。

$$\begin{bmatrix} \boldsymbol{p}_h \\ 1 \end{bmatrix} = \begin{bmatrix} & \boldsymbol{R}_a & & \boldsymbol{p}_a \\ 0 & 0 & 0 & 1 \end{bmatrix} \begin{bmatrix} {}^{a}\boldsymbol{p}_h \\ 1 \end{bmatrix} \tag{2.7}$$

这里为了使矩阵计算前后一致，使结果与式（2.6）相同，适当地在向量和矩阵中追加了 0 和 1。右边出现的 4×4 矩阵将手臂的位置和（$\boldsymbol{p}_a$,$\boldsymbol{R}_a$）整合在一起。这里可以写为

$$\boldsymbol{T}_a \equiv \begin{bmatrix} & \boldsymbol{R}_a & & \boldsymbol{p}_a \\ 0 & 0 & 0 & 1 \end{bmatrix}$$

这样的矩阵称为同次变换矩阵[⊖]。同次变换矩阵 $\boldsymbol{T}_a$ 将手臂的局部坐标系表示的点的坐标变换到世界坐标系。

$$\begin{bmatrix} \boldsymbol{p} \\ 1 \end{bmatrix} = \boldsymbol{T}_a \begin{bmatrix} {}^{a}\boldsymbol{p} \\ 1 \end{bmatrix}$$

左臂上的任意点都对应着一个${}^{a}\boldsymbol{p}$，所以手臂的位置和姿态的信息包含在同次变换矩阵 $\boldsymbol{T}_a$ 中。也就是说，可以认为同次变换矩阵本身表示手臂的位置和姿态。

2.1.3 基于一个局部坐标系定义另一个局部坐标系

在图 2.4a 中，Σ_a 是作为基准的局部坐标系 Σ_b。Σ_b 是与小臂一起运动的局部坐标系，胳膊肘挺直的状态下坐标轴设定为和 Σ_a 平行。Σ_b 的 x、y、z 方向的单位向量分别为${}^{a}\boldsymbol{e}_{bx}\,{}^{a}\boldsymbol{e}_{by}\,{}^{a}\boldsymbol{e}_{bz}$。如果胳膊的回转角度是 θ，那么

$${}^{a}\boldsymbol{e}_{bx} = \begin{bmatrix} \cos\theta \\ 0 \\ \sin\theta \end{bmatrix} \quad {}^{a}\boldsymbol{e}_{by} = \begin{bmatrix} 0 \\ 1 \\ 0 \end{bmatrix} \quad {}^{a}\boldsymbol{e}_{bz} = \begin{bmatrix} -\sin\theta \\ 0 \\ \cos\theta \end{bmatrix} \tag{2.8}$$

⊖ 在计算机图像学领域被称为仿射（Affine）变换矩阵。但仿射变换矩阵 $\boldsymbol{R}_a$ 不仅限于旋转矩阵（参考 2.2 节），还可以用于描述物体放大、缩小、剪断变形。

胳膊关节围绕 y 轴旋转，因此只有${}^a\boldsymbol{e}_{bx}$和${}^a\boldsymbol{e}_{bz}$会发生变化。此外，这些向量都以 Σ_a 为基准定义，因此左上方会加上字母 a。

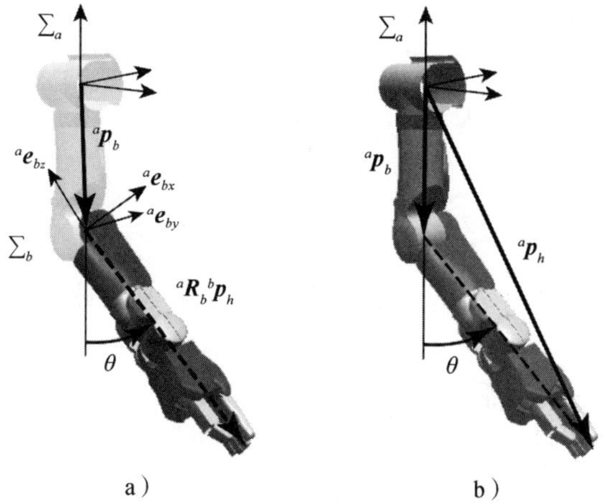

图 2.4　大臂的局部坐标系 Σ_a 和小臂局部坐标系 Σ_b

三个单位矩阵由以下矩阵${}^a\boldsymbol{R}_b$ 定义。

$$ {}^a\boldsymbol{R}_b \equiv [{}^a\boldsymbol{e}_{bx}\ {}^a\boldsymbol{e}_{by}\ {}^a\boldsymbol{e}_{bz}] \tag{2.9}$$

从 Σ_b 的视角得到将手指位置${}^b\boldsymbol{p}_h$（见图 2.4a）转换为${}^a\boldsymbol{p}_h$ 的公式。

$$\begin{bmatrix} {}^a\boldsymbol{p}_h \\ 1 \end{bmatrix} = {}^a\boldsymbol{T}_b \begin{bmatrix} {}^b\boldsymbol{p}_h \\ 1 \end{bmatrix} \tag{2.10}$$

在这里，同次变换矩阵${}^b\boldsymbol{T}_a$ 有如下定义。

$$ {}^a\boldsymbol{T}_b \equiv \begin{bmatrix} {}^a\boldsymbol{R}_b & {}^a\boldsymbol{p}_b \\ 0\ 0\ 0 & 1 \end{bmatrix}$$

${}^b\boldsymbol{p}_b$ 是在 Σ_a 上观察到的 Σ_b 的原点。

把式（2.10）代入式（2.7），从 Σ_b 视角指尖位置在世界坐标系中指尖位置变换的式子可以从下式求得。

$$\begin{bmatrix} \boldsymbol{p}_h \\ 1 \end{bmatrix} = \boldsymbol{T}_a\,{}^a\boldsymbol{T}_b \begin{bmatrix} {}^b\boldsymbol{p}_h \\ 1 \end{bmatrix} \tag{2.11}$$

把式（2.11）右边的同次变换矩阵的乘积归纳为 $\boldsymbol{T}_b$，可得

$$\boldsymbol{T}_b \equiv \boldsymbol{T}_a\,{}^a\boldsymbol{T}_b$$

矩阵 $\boldsymbol{T}_b$ 是一个以世界坐标系形式表示 Σ_b 的同次变换矩阵，可以用于表

示大臂的位置和姿态。$\boldsymbol{T}_a$ 会随着肩膀的旋转而变化，${}^a\boldsymbol{T}_b$ 是会随着手肘的旋转而变化，这很好地表现了 $\boldsymbol{T}_b$ 受到这两方面的影响。

2.1.4　同次变换矩阵的链式法则

将上述内容推广，Σ_b 到 Σ_n 的局部坐标系具有依次连接的机理。毗邻坐标系 Σ_i 和 Σ_{i+1} 之间的同次变换矩阵可以用下式表示。

$$^{i}\boldsymbol{T}_{i+1}$$

通过重复探讨前面的内容，可以求得如下的公式。

$$\boldsymbol{T}_N = \boldsymbol{T}_1\,{}^1\boldsymbol{T}_2\,{}^2\boldsymbol{T}_3\cdots{}^{N-1}\boldsymbol{T}_N \tag{2.12}$$

式中，$\boldsymbol{T}_N$ 是表示世界坐标系中第 N 个关节的位置和姿态的同次变换矩阵。若要在连杆的末端追加关节，需要右乘同次变换矩阵。

将这种通过依次相乘同次变换矩阵来计算坐标变换的规则称为链式规则[167]。通过链式规则，可以准确地计算出连接有很多关节的复杂机器人的运动。

2.2　旋转运动的性质

在上一节中曾提到利用局部坐标系的坐标轴排列成 3×3 的矩阵来表示机器人关节的旋转。这样的矩阵称为旋转矩阵，用来表示连杆的姿态和旋转运动。本节利用旋转矩阵来讨论在处理人形机器人时应该理解的三维旋转运动的性质。另外，在本节中，为了将内容进行简化，只讨论围绕原点的旋转运动。

2.2.1　滚转、俯仰、偏转的表现方式

旋转运动的基础是以 x、y、z 坐标轴为轴的旋转，分别称为滚转、俯仰、偏转。对 xy 平面上的三角形进行滚转（Roll)、俯仰（Pitch)、偏转（Yaw）的情况如图 2.5 所示。

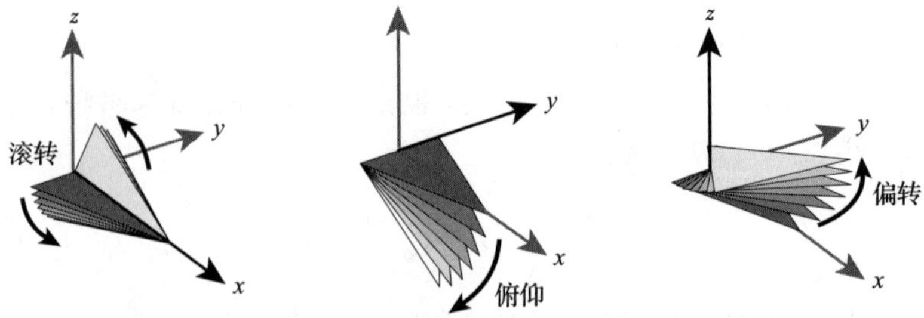

图 2.5　围绕 x、y、z 轴的滚转、俯仰、偏转。以 $\pi/18$ 刻度旋转了 $+\pi/3$rad。如果将三角形比作沿 x 轴飞行的飞机，这些运动分别对应右翻滚、机头向下、左旋

它们的旋转轴、名称和常用符号如表 2.1 所示。

表 2.1 旋转轴、名称和常用符号

回转轴	名称	常用符号
x 轴	滚转	ϕ
y 轴	俯仰	θ
z 轴	偏转	ψ

为了使某物体以给定角度进行滚转、俯仰、偏转，分别使用如下旋转矩阵。

$$\boldsymbol{R}_x(\phi)=\begin{bmatrix}1 & 0 & 0\\ 0 & \cos\phi & -\sin\phi\\ 0 & \sin\phi & \cos\phi\end{bmatrix}$$

$$\boldsymbol{R}_y(\theta)=\begin{bmatrix}\cos\theta & 0 & \sin\theta\\ 0 & 1 & 0\\ -\sin\theta & 0 & \cos\theta\end{bmatrix}$$

$$\boldsymbol{R}_z(\psi)=\begin{bmatrix}\cos\psi & -\sin\psi & 0\\ \sin\psi & \cos\psi & 0\\ 0 & 0 & 1\end{bmatrix}$$

以原点为中心，把某个点 $\boldsymbol{p}$ 按照滚转、俯仰、偏转的顺序进行旋转，公式如下。

$$\boldsymbol{p}'=\boldsymbol{R}_z(\psi)\boldsymbol{R}_y(\theta)\boldsymbol{R}_x(\phi)\boldsymbol{p}$$

在这里改写为

$$\boldsymbol{p}'=\boldsymbol{R}_{rpy}(\phi,\theta,\psi)\boldsymbol{p}$$

从而得到

$$\boldsymbol{R}_{rpy}(\phi,\theta,\psi)\equiv\boldsymbol{R}_z(\psi)\boldsymbol{R}_y(\theta)\boldsymbol{R}_x(\phi)$$

$$=\begin{bmatrix}c_\psi c_\theta & -s_\psi c_\phi+c_\psi s_\theta s_\phi & s_\psi s_\phi+c_\psi s_\theta c_\phi\\ s_\psi c_\theta & c_\psi c_\phi+s_\psi s_\theta s_\phi & -c_\psi s_\phi+s_\psi s_\theta c_\phi\\ -s_\theta & c_\theta s_\phi & c_\theta c_\phi\end{bmatrix} \tag{2.13}$$

式中，$c_\psi=\cos\psi$，$s_\psi=\sin\psi$。

还是用矩阵 $R_{rpy}(\phi,\theta,\psi)$ 来表示旋转矩阵，那么任意姿态都可以通过 (ϕ,θ,ψ) 这三个数值来进行表示，这三个数值对应于滚转、俯仰、偏转(roll-ptich-yaw)，又称为 Z-Y-X 欧拉角。

由于用滚转、俯仰、偏转来表示姿态直观易懂，所以经常用于表示船舶、飞机、机器人等的姿态。

2.2.2 旋转矩阵的含义

旋转矩阵 $\boldsymbol{R}$ 有两层含义。第一层是使向量旋转的操作。点 $\boldsymbol{p}$ 会根据选择矩阵 $\boldsymbol{R}$ 进行旋转，从而移动到 $\boldsymbol{p}'$，如图 2.6a 所示。

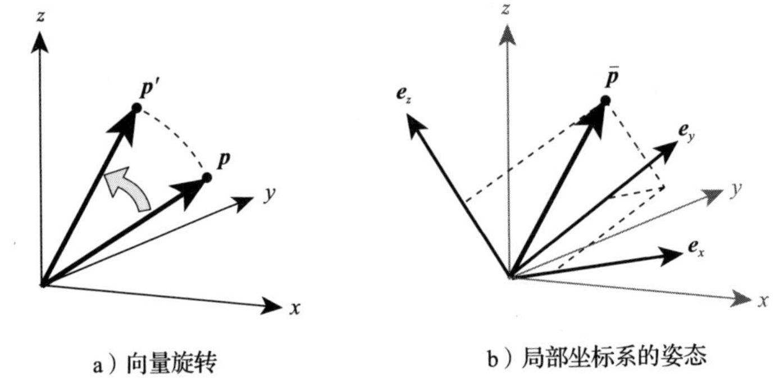

图 2.6 旋转矩阵所包含的两层含义

$$\boldsymbol{p}' = \boldsymbol{R}\boldsymbol{p}$$

$\boldsymbol{p}$ 和 $\boldsymbol{p}'$ 是相同坐标系表达的点。

$\boldsymbol{R}$ 的第二层含义是表示局部坐标系的姿态。图 2.6b 表现了局部坐标系的坐标轴和通过局部坐标系定义的 $\bar{\boldsymbol{p}}$。将旋转矩阵定义为

$$\boldsymbol{R} \equiv [\boldsymbol{e}_x \ \boldsymbol{e}_y \ \boldsymbol{e}_z] \tag{2.14}$$

点 $\boldsymbol{P}$ 在世界坐标系的坐标是

$$\boldsymbol{p} = \boldsymbol{R}\bar{\boldsymbol{p}}$$

注意这只是用不同的视角去看相同的点，即进行了坐标变换，没有产生实质的运动。

旋转矩阵的含义，取决于计算后的结果是否属于同一个坐标系。

2.2.3 旋转矩阵的逆矩阵

用旋转矩阵表示局部坐标系的姿态，将构成坐标轴的单位向量设为 $\boldsymbol{e}_x$、$\boldsymbol{e}_y$、$\boldsymbol{e}_z$。因为它们是正交的，所以有

$$\boldsymbol{e}_i^{\mathrm{T}}\boldsymbol{e}_j = \begin{cases} 1 & (i = j) \\ 0 & (i \neq j) \end{cases}$$

$\boldsymbol{e}_i^{\mathrm{T}}\boldsymbol{e}_j$ 是指两个向量的内积。现在取转置矩阵 $\boldsymbol{R}^{\mathrm{T}}$ 和 $\boldsymbol{R}$ 的内积并应用上面

的关系，有

$$
\boldsymbol{R}^{\mathrm{T}}\boldsymbol{R}=\begin{bmatrix}\boldsymbol{e}_x^{\mathrm{T}}\\ \boldsymbol{e}_y^{\mathrm{T}}\\ \boldsymbol{e}_z^{\mathrm{T}}\end{bmatrix}[\boldsymbol{e}_x\boldsymbol{e}_y\boldsymbol{e}_z]=\begin{bmatrix}\boldsymbol{e}_x^{\mathrm{T}}\boldsymbol{e}_x & \boldsymbol{e}_x^{\mathrm{T}}\boldsymbol{e}_y & \boldsymbol{e}_x^{\mathrm{T}}\boldsymbol{e}_z\\ \boldsymbol{e}_y^{\mathrm{T}}\boldsymbol{e}_x & \boldsymbol{e}_y^{\mathrm{T}}\boldsymbol{e}_y & \boldsymbol{e}_y^{\mathrm{T}}\boldsymbol{e}_z\\ \boldsymbol{e}_z^{\mathrm{T}}\boldsymbol{e}_x & \boldsymbol{e}_z^{\mathrm{T}}\boldsymbol{e}_y & \boldsymbol{e}_z^{\mathrm{T}}\boldsymbol{e}_z\end{bmatrix}
$$

$$
=\begin{bmatrix}1&0&0\\0&1&0\\0&0&1\end{bmatrix}
$$

$$
=\boldsymbol{E}(3\times 3\text{ 的单位矩阵})
$$

因此 $\boldsymbol{R}^{\mathrm{T}}\boldsymbol{R}=\boldsymbol{E}$。把这个式子右乘 R^{-1}，可得

$$
\boldsymbol{R}^{\mathrm{T}}=\boldsymbol{R}^{-1} \tag{2.15}
$$

也就是说，旋转矩阵转置后会变成逆矩阵。具有这种性质的矩阵称为正交矩阵。

2.2.4 角速度向量

现在定义一种表示物体在三维空间中的旋转速度的方法。在图 2.7 中，圆筒以 1 rad/s 的速度绕 z 轴旋转。将圆筒的旋转速度用三维向量来表示，即角速度向量。

$$
\boldsymbol{\omega}=\begin{bmatrix}0\\0\\1\end{bmatrix} \tag{2.16}
$$

向量各个元素的单位为 rad/s。

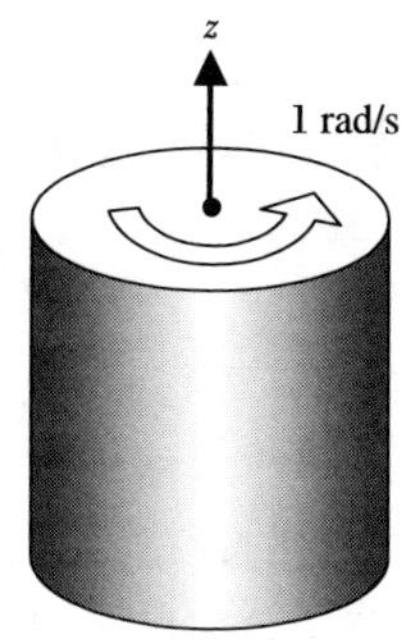

图 2.7 旋转的圆筒。这个圆筒的角速度向量为 $[0 \quad 0 \quad 1]^{\mathrm{T}}$ rad/s

角速度向量的属性如下。

(1) $\boldsymbol{\omega}$ 是通过单位向量×标量得到。

与旋转轴的方向一致的单位向量为 $\boldsymbol{a}$，旋转速度用 $\dot{q}$（标量）表示，由旋转产生的角速度向量可用单位向量的标量倍数表示。

$$
\boldsymbol{\omega}=\boldsymbol{a}\dot{q} \tag{2.17}
$$

(2) $\boldsymbol{\omega}$ 会给旋转物体各个点赋予速度。

以 $\boldsymbol{\omega}$ 旋转的物体上各个点的速度可通过 $\boldsymbol{\omega}\times\boldsymbol{p}$ 得到。在这里，$\boldsymbol{p}$ 表示以旋转轴上面任意 1 点为出发点的位置向量，×表示外积（Cross Product），其定义如图 2.8 所示。

根据给定的两个向量 $\boldsymbol{\omega}$ 和 $\boldsymbol{p}$，确定具有以下性质的新的三维向量 $\boldsymbol{v}$（见图 2.8）。

$$|\boldsymbol{v}| = |\boldsymbol{\omega}||\boldsymbol{p}|\sin\theta$$

$$(\boldsymbol{v} \perp \boldsymbol{\omega}) \cap (\boldsymbol{v} \perp \boldsymbol{p})$$

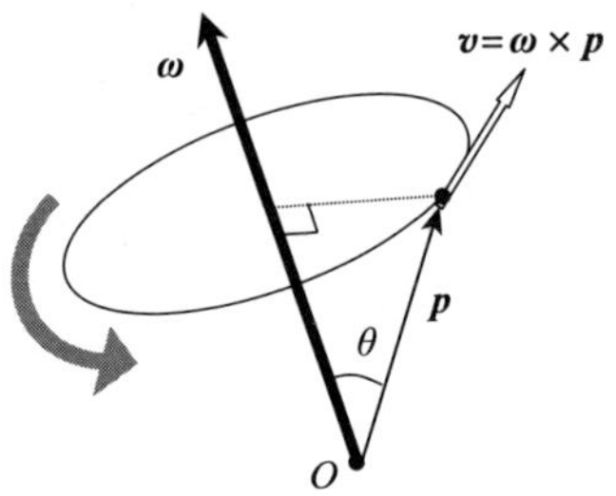

图 2.8 外积的定义。$\boldsymbol{v}=\boldsymbol{\omega}\times\boldsymbol{p}$ 是旋转的圆周上一点的速度，与 $\boldsymbol{\omega}$ 和 $\boldsymbol{p}$ 都正交

但是，满足这一要求的向量有2个，所以选择与从 $\boldsymbol{\omega}$ 向 $\boldsymbol{p}$ 转动右手螺旋前进的方向一致的向量。这个时候以

$$\boldsymbol{v} = \boldsymbol{\omega} \times \boldsymbol{p} \tag{2.18}$$

进行表达，也就是说，向量 $\boldsymbol{v}$ 是 $\boldsymbol{\omega}$ 和 $\boldsymbol{q}$ 的外积。当给定 $\boldsymbol{\omega}$、$\boldsymbol{p}$ 中的元素时，外积的计算如下：

$$\boldsymbol{\omega} \times \boldsymbol{p} = \begin{bmatrix} \omega_x \\ \omega_y \\ \omega_z \end{bmatrix} \times \begin{bmatrix} p_x \\ p_y \\ p_z \end{bmatrix} \equiv \begin{bmatrix} \omega_y p_z - \omega_z p_y \\ \omega_z p_x - \omega_x p_z \\ \omega_x p_y - \omega_y p_x \end{bmatrix} \tag{2.19}$$

综上所述，外积的定义是为了正确计算旋转运动产生的速度㊀。下面的公式给出了角速度向量 $\boldsymbol{\omega}$ 的物理意义。

顶点的速度=$\boldsymbol{\omega}\times$顶点的位置

使用上面的公式，可以轻松表示图 2.9 所示的以 $\boldsymbol{\omega}$ 旋转的橄榄球状物体的各点所具有的速度。像这样旋转的物体在不同的地方具有方向和大小不断变化的速度，角速度向量仅用 3 个元素就表示了这一信息㊁。

(3) $\boldsymbol{\omega}$ 本身自己是可以旋转的。

在式（2.17）的两侧乘以随机的旋转矩阵 $\boldsymbol{R}$。

$$\boldsymbol{R\omega} = \boldsymbol{Ra}\dot{q} \tag{2.20}$$

在这里有

$$\boldsymbol{\omega}' = \boldsymbol{R\omega} \quad \boldsymbol{a}' = \boldsymbol{Ra}$$

㊀ 外积也用于计算力矩和角动量。另外在电磁学中外积也很重要，例如弗莱明的左右手定则就与外积的计算有关。

㊁ 严格来说角速度向量是伪向量（Pseudo-Vector），有别于位置、速度等通常的向量[108]。伪向量在坐标系反转时表现出与普通向量不同的行为，这在当代的理论物理学中似乎是个问题。但是，在本书的范围内，将其作为普通的向量进行对待是没有问题的。另外，转矩和角动量也是伪向量。

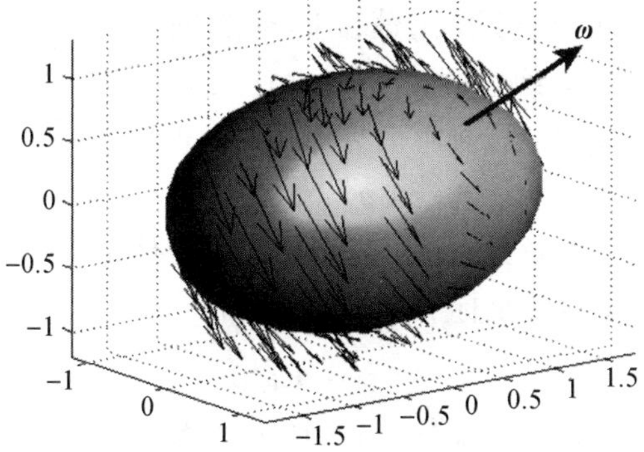

图 2.9 旋转物体表面的速度。橄榄球状的旋转椭圆体以角速度向量 $\boldsymbol{\omega}$（粗箭头）旋转，用小箭头表示其表面的速度向量

这样，式（2.20）可以改写如下。

$$\boldsymbol{\omega}' = \boldsymbol{a}'\dot{q}$$

这与式（2.17）的定义相等，因此可知 $\boldsymbol{\omega}'$ 是绕新旋转轴 $\boldsymbol{a}'$ 的角速度。所以角速度向量可以通过 $\boldsymbol{R}$ 直接旋转或进行坐标变换。

接下来，如图 2.10 所示，考虑用旋转矩阵 $\boldsymbol{R}$ 分别旋转角速度向量、位置向量和速度向量。也就是说

$$\boldsymbol{\omega}' = \boldsymbol{R\omega} \quad \boldsymbol{p}' = \boldsymbol{Rp} \quad \boldsymbol{v}' = \boldsymbol{Rv}$$

根据外积的定义，旋转前和旋转后分别有

$$\boldsymbol{v} = \boldsymbol{\omega} \times \boldsymbol{p}$$
$$\boldsymbol{v}' = \boldsymbol{\omega}' \times \boldsymbol{p}'$$

然后就会导出如下的式子。

$$\boldsymbol{R}(\boldsymbol{\omega} \times \boldsymbol{p}) = (\boldsymbol{R\omega}) \times (\boldsymbol{Rp}) \tag{2.21}$$

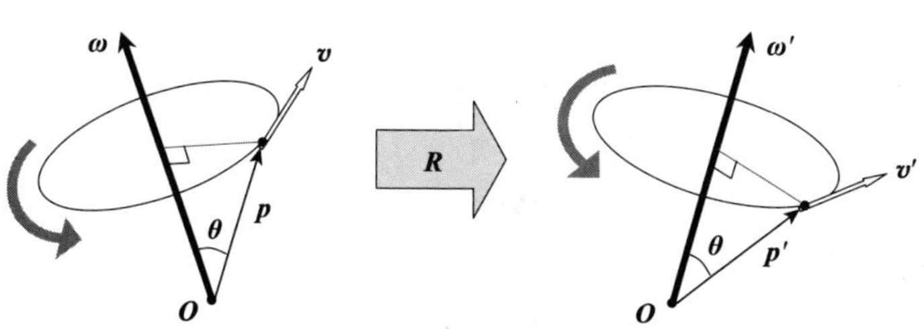

图 2.10 用旋转矩阵 $\boldsymbol{R}$ 旋转角速度向量、位置向量和速度向量。三个向量之间的相对关系在旋转后也不变

2.2.5　旋转矩阵的微分和角速度向量的关系

角速度向量 $\boldsymbol{\omega}$ 和旋转矩阵 $\boldsymbol{R}$ 之间有什么关系呢？在 2.2.2 节中我们看到，旋转矩阵 $\boldsymbol{R}$ 给出了物体顶点的局部坐标和世界坐标的关系。

$$\boldsymbol{p}=\boldsymbol{R}\overline{\boldsymbol{p}} \tag{2.22}$$

在这里用时间对其进行微分，就可以得到世界坐标系中的速度。在局部坐标系中看到的物体上的点的坐标 $\overline{\boldsymbol{p}}$ 不随时间变化。

$$\dot{\boldsymbol{p}}=\dot{\boldsymbol{R}}\overline{\boldsymbol{p}} \tag{2.23}$$

在这里，把式（2.22）改写成 $\overline{\boldsymbol{p}}=\boldsymbol{R}^{\mathrm{T}}\boldsymbol{p}$ 代入

$$\dot{\boldsymbol{p}}=\dot{\boldsymbol{R}}\boldsymbol{R}^{\mathrm{T}}\boldsymbol{p} \tag{2.24}$$

上面式子是在世界坐标系中，从物体的顶点位置计算速度的公式。

由于 $\dot{\boldsymbol{p}}=\boldsymbol{\omega}\times\boldsymbol{p}$，下式成立。

$$\boldsymbol{\omega}\times\boldsymbol{p}=\dot{\boldsymbol{R}}\boldsymbol{R}^{\mathrm{T}}\boldsymbol{p} \tag{2.25}$$

这里的外积会以如下形式展开进行计算［见式（2.19）］。

$$\boldsymbol{\omega}\times\boldsymbol{p}=\begin{bmatrix}\omega_x\\ \omega_y\\ \omega_z\end{bmatrix}\times\begin{bmatrix}p_x\\ p_y\\ p_z\end{bmatrix}=\begin{bmatrix}\omega_y p_z-\omega_z p_y\\ \omega_z p_x-\omega_x p_z\\ \omega_x p_y-\omega_y p_x\end{bmatrix} \tag{2.26}$$

将其重新表述为 3×3 矩阵的乘法，如下所示（请各自确认）。

$$\boldsymbol{\omega}\times\boldsymbol{p}=\begin{bmatrix}0 & -\omega_z & \omega_y\\ \omega_z & 0 & -\omega_x\\ -\omega_y & \omega_x & 0\end{bmatrix}\begin{bmatrix}p_x\\ p_y\\ p_z\end{bmatrix}\equiv\boldsymbol{S}\boldsymbol{p} \tag{2.27}$$

新定义的矩阵 $\boldsymbol{S}$ 转置后其元素的符号会发生反转。这样的矩阵称为反对称矩阵（Skew Symmetric Matrix）。

$$\boldsymbol{S}^{\mathrm{T}}=-\boldsymbol{S} \tag{2.28}$$

那么，比较式（2.25）和式（2.27），$\dot{\boldsymbol{R}}\boldsymbol{R}^{\mathrm{T}}$ 应该变成反对称矩阵 $\boldsymbol{S}$，证明如下。因为旋转矩阵的转置矩阵等于逆矩阵，有

$$\boldsymbol{R}\boldsymbol{R}^{\mathrm{T}}=\boldsymbol{E} \tag{2.29}$$

对它进行时间上的微分[⊖]。

$$\dot{\boldsymbol{R}}\boldsymbol{R}^{\mathrm{T}}+\boldsymbol{R}\dot{\boldsymbol{R}}^{\mathrm{T}}=0$$

⊖ 矩阵的微分是指对矩阵的各个元素分别进行微分。注意不能调换乘法的顺序。

$$(\dot{\boldsymbol{R}}\boldsymbol{R}^{\mathrm{T}})^{\mathrm{T}} = -\dot{\boldsymbol{R}}\boldsymbol{R}^{\mathrm{T}}$$

因此 $\dot{\boldsymbol{R}}\boldsymbol{R}^{\mathrm{T}}$ 无疑是反对称矩阵。

接下来，本书用“∨”来表示从反对称矩阵中提取三维向量的操作，用“∧”来表示从三维向量中生成反对称矩阵的操作，如下所示。

$$\begin{bmatrix} 0 & -\omega_z & \omega_y \\ \omega_z & 0 & -\omega_x \\ -\omega_y & \omega_x & 0 \end{bmatrix}^{\vee} = \begin{bmatrix} \omega_x \\ \omega_y \\ \omega_z \end{bmatrix}$$

$$\begin{bmatrix} \omega_x \\ \omega_y \\ \omega_z \end{bmatrix}^{\wedge} = \begin{bmatrix} 0 & -\omega_z & \omega_y \\ \omega_z & 0 & -\omega_x \\ -\omega_y & \omega_x & 0 \end{bmatrix}$$

因此，外积运算可以表达为

$$\boldsymbol{\omega} \times \boldsymbol{p} = (\boldsymbol{\omega}^{\wedge})\boldsymbol{p}$$

这里为了方便看式子，把∧放在头上[⊖]。

$$\boldsymbol{\omega} \times \boldsymbol{p} = \hat{\boldsymbol{\omega}}\boldsymbol{p}$$

用以上的记法重新表示式（2.25）的旋转矩阵和角速度向量的关系，得到如下结果。

$$\hat{\boldsymbol{\omega}} = \dot{\boldsymbol{R}}\boldsymbol{R}^{\mathrm{T}} \tag{2.30}$$

又或者是

$$\boldsymbol{\omega} = (\dot{\boldsymbol{R}}\boldsymbol{R}^{\mathrm{T}})^{\vee} \tag{2.31}$$

2.2.6 角速度向量的积分和旋转矩阵的关系

思考一下对给定角速度向量进行积分得到旋转矩阵的方法。在式（2.30）的两边右乘 $\boldsymbol{R}$，得到以下式子。

$$\dot{\boldsymbol{R}} = \hat{\boldsymbol{\omega}}\boldsymbol{R} \tag{2.32}$$

式（2.32）是角速度向量和旋转矩阵的关系式，也是旋转运动的基础公式。旋转运动的基础公式是关于矩阵 $\boldsymbol{R}$ 的微分方程，所以只要积分就能得到旋转矩阵。初始条件 $\boldsymbol{R}(0)=\boldsymbol{E}$，角速度 $\boldsymbol{\omega}$ 一定时，解为

$$\boldsymbol{R}(t) = \boldsymbol{E} + \hat{\boldsymbol{\omega}}t + \frac{(\hat{\boldsymbol{\omega}}t)^2}{2!} + \frac{(\hat{\boldsymbol{\omega}}t)^3}{3!} + \cdots \tag{2.33}$$

⊖ 在很多教科书和论文中不是 $\hat{\boldsymbol{\omega}}$，而是会把外积运算表示为“$\boldsymbol{\omega}\times$”。

将式（2.33）代入式（2.32）即可确认是否正确。根据与指数函数的类比，将其标记为 $e^{\hat{\omega} t}$，称为矩阵指数函数，即

$$e^{\hat{\omega} t} \equiv \boldsymbol{E} + \hat{\boldsymbol{\omega}} t + \frac{(\hat{\boldsymbol{\omega}} t)^2}{2!} + \frac{(\hat{\boldsymbol{\omega}} t)^3}{3!} + \cdots \tag{2.34}$$

这个无穷级数可以简化为下式[71]。首先将 $\boldsymbol{\omega}$ 分解为单位向量和标量的乘积。

$$\boldsymbol{\omega} = \boldsymbol{a}\omega \qquad \omega \equiv \|\boldsymbol{\omega}\|, \|\boldsymbol{a}\| = 1$$

这时有 $\hat{\boldsymbol{a}}^3 = -\hat{\boldsymbol{a}}$，所以 $\hat{\boldsymbol{a}}^n$ 的高阶项都可以换成 $\hat{\boldsymbol{a}}$ 或 $\hat{\boldsymbol{a}}^2$。利用 sin、cos 的级数表示，可以得到下式。

$$e^{\hat{\omega} t} = \boldsymbol{E} + \hat{\boldsymbol{a}} \sin(\omega t) + \hat{\boldsymbol{a}}^2 [1 - \cos(\omega t)] \tag{2.35}$$

式（2.35）被称为 Rodrigues 式，直接给出由一定角速度向量产生的旋转矩阵。该式和旋转运动的基础公式一样，是本书中出现的最重要的方程式之一⊖。

式（2.35）也可以看作是给出了围绕旋转轴 $\boldsymbol{a}$（单位向量）旋转 ωt rad 的旋转矩阵。把旋转角替代为 $\theta \equiv \omega t$，可得

$$e^{\hat{a}\theta} = \boldsymbol{E} + \hat{\boldsymbol{a}} \sin\theta + \hat{\boldsymbol{a}}^2 (1 - \cos\theta) \tag{2.36}$$

这个公式在正向运动学的计算中使用得特别多。

2.2.7 矩阵对数函数

前文已定义矩阵指数函数，下面定义它的反函数——矩阵对数函数，即

$$\ln \boldsymbol{R} = \ln e^{\hat{\omega}} \equiv \hat{\boldsymbol{\omega}} \tag{2.37}$$

该函数用于获得与给定旋转矩阵对应的角速度向量（在 1 s 内到达对应旋转矩阵的值）。

$$\boldsymbol{\omega} = (\ln \boldsymbol{R})^{\vee}$$

具体的计算方法如下。推导过程可参见文献 [71]。

$$(\ln \boldsymbol{R})^{\vee} = \begin{cases} [0 \quad 0 \quad 0]^{\mathrm{T}} & (\boldsymbol{R} = \boldsymbol{E}) \\ \dfrac{\theta}{2\sin\theta} \begin{bmatrix} r_{32} - r_{23} \\ r_{13} - r_{31} \\ r_{21} - r_{12} \end{bmatrix} & (\boldsymbol{R} \neq \boldsymbol{E}) \end{cases} \tag{2.38}$$

式中，

⊖ 式（2.35）和欧拉公式——$e^{i\theta} = \cos\theta + i\sin\theta$ 类似[120]。

$$\boldsymbol{R}=\begin{bmatrix} r_{11} & r_{12} & r_{13} \\ r_{21} & r_{22} & r_{23} \\ r_{31} & r_{32} & r_{33} \end{bmatrix}$$

$$\boldsymbol{\theta}=\cos^{-1}\left(\frac{r_{11}+r_{22}+r_{33}-1}{2}\right)$$

利用矩阵指数函数和矩阵对数函数，任意两个旋转矩阵 $\boldsymbol{R}_1$、$\boldsymbol{R}_2$ 的插值计算可以如下进行。

（1）求两者之间的旋转矩阵 $\boldsymbol{R}=\boldsymbol{R}_1^{\mathrm{T}}\boldsymbol{R}_2$。

（2）求出对应于旋转矩阵的角速度向量 $\boldsymbol{\omega}=(\ln \boldsymbol{R})^{\vee}$。

（3）世界坐标系中的角速度向量是 $\boldsymbol{R}_1\boldsymbol{\omega}$。

（4）插值是 $\boldsymbol{R}(t)=\boldsymbol{R}_1 \mathrm{e}^{\hat{\omega} t}$，$t\in[0,1]$。

2.3 物体在三维空间的速度和角速度

本节将阐述物体在三维空间中既做旋转运动又做平移运动的速度和角速度。

2.3.1 单个物体的速度和角速度

在图 2.11 中，物体在三维空间中的位置和姿态可以通过在物体上取的适当点的位置 $\boldsymbol{p}$ 和表示物体姿态的旋转矩阵 $\boldsymbol{R}$ 来表示。$(\boldsymbol{p},\boldsymbol{R})$ 表示与物体一起运动的局部坐标系。将在局部坐标系上定义的物体的顶点坐标设为 $\overline{\boldsymbol{p}}_k$，根据下式可以转换到世界坐标系。

$$\boldsymbol{p}_k=\boldsymbol{p}+\boldsymbol{R}\overline{\boldsymbol{p}}_k \tag{2.39}$$

物体顶点的 $\boldsymbol{p}_k$ 的速度是通过对式（2.39）进行微分获得的。

$$\begin{aligned}\dot{\boldsymbol{p}}_k&=\dot{\boldsymbol{p}}+\dot{\boldsymbol{R}}\,\overline{\boldsymbol{p}}_k\\&=\boldsymbol{v}+\hat{\boldsymbol{\omega}}\boldsymbol{R}\,\overline{\boldsymbol{p}}_k\\&=\boldsymbol{v}+\boldsymbol{\omega}\times(\boldsymbol{R}\,\overline{\boldsymbol{p}}_k)\end{aligned} \tag{2.40}$$

$\boldsymbol{v}$ 和 $\boldsymbol{\omega}$ 的定义如下。

$$\boldsymbol{v}\equiv\dot{\boldsymbol{p}} \tag{2.41}$$

$$\boldsymbol{\omega}\equiv(\dot{\boldsymbol{R}}\boldsymbol{R}^{\mathrm{T}})^{\vee} \tag{2.42}$$

将式（2.40）代入式（2.39）中可得式（2.43）。

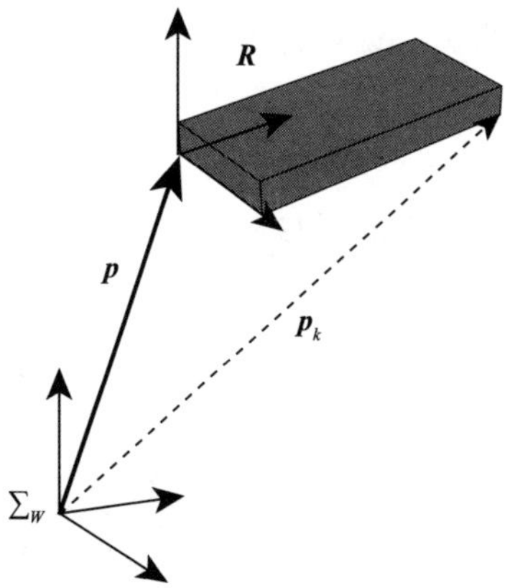

图 2.11 在三维空间的物体的位置和姿态

$$\dot{\boldsymbol{p}}_k = \boldsymbol{v} + \boldsymbol{\omega} \times (\boldsymbol{p}_k - \boldsymbol{p}) \tag{2.43}$$

物体上任意点的速度可以用这个公式计算。因此，可以得出以下结论。

> 三维空间内物体的运动可以用六维向量 $[v_x \quad v_y \quad v_z \quad \omega_x \quad \omega_y \quad \omega_z]^{\mathrm{T}}$ 表示，该六维向量中的元素来自其局部坐标系的速度 $\boldsymbol{v}$ 和角速度 $\boldsymbol{\omega}$。

接下来，简化地称 $\boldsymbol{v}$ 为物体的速度或平移速度，$\boldsymbol{\omega}$ 为物体的角速度。

2.3.2 两个物体的速度和角速度

接着考虑在三维空间内运动的 2 个物体，每个物体的局部坐标系如下所示。

$$\boldsymbol{T}_1 = \begin{bmatrix} \boldsymbol{R}_1 & \boldsymbol{p}_1 \\ 0\ 0\ 0 & 1 \end{bmatrix} \tag{2.44}$$

$$^1\boldsymbol{T}_2 = \begin{bmatrix} \boldsymbol{R}_d & \boldsymbol{p}_d \\ 0\ 0\ 0 & 1 \end{bmatrix} \tag{2.45}$$

如 $^1\boldsymbol{T}_2$ 的标记所示，物体 2 的位置、姿态被定义为相对于物体 1 的相对位移。

$$\begin{aligned} \boldsymbol{T}_2 &= \boldsymbol{T}_1\, {}^1\boldsymbol{T}_2 \\ &= \begin{bmatrix} \boldsymbol{R}_1 & \boldsymbol{p}_1 \\ 0\ 0\ 0 & 1 \end{bmatrix} \begin{bmatrix} \boldsymbol{R}_d & \boldsymbol{p}_d \\ 0\ 0\ 0 & 1 \end{bmatrix} \\ &= \begin{bmatrix} (\boldsymbol{R}_1 \boldsymbol{R}_d) & (\boldsymbol{p}_1 + \boldsymbol{R}_1 \boldsymbol{p}_d) \\ 0\ 0\ 0 & 1 \end{bmatrix} \end{aligned} \tag{2.46}$$

也就是说，世界坐标系所表示的物体 2 的位置和姿态如下。

$$\boldsymbol{p}_2 = \boldsymbol{p}_1 + \boldsymbol{R}_1 \boldsymbol{p}_d \tag{2.47}$$

$$\boldsymbol{R}_2 = \boldsymbol{R}_1 \boldsymbol{R}_d \tag{2.48}$$

物体 2 的平移速度可以通过式 (2.47) 对时间的微分得到。

$$\begin{aligned} \boldsymbol{v}_2 &= \frac{\mathrm{d}}{\mathrm{d}t}(\boldsymbol{p}_1 + \boldsymbol{R}_1 \boldsymbol{p}_d) \\ &= \dot{\boldsymbol{p}}_1 + \dot{\boldsymbol{R}}_1 \boldsymbol{p}_d + \boldsymbol{R}_1 \dot{\boldsymbol{p}}_d \\ &= \boldsymbol{v}_1 + \hat{\boldsymbol{\omega}}_1 \boldsymbol{R}_1 \boldsymbol{p}_d + \boldsymbol{R}_1 \boldsymbol{v}_d \\ &= \boldsymbol{v}_1 + \boldsymbol{\omega}_1 \times (\boldsymbol{R}_1 \boldsymbol{p}_d) + \boldsymbol{R}_1 \boldsymbol{v}_d \end{aligned}$$

但需要注意的是，$\boldsymbol{v}_1 \equiv \dot{\boldsymbol{p}}_1$，$\boldsymbol{v}_d \equiv \dot{\boldsymbol{p}}_d$。

使用式 (2.47)，更换项的顺序得到下式。

$$\boldsymbol{v}_2 = \boldsymbol{v}_1 + \boldsymbol{R}_1 \boldsymbol{v}_d + \boldsymbol{\omega}_1 \times (\boldsymbol{p}_2 - \boldsymbol{p}_1) \tag{2.49}$$

根据式（2.48），可求出物体 2 的角速度。

$$\begin{aligned}\hat{\boldsymbol{\omega}}_2 &= \dot{\boldsymbol{R}}_2 \boldsymbol{R}_2^{\mathrm{T}} \\ &= \frac{\mathrm{d}}{\mathrm{d}t}(\boldsymbol{R}_1 \boldsymbol{R}_d) \boldsymbol{R}_2^{\mathrm{T}} \\ &= (\dot{\boldsymbol{R}}_1 \boldsymbol{R}_d + \boldsymbol{R}_1 \dot{\boldsymbol{R}}_d) \boldsymbol{R}_2^{\mathrm{T}} \\ &= (\hat{\boldsymbol{\omega}}_1 \boldsymbol{R}_1 \boldsymbol{R}_d + \boldsymbol{R}_1 \hat{\boldsymbol{\omega}}_d \boldsymbol{R}_d) \boldsymbol{R}_2^{\mathrm{T}} \\ &= \hat{\boldsymbol{\omega}}_1 + \boldsymbol{R}_1 \hat{\boldsymbol{\omega}}_d \boldsymbol{R}_d \boldsymbol{R}_d^{\mathrm{T}} \boldsymbol{R}_1^{\mathrm{T}} \\ &= \hat{\boldsymbol{\omega}}_1 + \boldsymbol{R}_1 \hat{\boldsymbol{\omega}}_d \boldsymbol{R}_1^{\mathrm{T}}\end{aligned}$$

但需要注意的是，$\boldsymbol{\omega}_1 \equiv (\dot{\boldsymbol{R}}_1 \boldsymbol{R}_1^{\mathrm{T}})^{\vee}$，$\boldsymbol{\omega}_d \equiv (\dot{\boldsymbol{R}}_d \boldsymbol{R}_d^{\mathrm{T}})^{\vee}$。

由图 2.12 可知 $(\boldsymbol{R}\boldsymbol{\omega})^{\wedge} = \boldsymbol{R}\hat{\boldsymbol{\omega}}\boldsymbol{R}^{\mathrm{T}}$。

> 思考式（2.21）。
>
> $$\boldsymbol{R}(\boldsymbol{\omega} \times \boldsymbol{p}) = (\boldsymbol{R}\boldsymbol{\omega}) \times (\boldsymbol{R}\boldsymbol{p}) \qquad \ldots(\mathrm{a})$$
>
> 上面的式子可以变形成如下的式子。
>
> $$\begin{aligned}\boldsymbol{R}(\boldsymbol{\omega} \times \boldsymbol{p}) &= \boldsymbol{R}\hat{\boldsymbol{\omega}}\boldsymbol{p} \\ &= \boldsymbol{R}\hat{\boldsymbol{\omega}}\boldsymbol{R}^{\mathrm{T}}\boldsymbol{R}\boldsymbol{p} \\ &= (\boldsymbol{R}\hat{\boldsymbol{\omega}}\boldsymbol{R}^{\mathrm{T}})(\boldsymbol{R}\boldsymbol{p}) \qquad \ldots(\mathrm{b})\end{aligned}$$
>
> 把式（a）和式（b）进行比较，可得
>
> $$(\boldsymbol{R}\boldsymbol{\omega})^{\wedge} = \boldsymbol{R}\hat{\boldsymbol{\omega}}\boldsymbol{R}^{\mathrm{T}}$$

图 2.12 角速度向量的坐标变换式

进而可得

$$\hat{\boldsymbol{\omega}}_2 = \hat{\boldsymbol{\omega}}_1 + (\boldsymbol{R}_1 \boldsymbol{\omega}_d)^{\wedge}$$

将两边都施以 ∨，得到式（2.50）。

$$\boldsymbol{\omega}_2 = \boldsymbol{\omega}_1 + \boldsymbol{R}_1 \boldsymbol{\omega}_d \tag{2.50}$$

总结以上过程，物体 1 和物体 2 的位置和姿态分别为（$\boldsymbol{p}_1, \boldsymbol{R}_1$）和（$\boldsymbol{p}_2, \boldsymbol{R}_2$），物体 1 的速度是（$\boldsymbol{v}_1, \boldsymbol{\omega}_1$），物体 2 对于物体 1 的相对速度为（$\boldsymbol{v}_d, \boldsymbol{\omega}_d$）时，物体 2 的速度如式（2.51）、式（2.52）所示[⊖]。

$$\boldsymbol{v}_2 = \boldsymbol{v}_1 + \boldsymbol{R}_1 \boldsymbol{v}_d + \boldsymbol{\omega}_1 \times (\boldsymbol{p}_2 - \boldsymbol{p}_1) \tag{2.51}$$

$$\boldsymbol{\omega}_2 = \boldsymbol{\omega}_1 + \boldsymbol{R}_1 \boldsymbol{\omega}_d \tag{2.52}$$

⊖ 以下“速度和角速度”统称为“速度”。

在这里，$\boldsymbol{R}_1\boldsymbol{v}_d$ 和 $\boldsymbol{R}_1\boldsymbol{\omega}_d$ 是用世界坐标系表示的物体间的相对速度。把这些重写成 ${}^W\boldsymbol{v}_d$ 和 ${}^W\boldsymbol{\omega}_d$。

$$\boldsymbol{v}_2 = \boldsymbol{v}_1 + {}^W\boldsymbol{v}_d + \boldsymbol{\omega}_1 \times (\boldsymbol{p}_2 - \boldsymbol{p}_1) \tag{2.53}$$

$$\boldsymbol{\omega}_2 = \boldsymbol{\omega}_1 + {}^W\boldsymbol{\omega}_d \tag{2.54}$$

也就是说，除了式（2.53）的第三项出现角速度的影响之外，世界坐标系中物体的速度遵循简单的加法。图 2.13 特别展示出了式（2.54）的含义。

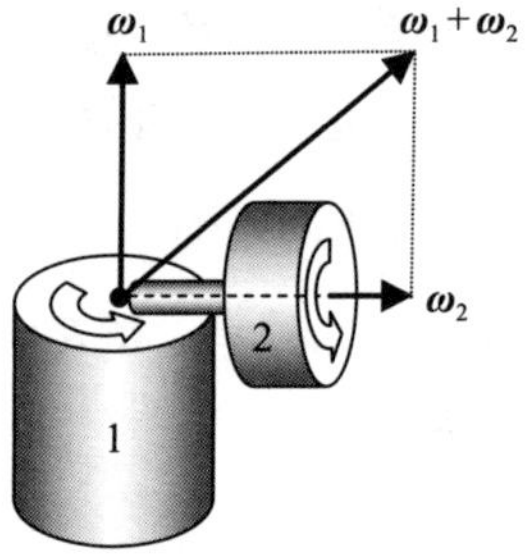

图 2.13　式（2.54）的含义。物体 1 以角速度向量 $\boldsymbol{\omega}_1$ 旋转。物体 2 相对于物体 1 以相对角速度向量 $\boldsymbol{\omega}_2$ 旋转。从世界坐标系看物体 2 的角速度是 $\boldsymbol{\omega}_1+\boldsymbol{\omega}_2$

2.4　人形机器人的分割方法和控制程序

2.4.1　分割方法

人形机器人是由许多连杆通过关节连接而成的机器人，因此分析的第一步是将机器人按照关节和连杆进行分割。图 2.14 给出了两种分割方法。

图 2.14a 体现了在断开的连杆的一侧包括关节的方法，图 2.14b 体现了在机身或靠近机身的连杆中包括关节的方法。在计算机模拟中，图 2.14a 的分割法更加有利。因为在这种情况下，除了机身以外的所有连杆都必然包含一个关节，所以用相同的算法处理所有连杆很容易，而且在现有的模型上添加新的关节也很简单。图 2.14b 的方法会让各连杆包含不同数量的关节，程序因此变得更加复杂。

将这样分割的连杆正确地连接在一起，就能再现人形机器人的构造。连杆之间的连接关系可以用图 2.15 的树状结构⊖来表示。或者也可以把连杆的连接关系比喻成以身体为始祖的家谱，认为其后代沿着远离身体的方向相连。

⊖　由根部向顶端分支的结构，分支之间不会相连成环。对于人形机器人来说，身体部分算是根部。

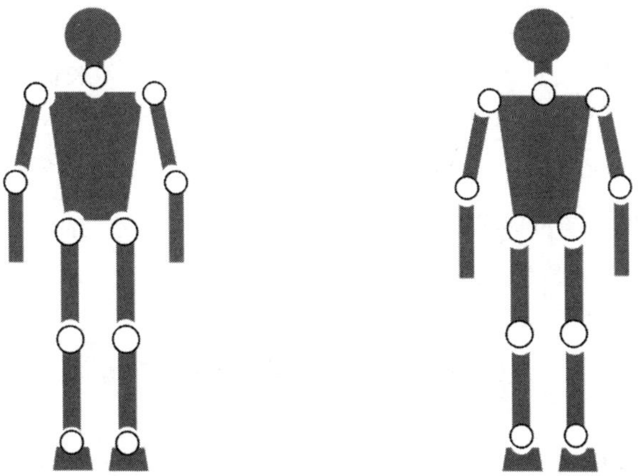

a）连杆和关节作为一组进行分割　　b）把关节留在根部进行分割

图 2.14　人形机器人的分割法。图 a 中除躯体以外的所有连杆都必须有一个关节，而图 b 中不同连杆的关节个数各不相同。从编程的角度来看，图 a 的方法更好

但是，由于每个连杆中保留的子连杆数量不同，这种表达方式不适合用于编程，原因与之前在人形机器人分割法中指出的相同。

因此，试着将同样的家族关系用图 2.16 的方式重新表达。每个连杆必须有两支，左下支记“子（孩子即子项）”，右下支记为“妹（妹妹）”[⊖]。例如，RARM 的右下分支 LARM、RLEG、LLEG 就是它的妹妹。RARM 的母辈是右上的 BODY，它的直系子项是左下的 RHAND。也就是说，它们表示了表面上不同但实际上与图 2.15 完全相同的连杆之间的家族关系。另外，不存在“子”和“妹”的分支记为“0”。

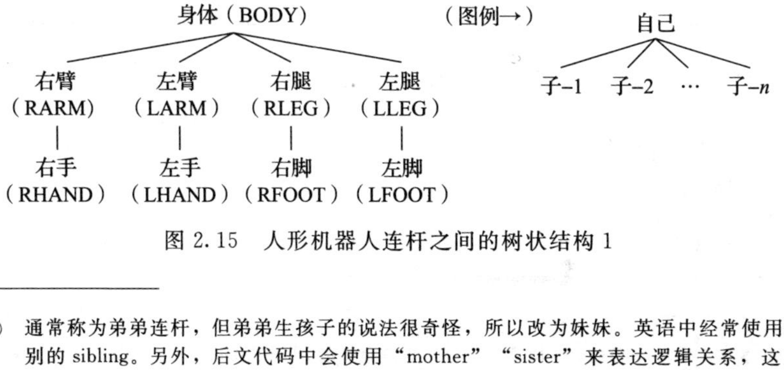

图 2.15　人形机器人连杆之间的树状结构 1

⊖ 通常称为弟弟连杆，但弟弟生孩子的说法很奇怪，所以改为妹妹。英语中经常使用不分性别的 sibling。另外，后文代码中会使用“mother”“sister”来表达逻辑关系，这里使用“妹”来表示。

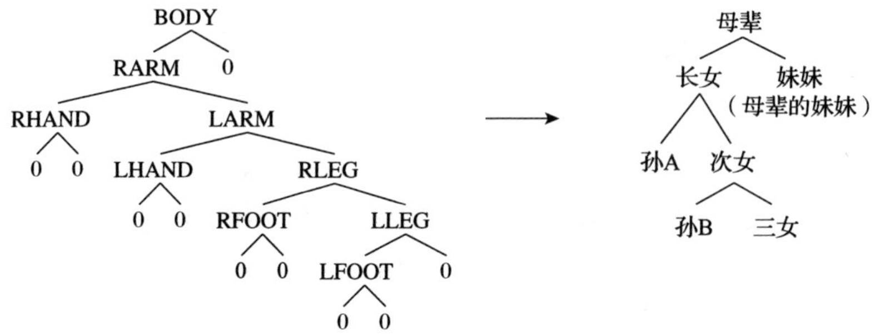

图 2.16 人形机器人连杆之间的树状结构 2

2.4.2 控制程序

接下来考虑如何在实际的计算机程序中处理这些信息。将图 2.16 转化为表 2.2。为了唯一地指定连杆，将 BODY 的 ID 设为 1，其余按逻辑关系的顺序进行编号。

表 2.2 各分支的数量

ID	名称（name）	妹妹的数量	子项的数量
1	BODY	0	2
2	RARM	4	3
3	RHAND	0	0
4	LARM	6	5
5	LHAND	0	0
6	RLEG	8	7
7	RFOOT	0	0
8	LLEG	0	9
9	LFOOT	0	0

在 Matlab 的命令窗口中直接输入上面信息，显示如下⊖。

```
>> global uLINK
>> uLINK(1).name = 'BODY';
>> uLINK(1).sister = 0;
>> uLINK(1).child = 2;
```

⊖ 本书将采用可交互式使用且易于进行矩阵运算的 MathWorks 公司的 Matlab 作为编程语言。当然，算法的本质与语言无关，因此可以将本书的程序改写成更快的 C++和 Java 等。

≫是 Matlab 的命令提示。uLINK 是本书使用的结构序列的名称，大部分数据都存储在这里。在第一行中，uLINK 被声明为全局变量，从而可以在其余程序中调用。uLINK(1) 表示与 ID 为 1 的连杆相对应，用句号点隔开，指定数据字段（name，sister，child）并代入值。

同样地，如果输入 uLINK(2) 以后的信息，就可以交互地进行以下操作[⊖]。

```
>> uLINK(1).name                   %显示ID为1的连杆名称
ans =
BODY
>> uLINK(uLINK(1).child).name      %显示BODY子项的名称
ans =
RARM
>> uLINK(uLINK(uLINK(1).child).child).name %显示BODY孙子的名称
ans =
RHAND
```

如果输入的最后不用分号（;）输入变量名，Matlab 就会显示存储的信息。利用这样存储的 ID，可以自由地从树状结构中提取数据。也就是说，上述代码建立了关于机器人构造的一种数据库。

显示数据结构中保存的所有连杆名称的程序 PrintLinkName. m 如图 2.17 所示。

```
function PrintLinkName(j)
global uLINK                                      % 定义全局变量uLINK

if j ~= 0
    fprintf('j=%d : %s\n',j,uLINK(j).name);       % 显示自己的名称
    PrintLinkName(uLINK(j).child);                % 显示女儿的名称
    PrintLinkName(uLINK(j).sister);               % 显示妹妹的名称
end
```

图 2.17　PrintLinkName. m，显示所有连杆的名称

该程序检查自变量中给出的 ID，如果不是 0：(1) 显示自己的名称；(2) 用妹妹的 ID 执行 PrintLinkName；(3) 用孩子的 ID 执行 PrintLinkName。保存为 PrintLinkName. m 之后，在 Matlab 命令行输入 PrintLinkName (1)，

⊖ 实际上，只要事先将相同内容写在脚本文件（M－File）中，并执行该文件，就无须一一从键盘输入。

就会输出 BODY 连杆以下的树状结构中存在的链接名称一览。在某个函数中执行该函数本身被称为递归调用（recursive call）。每调用一次就会移动到树状结构下面，最后一定会到达表示数据不存在的 0，因此不会陷入无限循环。

使用递归调用的技巧，可以简单地编写求出总连杆质量的程序（见图 2.18）。预先在 uLINK 中追加 m 这一数据字段来设置各连杆的质量。

```
function m = TotalMass(j)
global uLINK

if j == 0
   m = 0;
else
   m = uLINK(j).m+TotalMass(uLINK(j).sister)+TotalMass(uLINK(j).child);
end
```

图 2.18　TotalMass.m，用于计算总连杆质量

如果自变量中给出的 ID 为 0，则不存在连杆，因此程序返回 0 kg（第 4 行）。如果 ID 为 0 以外的量，则返回自身、妹妹连杆以下的合计质量、女儿连杆以下的合计质量之和（第 6 行）。从命令行输入 TotalMass(1) 后程序会自动扫描整个树状结构，计算出 BODY 连杆以下的总质量。这与通常的先数出整体的连杆个数，然后用 for 循环求和的方法相比，是非常高明的做法。

2.5　人形机器人的运动学

2.5.1　模型的生成方法

具有 12 个自由度的双足机器人的关节名称和 ID 号码设置如图 2.19 所示。这里使用图 2.14a 所示的分割法，由于关节和其驱动的连杆一定是成对的，所以可以合并处理。例如 ID 为 5 指的是右脚的膝关节 RLEG J3 和右大腿连杆。

首先需要设定本地坐标系来表示各连杆的位置和姿态。本地坐标系的原点可以设定在关节的旋转轴上的任何地方。

不过，该机器人的髋关节是 3 个轴相交于一点，所以将三个连杆的原点全部设定为以髋关节为中心比较合理。同样，将 2 个轴的交点设定在原点。另外，本地坐标系的旋转矩阵在基准姿态上全部与世界坐标系平行，即

$$\boldsymbol{R}_1 = \boldsymbol{R}_2 = \cdots = \boldsymbol{R}_{13} = \boldsymbol{E}$$

所设定的本地坐标如图 2.19b 所示。

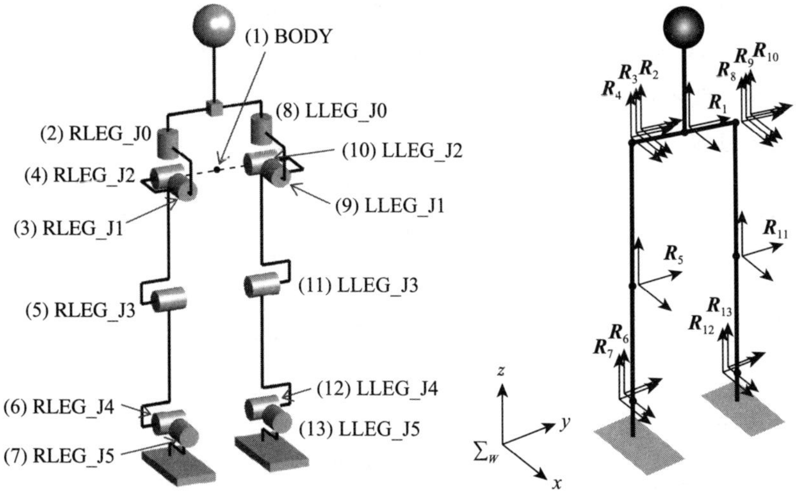

a） b）

图 2.19 图 a 为具有 12 个自由度的双足机器人的关节结构图，括号中的数字是 ID 号。图 b 展示了每个连杆位置的旋转矩阵

为了表示相邻的局部坐标系之间的关系，在图 2.20 中确定关节轴向量 $\boldsymbol{a}_j$ 和相对位置向量 $\boldsymbol{b}_j$。关节轴向量是表示本连杆相对于母连杆的旋转轴的单位向量，将沿箭头的右螺钉的旋转方向设为＋。例如，膝关节的关节轴向量是 $\boldsymbol{a}_5$，$\boldsymbol{a}_{11}=[0\ 1\ 0]^{\mathrm{T}}$，向着“＋”方向旋转时膝盖会向通常方向弯曲。相对位置向量 $\boldsymbol{b}_j$ 是从母连杆原点指向自连杆原点的向量。

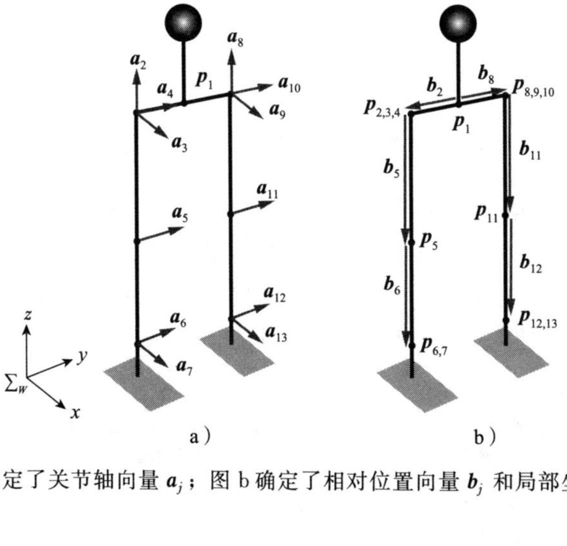

a） b）

图2.20 图 a 确定了关节轴向量 $\boldsymbol{a}_j$；图 b 确定了相对位置向量 $\boldsymbol{b}_j$ 和局部坐标轴的原点 $\boldsymbol{p}_j$

在与母连杆共享原点的情况下，如踝滚转（Roll）轴，有 $\boldsymbol{b}_7, \boldsymbol{b}_{13}=0$[⊖]。

在本章中，我们将运用该技术构建正向运动学、雅可比、反向运动学的算法，用于表示连杆的质量、形状、关节位置（旋转角），关节速度等各种各样的信息如表2.3所示。

表2.3 连杆信息

连杆的特征	公式中的记号	uLINK 数据字段
自己的 ID	j	—
妹连杆的 ID	无	sister
子连杆的 ID	无	child
母连杆的 ID	i	mother
世界坐标系的位置	$\boldsymbol{p}_j$	p
世界坐标系的姿态	$\boldsymbol{R}_j$	R
世界坐标系的速度	$\boldsymbol{v}_j$	V
世界坐标系的角速度向量	$\boldsymbol{w}_j$	w
关节位置	$\boldsymbol{q}_j$	q
关节速度	$\dot{\boldsymbol{q}}_j$	dq
关节加速度	$\ddot{\boldsymbol{q}}_j$	ddq
关节轴向量（相对母连杆）	$\boldsymbol{a}_j$	a
相对位置（相对母连杆）	$\boldsymbol{b}_j$	b
形状（顶点信息，与自己连杆相对）	$\bar{\boldsymbol{p}}_j$	vertex
形状（连接信息）	无	face
质量	$\boldsymbol{m}_j$	m
重心位置（与自己连杆相对）	$\bar{\boldsymbol{c}}_j$	c
惯性张量（与自己连杆相对）	$\bar{\boldsymbol{I}}_j$	I

2.5.2 从关节角度求连杆位置和姿态：正向运动学

正向运动学（Forward Kinematics）是指，根据给定关节的角度，求出连杆的位置和姿态。这样的计算涉及对机器人的重心位置的计算、图形显示、与环境的接触判定等，是机器人模拟的重要基础。

⊖ 一个著名的表示机器人关节结构的方法是 DH（Denavit-Hartenberg）表示法[102]。最初曾使用过，但由于需要改变每个关节坐标系的方向等限制较多，容易出错，所以现在使用了上述方法。

正向运动学的计算可以通过本章最初说明的同次变换矩阵和链式法则简单地进行。首先求图 2.21 所示的一个连杆的同次变换矩阵。将关节轴上的局部坐标系原点设为Σ_j。设母连杆坐标系中看到的旋转轴向量 $\boldsymbol{a}_j$，Σ_j 的原点为 $\boldsymbol{b}_j$。设关节的旋转角为 $\boldsymbol{q}_j$，初始状态下的旋转角为 0 的连杆的姿态矩阵为 $\boldsymbol{E}$。

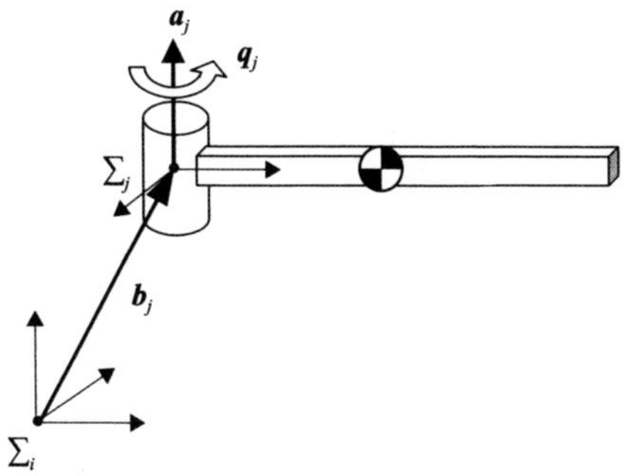

图 2.21　一个连杆的位置、姿态和旋转，$\boldsymbol{a}_j$、$\boldsymbol{b}_j$ 分别表示从母连杆看的关节轴向量和原点位置

Σ_j 的母连杆相对的同次变换矩阵为

$$
{}^{i}\boldsymbol{T}_j = \begin{bmatrix} e^{\hat{a}_j q_j} & \boldsymbol{b}_j \\ 0\ 0\ 0 & 1 \end{bmatrix} \tag{2.55}
$$

接着，如图 2.22 所示，有两个连续的连杆 i、j，已知母连杆的绝对位置、姿态 $\boldsymbol{p}_i$、$\boldsymbol{R}_i$，那么Σ_j 的同次变换矩阵是

$$
\boldsymbol{T}_i = \begin{bmatrix} \boldsymbol{R}_i & \boldsymbol{p}_i \\ 0\ 0\ 0 & 1 \end{bmatrix} \tag{2.56}
$$

Σ_j 的同次变换矩阵由链式法则可得

$$
\boldsymbol{T}_j = \boldsymbol{T}_i {}^{i}\boldsymbol{T}_j \tag{2.57}
$$

基于式（2.55）、式（2.56）、式（2.57），Σ_j 的绝对位置、姿态（$\boldsymbol{p}_i$，$\boldsymbol{R}_j$）由式（2.58）、式（2.59）给出。

$$
\boldsymbol{p}_j = \boldsymbol{p}_i + \boldsymbol{R}_i \boldsymbol{b}_j \tag{2.58}
$$

$$
\boldsymbol{R}_j = \boldsymbol{R}_i e^{\hat{a}_j q_j} \tag{2.59}
$$

根据上述关系式，计算全连杆的位置和姿态的程序如图 2.23 所示。预先设定主体连杆的绝对位置 uLINK(1).p、绝对姿态 uLINK(1).R 以及各连杆的关节旋转角度 q，通过执行 ForwardKinematics(1) 自动更新全连杆的位置和姿态。

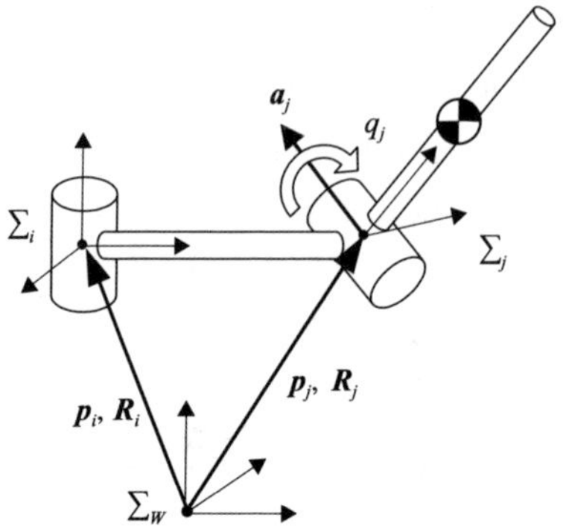

图 2.22 两个连杆的位置关系

```
function ForwardKinematics(j)
global uLINK

if j == 0 return; end
if j ~= 1
    i = uLINK(j).mother;
    uLINK(j).p = uLINK(i).R * uLINK(j).b + uLINK(i).p;
    uLINK(j).R = uLINK(i).R * Rodrigues(uLINK(j).a, uLINK(j).q);
end
ForwardKinematics(uLINK(j).sister);
ForwardKinematics(uLINK(j).child);
```

图 2.23 ForwardKinematics. m，关于所有连杆的正向运动学

图 2.24 是对双足机器人的全部 12 个关节在适当范围内设定随机角度，根据正向运动学显示出各种姿态的机器人。由此可见，看似简单的机制其实蕴藏着多种可能性。

2.5.3 从连杆的位置和姿态求关节角度：反向运动学

接下来，考虑从给定的身体和足部的位置、姿态求出各关节的角度的方法。在这种情况下，需要反向运动学（Inverse Kinematics）。例如，通过视觉传感器得知了楼梯高度的信息，为了使脚在正确的位置和高度着地，反向运动学是绝对必要的。

反向运动学分为解析解法和数值解法两种。首先说明解析解法。仅考虑图 2.19 所示模型的右脚，假定身体和右脚的位置姿态分别为（$\boldsymbol{p}_1$，$\boldsymbol{R}_1$）和（$\boldsymbol{p}_7$，$\boldsymbol{R}_7$）。为了便于理解公式，在图 2.25a 中，将从身体原点看髋关节的位

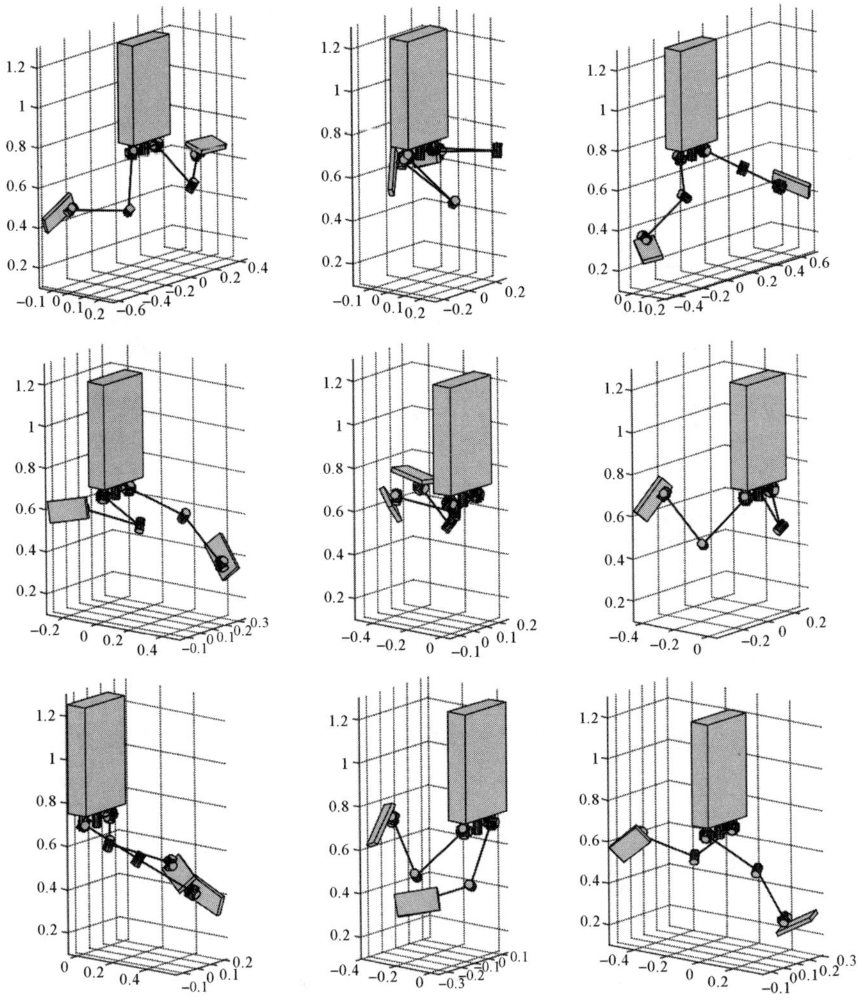

图 2.24 由 ForwardKinematics 计算出的各种姿态的机器人。膝盖的角度为 $[0,\pi]$ rad，其他关节的角度为 $[-\pi/3,\pi/3]$ rad，在范围内随机设定

置定义为 D，大腿长度定义为 A，大腿长度定义为 B。那么，髋关节的位置就是

$$
\boldsymbol{p}_2 = \boldsymbol{p}_1 + \boldsymbol{R}_1 \begin{bmatrix} 0 \\ D \\ 0 \end{bmatrix}
$$

接下来，计算从脚踝坐标系观察的髋关节的位置向量。

$$\boldsymbol{r} = \boldsymbol{R}_7^{\mathrm{T}}(\boldsymbol{p}_2 - \boldsymbol{p}_7) \equiv [r_x\ r_y\ r_z]^{\mathrm{T}} \tag{2.60}$$

把脚踝和髋关节的距离定义为 C。

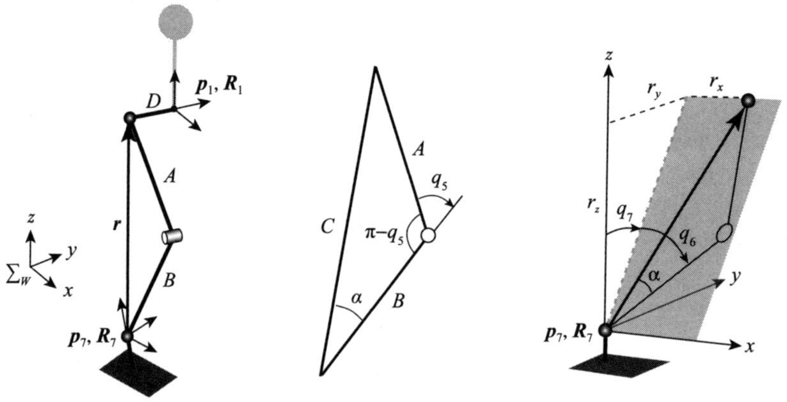

a）记号的定义 b）膝盖角度的计算 c）脚踝角度的计算

图 2.25 脚的反向运动学计算法

$$C = \sqrt{r_x^2 + r_y^2 + r_z^2}$$

如图 2.25b 所示，考虑三角形 ABC，可以得到膝盖的旋转角度 q_5。基于余弦定理，

$$C^2 = A^2 + B^2 - 2AB\cos(\pi - q_5)$$

那么，膝盖的旋转角度就是

$$q_5 = -\arccos\left(\frac{A^2 + B^2 - C^2}{2AB}\right) + \pi$$

将三角形的下端角度定义为 α，根据正弦定理可得

$$\frac{C}{\sin(\pi - q_5)} = \frac{A}{\sin\alpha}$$

那么

$$\alpha = \arcsin\left(\frac{A\sin(\pi - q_5)}{C}\right)$$

以脚踝坐标系为基准，如图 2.25c 所示，可以根据向量 $\boldsymbol{r}$ 求出脚踝滚转和俯仰轴关节角，即

$$q_7 = \mathrm{atan2}(r_y, r_z)$$

$$q_6 = -\mathrm{atan2}\left(r_x, \mathrm{sign}(r_z)\sqrt{r_y^2 + r_z^2}\right) - \alpha$$

式中，atan2(y,x) 是计算 xy 平面中向量（x,y）与 x 轴的角度的函数，在 Matlab、C、C++、Pascal 中作为嵌入函数而存在。另外，sign(x) 是 x 为正则为+1，x 为负则为−1 的函数。

剩下的是髋关节的偏转、滚动和俯仰。关于各连杆姿态的关系式如下。

$$\boldsymbol{R}_7 = \boldsymbol{R}_1\boldsymbol{R}_z(q_2)\boldsymbol{R}_x(q_3)\boldsymbol{R}_y(q_4)\boldsymbol{R}_y(q_5+q_6)\boldsymbol{R}_x(q_7)$$

变形得到下式。

$$\boldsymbol{R}_z(q_2)\boldsymbol{R}_x(q_3)\boldsymbol{R}_y(q_4) = \boldsymbol{R}_1^{\mathrm{T}}\boldsymbol{R}_7\boldsymbol{R}_x(q_7)\boldsymbol{R}_y(q_5+q_6)$$

展开左边，用数值计算右边，得到下式。

$$\begin{bmatrix} c_2c_4-s_2s_3s_4 & -s_2c_3 & c_2s_4+s_2s_3c_4 \\ s_2c_4+c_2s_3s_4 & c_2c_3 & s_2s_4-c_2s_3c_4 \\ -c_3s_4 & s_3 & c_3c_4 \end{bmatrix} = \begin{bmatrix} R_{11} & R_{12} & R_{13} \\ R_{21} & R_{22} & R_{23} \\ R_{31} & R_{32} & R_{33} \end{bmatrix}$$

式中，$c_2 \equiv \cos q_2$，$s_2 \equiv \sin q_2$。仔细研究左边矩阵的要素，得到如下式子。

$$q_2 = \mathrm{atan2}(-R_{12}, R_{22}) \tag{2.61}$$

$$q_3 = \mathrm{atan2}(R_{32}, -R_{12}s_2 + R_{22}c_2) \tag{2.62}$$

$$q_4 = \mathrm{atan2}(-R_{31}, R_{33}) \tag{2.63}$$

图 2.26[⊖] 是将以上式子总结为程序的示例。计算左腿的反向运动学时，只要把 D 的符号反过来，使用相同的程序即可。

该计算方法只能用于具有图 2.19 所示结构的机器人。例如，髋关节的 3 个轴不相交于一点的机器人就需要完全不同的计算方法。解决各种情况下的反向运动学的技巧在机器人工程学的教科书（见文献 [105,146]）中有说明，但通常需要相当麻烦的计算。另外，根据关节的构造，有时无法得到解析解，因此多采用下一节说明的数值解法。

2.5.4 反向运动学的数值解法

与求反向运动学的解析解法相比，正向运动学的数值解法要容易得多。因此可以考虑使用正向运动学通过重复计算来解决反向运动学的方法，如图 2.27所示。算法如下所示。

步骤 1 设目标连杆的位置、姿态为（$\boldsymbol{p}^{ref}$, $\boldsymbol{R}^{ref}$）。

步骤 2 将从身体到目标连杆的关节一系列角度的向量设为 $\boldsymbol{q}$。

⊖ 程序 ik _ legm 在正文说明的基础上，追加了指定超过腿长的目标位置的情况和有关关节可动极限的处理。

步骤 3 用正向运动学计算连杆的位置、姿态 $(\boldsymbol{p}, \boldsymbol{R})$。

步骤 4 计算位置和姿态的误差 $(\Delta\boldsymbol{p}, \Delta\boldsymbol{R})=(\boldsymbol{p}^{ref}-\boldsymbol{p}, \boldsymbol{R}^{\mathrm{T}}\boldsymbol{R}^{ref})$。

```
function q = IK_leg(Body,D,A,B,Foot)

r = Foot.R' * (Body.p + Body.R * [0 D 0]'- Foot.p); %从脚踝视角看髋关节
C = norm(r);
c5 = (C^2-A^2-B^2)/(2.0*A*B);
if c5 >= 1
    q5 = 0.0;
elseif c5 <= -1
    q5 = pi;
else
    q5 = acos(c5); % knee pitch
end
q6a = asin((A/C)*sin(pi-q5));   % ankle pitch sub

q7 = atan2(r(2),r(3)); % ankle roll -pi/2 < q(6) < pi/2
if q7 > pi/2, q7=q7-pi; elseif q7 < -pi/2, q7=q7+pi; end
q6 = -atan2(r(1),sign(r(3))*sqrt(r(2)^2+r(3)^2)) -q6a; % ankle pitch

R = Body.R' * Foot.R * Rroll(-q7) * Rpitch(-q6-q5); %% hipZ*hipX*hipY
q2  = atan2(-R(1,2),R(2,2));   % hip yaw
cz = cos(q2); sz = sin(q2);
q3 = atan2(R(3,2),-R(1,2)*sz + R(2,2)*cz); % hip roll
q4 = atan2( -R(3,1), R(3,3));              % hip pitch

q = [q2 q3 q4 q5 q6 q7]';
```

图 2.26 IK _ leg . m，脚的分析性反向运动学的程序例子

【注意!】该程序在实际应用于机器人时，需要另外检查关节的动作范围是否超出。最坏的情况下，程序漏洞可能会破坏机器人，造成伤亡事故。

步骤 5 当 $(\Delta\boldsymbol{p}, \Delta\boldsymbol{R})$ 足够小时就结束。

步骤 6 $(\Delta\boldsymbol{p}, \Delta\boldsymbol{R})$ 如果很大的话，那就计算能够让这个误差变小的关节角度修正量 $\Delta\boldsymbol{q}$。

步骤 7 $\boldsymbol{q} := \boldsymbol{q}+\Delta\boldsymbol{q}$ 后返回步骤 3。

把以上这些流程变成程序实际上会有两个问题。

(1) 让位置和姿态误差 $(\Delta\boldsymbol{p}, \Delta\boldsymbol{R})$ 变小是怎么一回事？(步骤 5)

(2) 位置和姿态误差的小关节角度的修正量 $\Delta\boldsymbol{q}$ 怎么计算？(步骤 6)

第一个问题比较容易解决。位置、姿态误差为 0 的状态由下式表示。

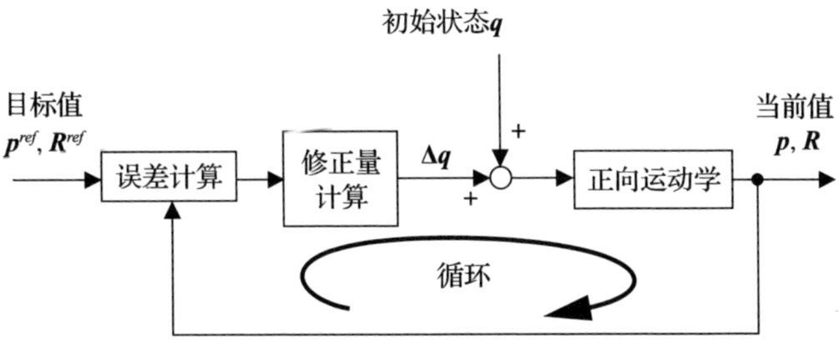

图 2.27 反向运动学计算的基本概念。逐渐改变关节角，使正向运动学的结果接近目标值

$$\Delta \boldsymbol{p} = 0$$

$$\Delta \boldsymbol{R} = \boldsymbol{E}$$

把这个状态设为 0，离 0 越远越大的函数的一个例子是[⊖]

$$err(\Delta \boldsymbol{p}, \Delta \boldsymbol{R}) = \| \Delta \boldsymbol{p} \|^2 + \| \Delta \boldsymbol{\omega} \|^2 \tag{2.64}$$

$$\Delta \boldsymbol{\omega} \equiv (\ln \Delta \boldsymbol{R})^{\vee} \tag{2.65}$$

$err(\Delta \boldsymbol{p}, \Delta \boldsymbol{R})$ 可以是预先决定好的微小值，比如当它小于 1×10^{-6} 时可以判断达到了目标位置、姿态。

对于第二个问题，可以赋予关节角度修正量 $\Delta \boldsymbol{q}$ 一个随机的值，如果它能使 $err(\Delta \boldsymbol{p}, \Delta \boldsymbol{R})$ 变小，那就采用这个值更新关节角度。

那么第二个问题又如何呢？这种情况下只要找到能减小 $err(\Delta \boldsymbol{p}, \Delta \boldsymbol{R})$ 的关节角度修正量 $\Delta \boldsymbol{q}$ 即可。其中一种方法是每次都选用一个随机数，如果 $err(\Delta \boldsymbol{p}, \Delta \boldsymbol{R})$ 稍有变小，就采用该数值并更新关节角度。机器人会通过反复试错逐渐接近目标，因此看起来会显得相当智能。

但现在一般都不使用这种方法。广泛采用的是高速、高精度的 Newton-Raphson 法，首先考虑与当前状态相比关节角度仅变化极小 $\delta \boldsymbol{q}$ 时位置、姿态的微小变化量（$\delta \boldsymbol{p}, \delta \boldsymbol{\omega}$）。

$$\delta \boldsymbol{p} = \boldsymbol{X}_p(\boldsymbol{q}, \delta \boldsymbol{q}) \tag{2.66}$$

$$\delta \boldsymbol{\omega} = \boldsymbol{X}_\omega(\boldsymbol{q}, \delta \boldsymbol{q}) \tag{2.67}$$

在这里，虽然 $\boldsymbol{X}_p$ 和 $\boldsymbol{X}_\omega$ 是未知函数，但在 $\delta \boldsymbol{q}$ 的值极小的情况下，单纯用乘法和加法就可以表示。如果写成矩阵的话就是这样。

⊖ 一般情况下，$err(\Delta \boldsymbol{p}, \Delta \boldsymbol{R}) = \alpha \| \Delta \boldsymbol{p} \|^2 + \beta \| \Delta \boldsymbol{\omega} \|^2$，其中 α 和 β 是适当的正系数，用于增大精度要求。

$$\begin{bmatrix}\delta\boldsymbol{p}\\\delta\boldsymbol{\omega}\end{bmatrix}=\begin{bmatrix}J_{11}&J_{12}&J_{13}&J_{14}&J_{15}&J_{16}\\J_{21}&J_{22}&J_{23}&J_{24}&J_{25}&J_{26}\\J_{31}&J_{32}&J_{33}&J_{34}&J_{35}&J_{36}\\J_{41}&J_{42}&J_{43}&J_{44}&J_{45}&J_{46}\\J_{51}&J_{52}&J_{53}&J_{54}&J_{55}&J_{56}\\J_{61}&J_{62}&J_{63}&J_{64}&J_{65}&J_{66}\end{bmatrix}\delta\boldsymbol{q} \tag{2.68}$$

式中，$J_{IJ}(i,j=1\cdots 6)$ 是由机器人当前的位置和姿态决定的某个常数（关节数设为6）。因为每次把所有要素都写出来太费劲了，所以把它简化成下式。

$$\begin{bmatrix}\delta\boldsymbol{p}\\\delta\boldsymbol{\omega}\end{bmatrix}=\boldsymbol{J}\delta\boldsymbol{q} \tag{2.69}$$

这里出现的矩阵 $\boldsymbol{J}$ 是被称为雅可比（Jacobian）[㊀]。一旦承认式（2.69），只需要使用逆矩阵就可以得到所求的修正量。

$$\delta\boldsymbol{q}=\lambda\boldsymbol{J}^{-1}\begin{bmatrix}\delta\boldsymbol{p}\\\delta\boldsymbol{\omega}\end{bmatrix} \tag{2.70}$$

这就是步骤六中根据位置、姿态的误差计算关节角度修正量的公式。其中 $\lambda\in(0\ 1]$，是用来稳定数值计算的系数。

图2.28显示了用Matlab编写的反向运动学程序InverseKinematics.m。第7行出现的CalcJacobian是计算jacobian的函数，在下一节中具体说明。第10行对应于式（2.70）。符号￥是在不经过逆矩阵的情况下高效计算联立一次方程的运算符[㊁]。

这里使用的FindRoute是返回从身体到目标连杆的关节ID的列的函数，CalcVWerr是计算位置、姿态的误差的函数，这些在本章最后的拓展中表示。

函数InverseKinematics的实际应用例子和执行结果如图2.29所示。在这里，首先设定身体的位置和姿态，然后按右脚、左脚的顺序到达想要的位置和姿态。实现双足行走的第一个重要工具实现了。不过，目前还没有考虑到机器人的动力学，所以还不能说机器人已经能走路了。如果使用C或C++进行编程，同时采用奔腾Ⅲ级别的CPU，这样的计算只需0.3 ms左右，因此也被广泛应用于实际机器人的实时控制。

㊀ 其名称取自德国数学家卡尔·古斯塔夫·雅克布·雅可比（Carl Gustav Jacob Jacobi，1804—1851）。数学家所说的雅可比指的是 $\boldsymbol{J}$ 的行列式，而机器人研究者所说的雅可比一般指的是 $\boldsymbol{J}$ 本身。虽然有人指责这是误用，但在国际上也是如此。

㊁ 在英文版的Matlab中，用“\”代替“￥”。

```
function InverseKinematics(to, Target)
global uLINK

lambda = 0.5;
ForwardKinematics(1);
idx = FindRoute(to);
for n = 1:10
  J   = CalcJacobian(idx);
  err = CalcVWerr(Target, uLINK(to));
  if norm(err) < 1E-6 return, end;
  dq = lambda * (J ¥ err);
  for nn=1:length(idx)
    j = idx(nn);
    uLINK(j).q = uLINK(j).q + dq(nn);
  end
  ForwardKinematics(1);
end
```

图 2.28 InverseKinematics. m，用数值解法计算反向运动学

```
uLINK(BODY).p = [0.0, 0.0, 0.55]';
uLINK(BODY).R = rpy2rot(0.0, 0.0, -10*ToRad);

Rfoot.p = [-0.3, -0.1, 0]';
Rfoot.R = rpy2rot(0, ToRad*20.0,0);
InverseKinematics(RLEG_J5, Rfoot);

Lfoot.p = [ 0.3, 0.1, 0]';
Lfoot.R = rpy2rot(0, -ToRad*30.0,0);
InverseKinematics(LLEG_J5, Lfoot);

DrawAllJoints(1);   % 展示机器人
```

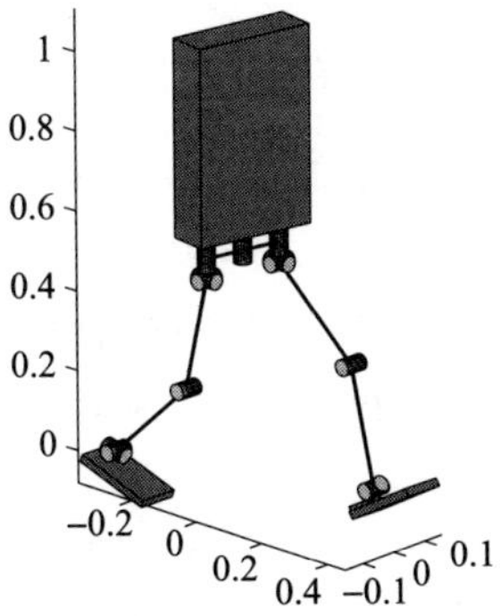

图 2.29 InverseKinematics 的实际应用例子和执行结果。rpy2rot 是基于式（2.13）的函数

2.5.5 雅可比

在前面的章节中，为了表示机器人的微小关节角度和空间运动的关系，引入了雅可比㊀。以下本节将说明反向运动学中使用的雅可比的具体计算方法。在图2.30中，N个空间连杆漂浮在空间中，按照顺序编号为$1\sim N$。在第N个连杆上连接着想要控制运动的机器人的手或脚。假设通过正向运动学，各连杆的位置、姿态（$\boldsymbol{p}_j$、$\boldsymbol{R}_j$）全部计算都已经完毕。

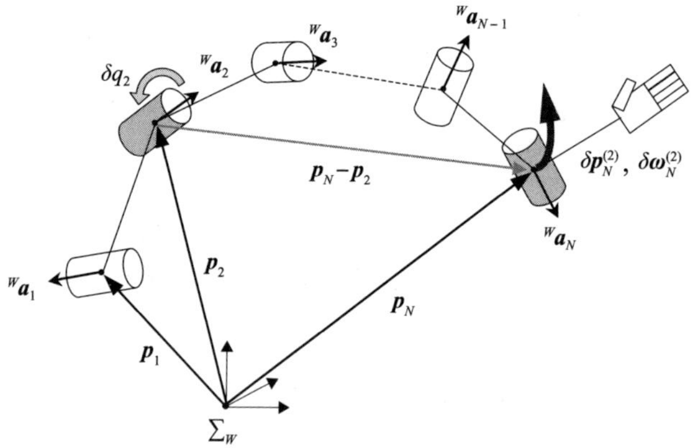

图2.30 雅可比的计算法让各个关节独立地进行微小旋转，从而在手腕（脚踝）上产生运动

假设在该连杆机构中，在其他关节全部固定的状态下，仅使第2关节轴旋转微小角度δq_2。此时产生的第N连杆的微位移和微旋转$\delta\boldsymbol{p}_N^{(2)}$，$\delta\boldsymbol{\omega}_N^{(2)}$可以计算如下。

$$\begin{cases}\delta\boldsymbol{p}_N^{(2)}={}^W\boldsymbol{a}_2\times(\boldsymbol{p}_N-\boldsymbol{p}_2)\delta q_2\\ \delta\boldsymbol{\omega}_N^{(2)}={}^W\boldsymbol{a}_2\delta q_2\end{cases}$$

式中，$^W\boldsymbol{a}_2$是在世界坐标系中表示的第2关节轴的单位向量。

$$^W\boldsymbol{a}_2=\boldsymbol{R}_2\boldsymbol{a}_2$$

对第1个连杆到第N个连杆分别进行同样的操作，将其效果全部相加，应该就是实际的微位移和微旋转。

㊀ 关于在机器人工程学中如何使用雅可比，详见文献［119］。另外，文献［160］对非专业人士巧妙地说明了雅可比的概念，很有意思。

$$\begin{cases}\delta \boldsymbol{p}_N = \sum_{j=1}^{N} \delta \boldsymbol{p}_N^{(j)} \\ \delta \boldsymbol{\omega}_N = \sum_{j=1}^{N} \delta \boldsymbol{\omega}_N^{(j)}\end{cases} \tag{2.71}$$

将其改写成矩阵，如下所示。

$$\begin{bmatrix}\delta \boldsymbol{p}_N \\ \delta \boldsymbol{\omega}_N\end{bmatrix} = \begin{bmatrix}{}^W\boldsymbol{a}_1 \times (\boldsymbol{p}_N - \boldsymbol{p}_1) & \cdots & {}^W\boldsymbol{a}_{N-1} \times (\boldsymbol{p}_N - \boldsymbol{p}_{N-1}) & 0 \\ {}^W\boldsymbol{a}_1 & \cdots & {}^W\boldsymbol{a}_{N-1} & {}^W\boldsymbol{a}_N\end{bmatrix} \begin{bmatrix}\delta q_1 \\ \delta q_2 \\ \vdots \\ \delta q_N\end{bmatrix} \tag{2.72}$$

也就是说，雅可比 $\boldsymbol{J}$ 可以表示为：

$$\boldsymbol{J} \equiv \begin{bmatrix}{}^W\boldsymbol{a}_1 \times (\boldsymbol{p}_N - \boldsymbol{p}_1) & {}^W\boldsymbol{a}_2 \times (\boldsymbol{p}_N - \boldsymbol{p}_2) & \cdots & {}^W\boldsymbol{a}_{N-1} \times (\boldsymbol{p}_N - \boldsymbol{p}_{N-1}) & 0 \\ {}^W\boldsymbol{a}_1 & {}^W\boldsymbol{a}_2 & \cdots & {}^W\boldsymbol{a}_{N-1} & {}^W\boldsymbol{a}_N\end{bmatrix} \tag{2.73}$$

把这个编成 Matlab 的程序的话，如图 2.31 所示。

```
function J = CalcJacobian(idx)
global uLINK

jsize = length(idx);
target = uLINK(idx(end)).p;   % absolute target position
J = zeros(6,jsize);
for n=1:jsize
    j = idx(n);
    a = uLINK(j).R * uLINK(j).a;  % joint axis vector in world frame
    J(:,n) = [cross(a, target - uLINK(j).p) ; a ];
end
```

图 2.31 CalcJacobian.m，雅可比的计算

2.5.6 雅可比的关节速度

将反向运动学数值解法中使用的微小位移之间的关系式（2.69）除以微小时间 δt，就可以得到关节速度和末端速度的关系。

$$\frac{1}{\delta t}\begin{bmatrix}\delta \boldsymbol{p} \\ \delta \boldsymbol{\theta}\end{bmatrix} = \boldsymbol{J}\frac{\delta \boldsymbol{q}}{\delta t}$$

也就是说，在关节速度为 $\dot{\boldsymbol{q}}$ 时的尖端连杆速度（$\boldsymbol{v}$,$\boldsymbol{\omega}$）由下式给出。

$$\begin{bmatrix}\boldsymbol{v}\\\boldsymbol{\omega}\end{bmatrix}=\boldsymbol{J}\dot{\boldsymbol{q}} \tag{2.74}$$

不过，这是在机身静止在空间中的情况下。当机体具有速度（$\boldsymbol{v}_B$,$\boldsymbol{\omega}_B$）时，公式如下［参照式（2.53）、式（2.54）］。

$$\begin{bmatrix}\boldsymbol{v}\\\boldsymbol{\omega}\end{bmatrix}=\boldsymbol{J}\dot{\boldsymbol{q}}+\begin{bmatrix}\boldsymbol{v}_B+\boldsymbol{\omega}_B\times(\boldsymbol{p}-\boldsymbol{p}_B)\\\boldsymbol{\omega}_B\end{bmatrix} \tag{2.75}$$

接下来为了简单起见，将身体视为静止在空间中的物体，来考虑关节速度和前端连杆速度的关系。给定前端连杆的目标速度（$\boldsymbol{v}$,$\boldsymbol{\omega}$）时，目标关节的速度由式（2.74）变形后的式（2.76）给出。

$$\dot{\boldsymbol{q}}=\boldsymbol{J}^{-1}\begin{bmatrix}\boldsymbol{v}\\\boldsymbol{\omega}\end{bmatrix} \tag{2.76}$$

针对图2.32的两种情况，计算一下具体的雅可比和关节速度。考虑图2.32a中双足行走的机器人垂直抬起右腿的瞬间。设定机器人的几何学数据，然后求出从身体到右脚前端的关节编号。

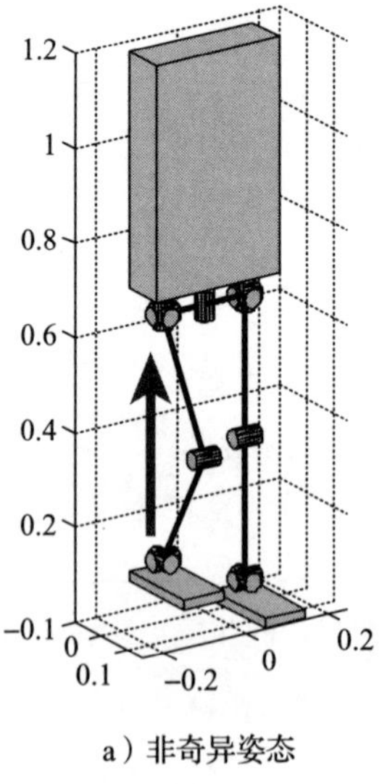

a）非奇异姿态

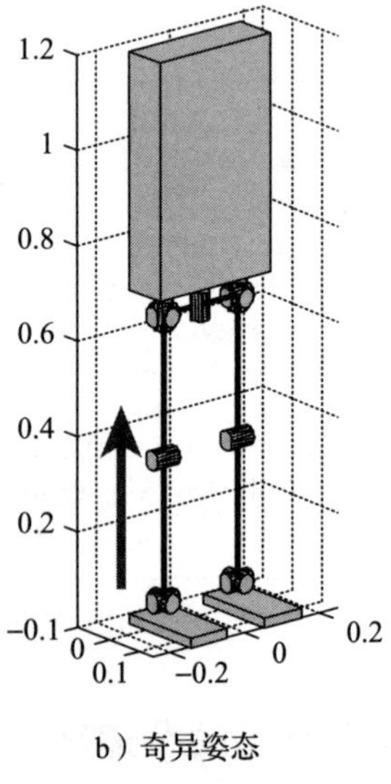

b）奇异姿态

图2.32　非奇异姿态和奇异姿态

接着，将右脚的髋关节俯仰轴、膝关节俯仰轴、踝关节俯仰轴的关节角度分别设定为（−30,60,−30）°，将其他部分设定为0°，然后计算雅可比[1]。为此，按以下顺序执行命令。

```
>> SetupBipedRobot;
>> idx = FindRoute(RLEG_J5);
>> SetJointAngles(idx,[0 0 -pi/6 pi/3 -pi/6 0]);
>> J = CalcJacobian(idx)
J =
         0         0   -0.5196   -0.2598         0         0
   -0.0000    0.5196         0         0         0         0
         0         0    0.0000    0.1500         0         0
         0    1.0000         0         0         0    1.0000
         0         0    1.0000    1.0000    1.0000         0
    1.0000         0         0         0         0   -0.0000
```

这里显示的数字串就是得到的雅可比[2]。每行从左端开始依次对应髋关节偏转、滚动、俯仰、膝关节俯仰、踝关节俯仰、俯仰。另外，各列从上到下依次对应绝对坐标系的 $\boldsymbol{x}$、$\boldsymbol{y}$、$\boldsymbol{z}$、滚动、俯仰、偏航。例如，第 2 行 2 列的元素表示，如果以 1 rad/s 旋转髋关节滚转轴，在脚尖的 $\boldsymbol{y}$ 轴方向会产生 0.5916 m/s 的速度。

根据得到的雅可比和以 0.1 m/s 垂直抬起脚尖的速度向量，根据式 (2.76)计算关节速度。

```
>> dq = J ¥ [0 0 0.1 0 0 0]'
dq =
       0
       0
 -0.3333
  0.6667
 -0.3333
       0
```

股关节轴、膝关节轴、脚颈关节轴的速度为（−0.33,0.67,−0.33) rad/s。

接下来，对图 2.32b 的伸直膝盖的姿态进行同样的计算。

设右脚的关节角度全部为 0，求雅可比，进行同样的计算。

```
>> SetJointAngles(idx,[0 0 0 0 0 0])
>> J = CalcJacobian(idx);
>> dq = J ¥ [0 0 0.1 0 0 0]'
Warning: 矩阵是奇异的，因此无法正确处理。
dq =
   NaN
```

[1] 这些指令都是来自 GitHub 网站（https://github.com/s-kajita/IntroductionToHumanoidRobotics），FindRoute()和 SetJointAngles() 的源代码都在本章节末的拓展。

[2] Matlab 在指令输入完后输入“;”分号的话，就会改行输出。

```
  NaN
  NaN
 -Inf
  Inf
    0
```

这里会发出“矩阵是奇异的，因此无法正确处理。”的警告，并输出 NaN（Not a number，不定值）和 Inf（Infinity，无限大）作为关节速度。也就是说，在膝盖伸直的状态下，式（2.76）的计算会失败[㊀]。这是因为在这个姿态下，无论想以怎样的瞬时速度移动关节，都无法使其脚尖上下移动。这种机器人的姿态被称为奇异姿态。

2.5.7　奇异姿态

图 2.33a 是如上所述的膝盖伸直的情况，图 2.33b 是髋关节偏转轴和踝关节滚转轴排列成一条直线的情况，图 2.33c 是髋关节滚转轴和踝关节滚转轴排列成一条直线的情况。

```
>> SetJointAngles(idx,[0 0 -pi/6 pi/3 pi/3 0])
>> J = CalcJacobian(idx);
>> J^(-1)
Warning: 这个矩阵和奇异矩阵的结果接近。可能会输出不正确的。
す. RCOND =  3.760455e-17.
ans =
```

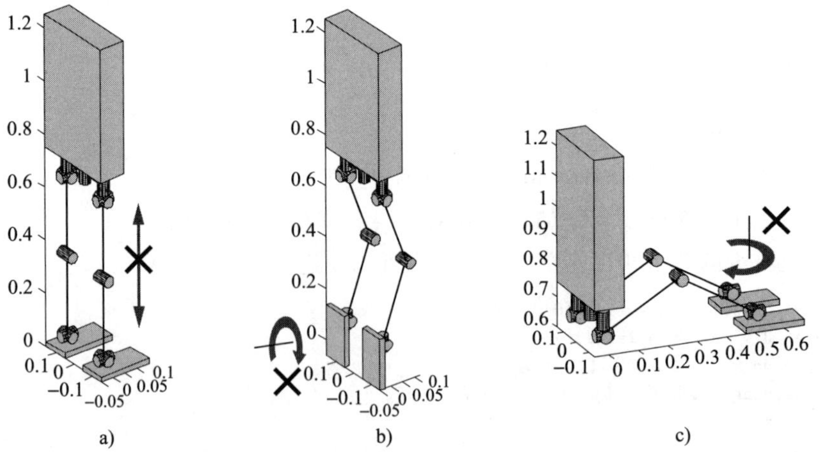

图 2.33　奇异姿态的例子。在奇异姿态下存在连杆不能移动的方向（箭头），此时雅可比没有逆矩阵

㊀ 在控制机器人时，一定要避免这种计算漏洞。不仅只是程序异常结束，而且膝盖和股关节的马达还可能因 NaN 和 Inf 等异常指令值而失控。

```
1.0e+15 *
        0   -8.7498         0    4.5465         0    0.0000
        0    0.0000         0    0.0000         0    0.0000
  -0.0000         0   -0.0000         0    0.0000         0
   0.0000         0    0.0000         0    0.0000         0
   0.0000         0   -0.0000         0    0.0000         0
        0   -8.7498         0    4.5465         0   -0.0000
```

在这个例子中，由于存在数值计算误差，所以即使采用奇异姿态，也能得到雅可比的逆矩阵。但是从 Matlab 的警告信息中可以看出，得到的逆矩阵是一部分元素具有异常大的值（$\approx 10^{15}$）的无意义的不正确的矩阵。

在这里我们确认一下雅可比的行列式和阶数（秩）。

```
>> det(J)
ans =
   8.9079e-18
>> rank(J)
ans =
     5
```

理论上，奇异姿态下雅可比的行列式为 0，但多数情况下由于数值计算的误差，具有极小的值（$\approx 10^{-17}$）。

另外，如上面的例子所示，奇异姿态也可以通过矩阵的阶数（秩）下降来确认㊀。

2.5.8 针对奇异姿态的反向运动学计算

在机器人的奇异姿态附近，雅可比的反向矩阵计算在数值上不稳定，因此基于单纯的 Newton-Raphson 法的反向运动学失效。

图 2.34 是在弯曲膝盖的状态下，用 Newton-Raphson 法对右脚水平向前移动的轨迹进行反向运动学计算的结果。右边的图表在横轴上绘制了通过反向运动学得到的髋关节俯仰轴、膝关节俯仰轴、踝关节俯仰轴与右脚的 x 坐标的角度。虚线表示用于比较的解析解法的结果。纵向的点划线表示机器人膝盖伸直后的奇异姿态目标位置。如果超过这里，数值计算结果会引起异常振动（膝盖关节角度达到 8 000°）。

在这里我们重新思考一下关节速度和末端速度的关系式。

$$\dot{\boldsymbol{x}} = \boldsymbol{J}\dot{\boldsymbol{q}} \tag{2.77}$$

为了使公式容易看明白，将总结末端连杆的速度和角速度的六维向量设

㊀ 阶数（秩）下降，是指矩阵的阶数小于其大小。在这种情况下，$\boldsymbol{J}$ 是 6×6 的矩阵，如果 $\mathrm{rank}(\boldsymbol{J})<6$，则阶数下降。

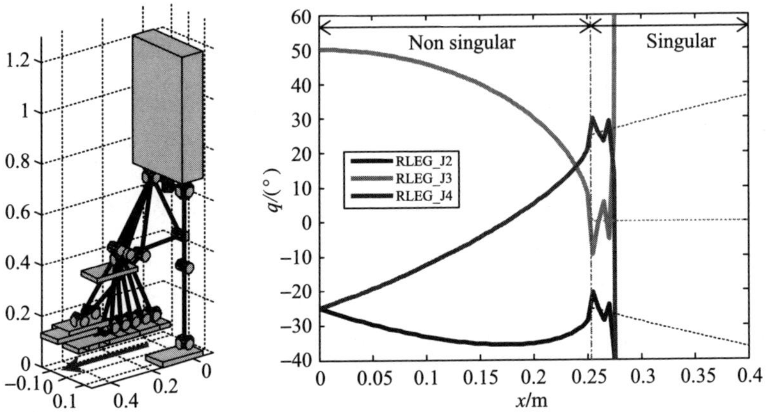

图 2.34 基于 Newton-Raphson 法通过反向运动学计算奇异姿态附近的状态

为 $\dot{\boldsymbol{x}}$。在奇异姿态下，不存在能满足给定末端速度的关节速度 $\dot{\boldsymbol{q}}$，既然上面的等式已经不成立，那么定义下一个误差向量。

$$\boldsymbol{e} = \dot{\boldsymbol{x}} - \boldsymbol{J}\dot{\boldsymbol{q}} \tag{2.78}$$

一般来说，在奇异姿态下不能使误差向量 $\boldsymbol{e}$ 为 0，但可以努力使误差向量 $\boldsymbol{e}$ 接近 0。因此定义下面的评价函数。

$$E = \frac{1}{2}\boldsymbol{e}^{\mathrm{T}}\boldsymbol{e} \tag{2.79}$$

能让评价函数 E 尽可能变小的 $\dot{\boldsymbol{q}}$ 的条件如下。

$$\frac{\partial E}{\partial \dot{\boldsymbol{q}}} = 0 \tag{2.80}$$

用式（2.78）、式（2.79）来具体计算一下。

$$\frac{\partial E}{\partial \dot{\boldsymbol{q}}} = -\boldsymbol{J}^{\mathrm{T}}\dot{\boldsymbol{x}} + \boldsymbol{J}^{\mathrm{T}}\boldsymbol{J}\dot{\boldsymbol{q}} \tag{2.81}$$

令式（2.81）为 0，让 E 最小化的 $\dot{\boldsymbol{q}}$ 由下式获得。

$$\dot{\boldsymbol{q}} = (\boldsymbol{J}^{\mathrm{T}}\boldsymbol{J})^{-1}\boldsymbol{J}^{\mathrm{T}}\dot{\boldsymbol{x}} \tag{2.82}$$

然而式（2.82）在奇异姿态不成立，因为在奇异姿态的时候，

$$\det(\boldsymbol{J}^{\mathrm{T}}\boldsymbol{J}) = \det(\boldsymbol{J}^{\mathrm{T}})\det(\boldsymbol{J}) = 0$$

式（2.82）右边的逆矩阵没有解。

因此，试着变更评价函数的定义如下。

$$E = \frac{1}{2}\boldsymbol{e}^{\mathrm{T}}\boldsymbol{e} + \frac{\lambda}{2}\dot{\boldsymbol{q}}^{\mathrm{T}}\dot{\boldsymbol{q}} \tag{2.83}$$

该公式在末端速度误差的基础上，还考虑了关节角速度的绝对大小。λ

是任意正数，增大它可以得到更重视关节角速度的评估。对这个评价函数进行与刚才同样的计算，得到下式。

$$\frac{\partial E}{\partial \dot{\boldsymbol{q}}} = -\boldsymbol{J}^{\mathrm{T}}\dot{\boldsymbol{x}} + (\boldsymbol{J}^{\mathrm{T}}\boldsymbol{J} + \lambda\boldsymbol{E})\dot{\boldsymbol{q}} \tag{2.84}$$

式中 E 是大小与 $\boldsymbol{J}^{\mathrm{T}}\boldsymbol{J}$ 相等的单位矩阵。使评估函数最小化的 $\dot{\boldsymbol{q}}$ 由接下来的式子求得。

$$\dot{\boldsymbol{q}} = (\boldsymbol{J}^{\mathrm{T}}\boldsymbol{J} + \lambda\boldsymbol{E})^{-1}\boldsymbol{J}^{\mathrm{T}}\dot{\boldsymbol{x}} \tag{2.85}$$

在这个公式中，即使 $\boldsymbol{J}$ 在奇异姿态下没有反向矩阵，也可以通过作为 λ 给出适当大小的正数来求解。为了更容易看到结果定义一个新的矩阵。

$$\dot{\boldsymbol{q}} = \boldsymbol{J}^{\#\lambda}\dot{\boldsymbol{x}}$$
$$\boldsymbol{J}^{\#\lambda} := (\boldsymbol{J}^{\mathrm{T}}\boldsymbol{J} + \lambda\boldsymbol{E})^{-1}\boldsymbol{J}^{\mathrm{T}} \tag{2.86}$$

这个矩阵 $\boldsymbol{J}^{\#\lambda}$ 被称之为 SR 反向矩阵㊀。

如果利用 SR 反向矩阵，即使机器人处于奇异姿态也能稳定地计算其反向运动学，如图 2.35 所示。在向前移动脚到达特定点，膝盖完全伸直的情况下，关节角度也能稳定计算。这里使用的运动学计算算法如图 2.36 所示。为了实现高速稳定的计算，参数 λ 最好根据收敛情况而变化。这里采用了文献［145］的方法。

本小节所述的优化问题不仅限于机器人的反向运动学，还会出现在图像识别和机器学习等领域。图 2.35 所示的通过 SR 反向矩阵进行稳定收敛计算的算法，一般被称为 Levenberg-Marquardt 法。

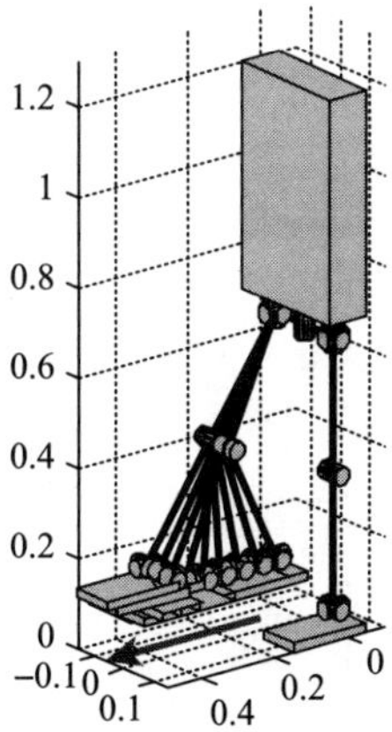

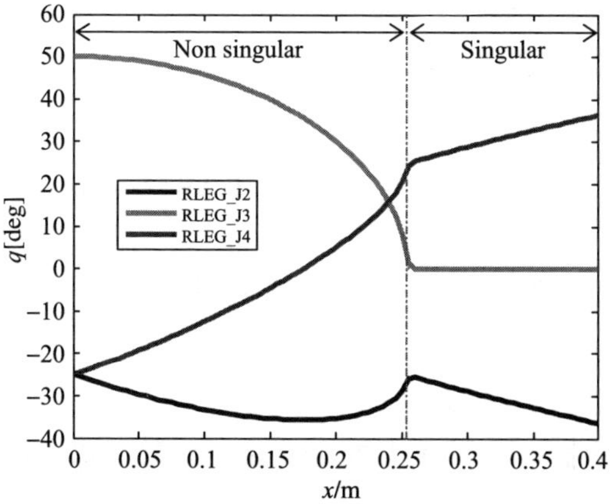

图 2.35 SR 反向矩阵的稳定反向运动学计算（Levenberg-Marquardt 法）

㊀ 它的全称为 Singularity-Robust Inverse[156]，或者也被称为 Damped Least-Square(DLS) Inverse。

```
function err_norm = InverseKinematics_LM(to, Target)
global uLINK

idx = FindRoute(to);
wn_pos = 1/0.3;  wn_ang = 1/(2*pi);
We = diag([wn_pos wn_pos wn_pos wn_ang wn_ang wn_ang]);
Wn = eye(length(idx));

ForwardKinematics(1);
err = CalcVWerr(Target, uLINK(to));
Ek = err'*We*err;

for n = 1:10
  J  = CalcJacobian(idx);
  lambda = Ek + 0.002;
  Jh = J'*We*J + Wn*lambda;  %Hk + wn

  gerr = J'*We*err;    %gk
  dq   = Jh ¥ gerr;    %new

  MoveJoints(idx, dq);
  err = CalcVWerr(Target, uLINK(to));
  Ek2 = err'*We*err;
  if Ek2 < 1E-12
     break;
  elseif Ek2 < Ek
      Ek = Ek2;
  else
      MoveJoints(idx, -dq);  % revert
      break,
  end
end
```

图 2.36 InverseKinematics _ LM. m

2.5.9 使用余因子矩阵的方法

在上一节中，用优化问题的框架解决了奇异姿态的问题，本节介绍使用线性代数理论处理的方法。

通常 $n\times n$ 的正方矩阵 $\boldsymbol{M}$ 的逆矩阵可以表示为

$$\boldsymbol{M}^{-1}=\frac{1}{\det(\boldsymbol{M})}\mathrm{adj}(\boldsymbol{M}) \tag{2.87}$$

式中，det() 是给定矩阵的行列式，adj() 是给定矩阵的余因子矩阵。

余因子矩阵具有与给定的正方矩阵相同的大小，其 (j,k) 元素

$\{\mathrm{adj}(\boldsymbol{M})\}_{jk}$ 由下式定义。

$$\{\mathrm{adj}(\boldsymbol{M})\}_{jk} = (-1)^{j+k}\det(\boldsymbol{M}_{\bar{k}\bar{j}}) \tag{2.88}$$

在此，矩阵 $\boldsymbol{M}_{\bar{k}\bar{j}}$ 表示去掉 $\boldsymbol{M}$ 中第 k 行和第 j 列要素的 $(n-1)\times(n-1)$ 矩阵。具体计算如图 2.37 所示。

```
function adjM = AdjointMatrix(M)
% 余因子行列 adjM を計算する.  M^(-1) = det(M)*adjM
Nrow = size(M,1);
Ncol = size(M,2);
adjM = zeros(Nrow,Ncol);

if Ncol ~= Nrow
    fprintf('ERROR: Matrix must be square\n');
else
    for j=1:Ncol
        Mj = M;
        Mj(j,:) = [];                          % 去除第j行
        for k=1:Nrow
            Mjk = Mj;
            Mjk(:,k) = [];                     % 去除第k行
            adjM(k,j) = (-1)^(j+k)*det(Mjk);   % 计算余因子
        end
    end
end
```

图 2.37　AdjointMatrix. m，余因子矩阵的计算

用余因子矩阵重写由雅可比求得的关节速度和连杆前端速度的关系式 (2.76)，结果如下。

$$\dot{\boldsymbol{q}} = \frac{1}{\det(\boldsymbol{J})}\mathrm{adj}(\boldsymbol{J})\begin{bmatrix}\boldsymbol{v}\\ \boldsymbol{\omega}\end{bmatrix} \tag{2.89}$$

从这个关系式可知，雅可比的行列式为 0 时，数值计算上会出现问题，并且由余因子矩阵可知在奇异姿态下机器人运动的方向。妻木等人提出了利用这一性质的机器人控制方式“奇点匹配法”[135]，同一研究小组提出了应用这一性质的双足行走机器人的控制方式[42,118]。

2.6　拓展：辅助函数

图 2.38～图 2.41 所示的是在数值解法的反向运动学和雅可比计算中使用的辅助函数。

```
function idx = FindRoute(to)
global uLINK

i = uLINK(to).mother;
if i == 1
    idx = [to];
else
    idx = [FindRoute(i) to];
end
```

图 2.38 FindRoute.m，找到从机身到目标连杆的路径

```
function SetJointAnkles(idx, q)
global uLINK

for n=1:length(idx)
    j = idx(n);
    uLINK(j).q = q(n);
end
ForwardKinematics(1);
```

图 2.39 SetJointAnkles.m，设定关节的角度

```
function err = CalcVWerr(Cref, Cnow)

perr = Cref.p - Cnow.p;
Rerr = Cnow.R^-1 * Cref.R;
werr = Cnow.R * rot2omega(Rerr);
err = [perr; werr];
```

图 2.40 CalcVWerr.m，计算位置和姿态误差的函数

```
function w = rot2omega(R)

el = [R(3,2)-R(2,3); R(1,3)-R(3,1); R(2,1)-R(1,2)];
norm_el = norm(el);
if norm_el > eps
    w = atan2(norm_el, trace(R)-1)/norm_el * el;
elseif R(1,1)>0 && R(2,2)>0 && R(3,3)>0
    w = [0 0 0]';
else
    w = pi/2*[R(1,1)+1; R(2,2)+1; R(3,3)+1];
end
```

图 2.41 rot2omega.m，将旋转矩阵变换为角速度向量［基于式（2.38）］

CHAPTER 3

第 3 章

ZMP 和机器人动力学

本章的主题是物理学。本章首先叙述人形机器人中使用的重要物理量 ZMP 的定义和测量法，接着展示了根据动力学和给定运动计算 ZMP 的方法，最后对关于 ZMP 的常见错误和 ZMP 不能处理的情况等进行说明。

3.1 ZMP 和地面反作用力

工业机器人的底座一般固定在地板上，而人形机器人的脚底只与地板接触，没有固定。因此，工业机器人可以在关节活动范围内进行任意动作，而人形机器人则必须在满足脚底与地面保持接触这一条件的同时进行操作。这时就需要根据机器人的动作判断脚底是否能与地面保持接触，ZMP 被用于这样的目的。

3.1.1 ZMP

1. ZMP 的定义

1972 年，Vukobratović和 Stepanenko 在关于人形机器人控制的文献［62］的开头，定义了 Zero-Moment Point(ZMP)㊀，如图 3.1 所示。关于 ZMP 的所有讨论都从这里开始。

图 3.1 展示了脚底受力分布情况。由于加在整个接触面上的力方向相同，所以可以将其等效为作用于脚底某点的等效力 R。R 的等效作用点被称为零矩点，或简称 ZMP。

㊀ 往后几年，Vukobratović 出版的文献［59］也用了相同方式的定义。

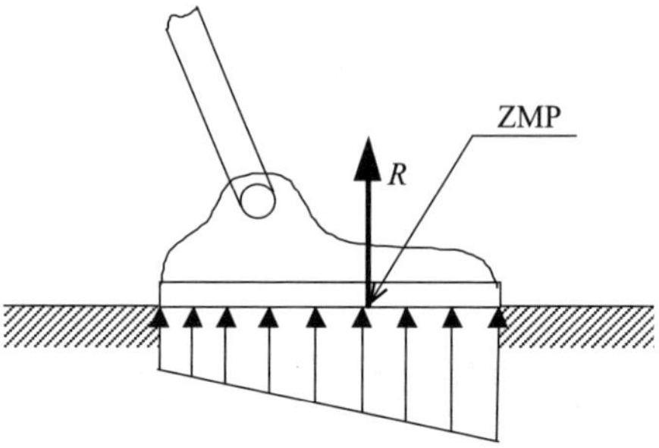

图 3.1　Zero-Moment Point 的定义

2. 支撑多边形与 ZMP

在这里说明与 ZMP 相关联的另一个重要概念——支撑多边形。如图 3.2 所示，机器人与地面接触的点全部用橡胶绳从外侧包起来时所形成的区域被称为支撑多边形（support polygon）。在数学上，支撑多边形可以定义为凸包，即机器人与地面的接触点集合所形成的最小凸集。关于凸集和凸包将在本章最后的拓展中说明。

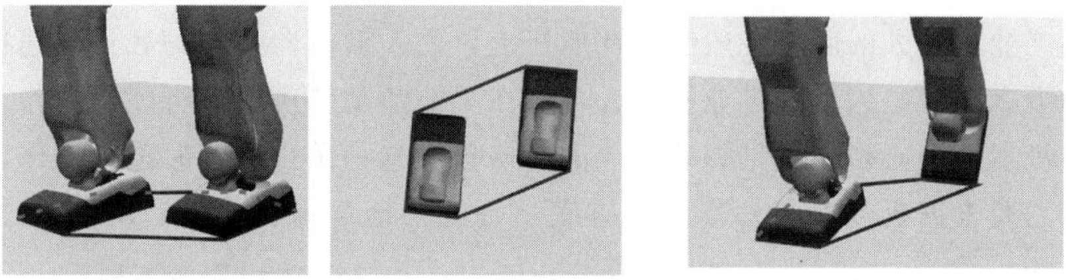

a）当两只脚的底板都彻底与地面接触时　　b）一只脚的脚尖接触地面时

图 3.2　支撑多边形

ZMP 和支撑多边形之间的重要关系是

ZMP 通常存在于支撑多边形的里边。

在 Vukovratović 等的定义中以“存在于足部边界内侧的点”的形式来描述这种关系。

图 3.3 展示了人直立和运动时的重心、ZMP、支撑多边形的位置关系。在这里，我们把从重心落在地面上的垂线脚称为重心投影点。如图 3.3a 所示，当人直立时，ZMP 与重心投影点一致，两者在支撑多边形中，人就能

保持直立状态。

在图 3.3b 中，当人在运动时，重心投影点有时会偏离支撑多边形。即使在这种情况下，ZMP 也绝不会脱离支撑多边形。以下将说明为什么会这样。

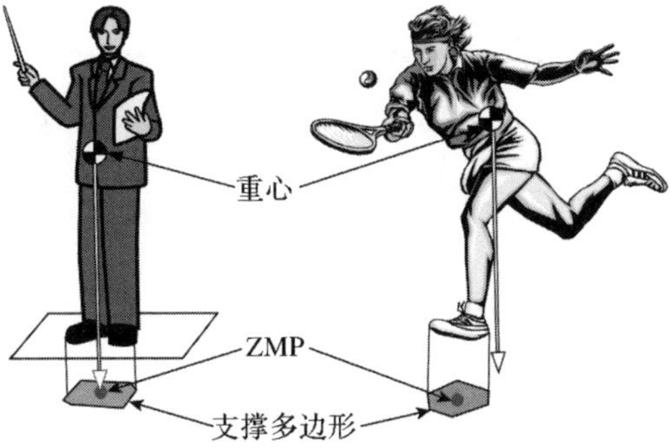

a）当人处于直立的状态　　b）当人处于运动的状态

图 3.3　重心、ZMP、支撑多边形的位置关系

3.1.2　二维解析

1. 基于二维的 ZMP 推导

在图 3.1 中只展示出了作用于机器人脚底的垂直于地面的反作用力，但现实中也存在因与地面摩擦而产生的水平方向的反作用力。图 3.4a、b 展示了机器人脚底的每单位长度的所受到的垂直地面反作用力 $\rho(\xi)$ 和水平地面反作用力 $\sigma(\xi)$。

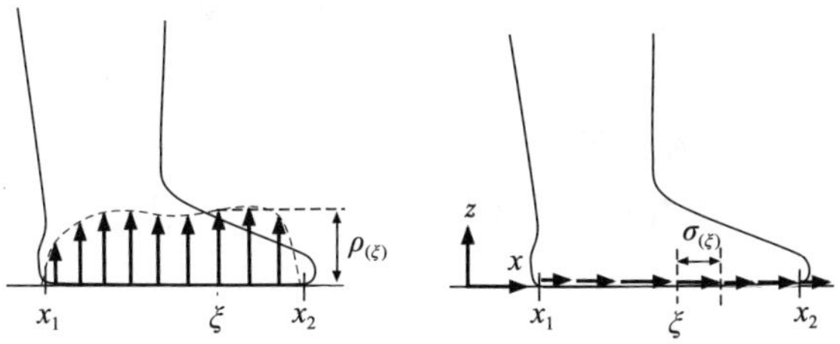

a）垂直地面的反作用力的分布　　b）水平地面反作用力的分布

图 3.4　基于二维模型的地面反作用力

如图 3.5 所示，我们将这些分布在脚底的力置换成作用于脚底唯一一点的等效力和力矩。脚底从地面上受到的力的总和 f_x、f_y 以及地面上的点 p_x

处的力矩$\tau(p_x)$由下式计算。

$$f_x = \int_{x_1}^{x_2} \sigma(\xi)\mathrm{d}\xi \tag{3.1}$$

$$f_z = \int_{x_1}^{x_2} \rho(\xi)\mathrm{d}\xi \tag{3.2}$$

$$\tau(p_x) = -\int_{x_1}^{x_2} (\xi - p_x)\rho(\xi)\mathrm{d}\xi \tag{3.3}$$

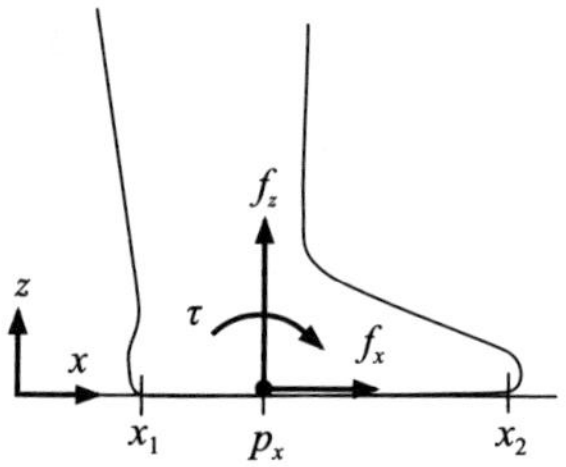

图 3.5　与地面反作用力等价的力和力矩

现在，关注式（3.3），考虑力矩为0的点，即满足$\tau(p_x)=0$的点p_x。将式（3.3）设为0，可得

$$p_x = \frac{\int_{x_1}^{x_2} \xi\rho(\xi)\mathrm{d}\xi}{\int_{x_1}^{x_2} \rho(\xi)\mathrm{d}\xi} \tag{3.4}$$

在这里，$\rho(\xi)$是脚底承受的每单位长度的垂直地面反作用力，因此和压力等价。也就是说，式（3.4）给出的p_x是地面反作用力的压力中心，即ZMP。因此，在二维的情况下，ZMP是脚底从地面承受的力矩为0的点，因此它又被称为零力矩点。

2. 二维ZMP的存在范围

一般来说，脚掌没有吸盘或磁铁的普通人形机器人不会产生负的垂直地面反作用力。

$$\rho(\xi) \geqslant 0$$

考虑到式（3.4），下式成立。

$$x_1 \leqslant p_x \leqslant x_2 \tag{3.5}$$

也就是说，ZMP包含在脚底与地面的接触区域，不会外露到其他区域。

图3.6示意性表示了脚底压力分布和ZMP位置的关系。在图3.6a中，

地面反作用力几乎均匀分布于整个脚掌，ZMP 几乎位于接触区域的中央。在图 3.6b 中，如果地面反作用力在脚掌前方偏大，则 ZMP 也向前移动。在图 3.6c 中，在全地面反作用力仅由一点支撑的状况下，该点就是 ZMP。在这种情况下，脚底与地面的接触已经无法得到保证，即使受到一点点的扰动，脚部也会围绕端点开始旋转，增加了摔倒的危险性。因此，为了稳定行走，ZMP 最好位于距离接触区域边缘一定余量的范围内。

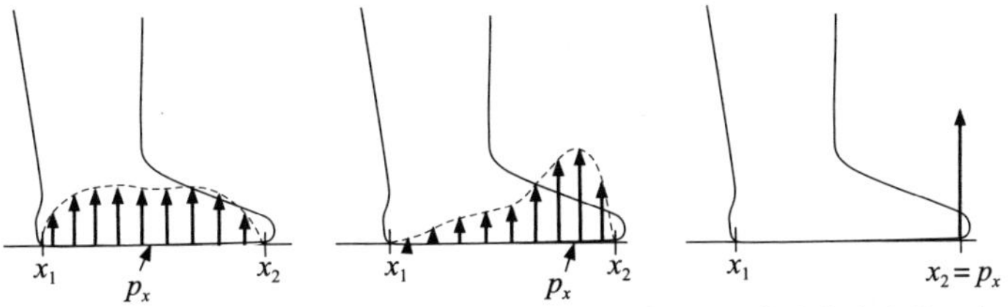

a）几乎均等的地面反力　b）发生偏向的地面反力　c）集中在脚尖的一点

图 3.6　ZMP 与压力分布

3.1.3　三维解析

接下来，我们把 ZMP 的概念拓展到三维空间。

1. 三维的地面反力

考虑水平地面对在三维空间中运动的机器人产生的地面反作用力。图 3.7a展示了垂直地面反作用力，图 3.7b 展示了水平地面反作用力。这两种地面反作用力的合力作用于机器人。

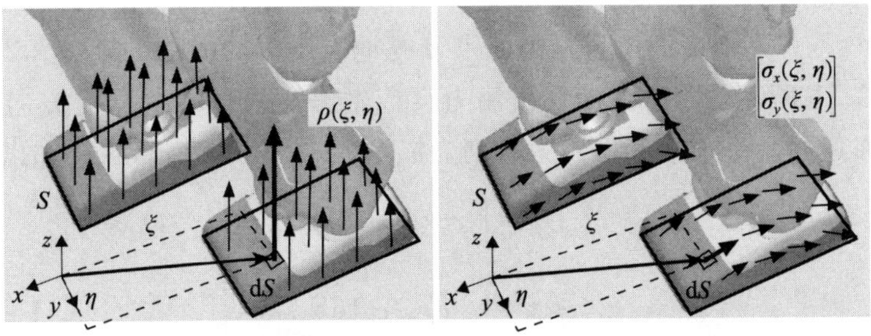

a）垂直地面反作用力的分布　　　b）水平地面反作用力的分布

图 3.7　基于三维模型的地面反力

地面上的点的位置向量为 $\boldsymbol{r}=[\xi \quad \eta \quad 0]^{\mathrm{T}}$。脚底受到每单位面积的垂直地面反力，用关于位置的函数 $\rho(\xi,\eta)$ 来表示（见图 3.7a）。这个垂直地面反

作用力的总和为

$$f_z = \int_S \rho(\xi,\eta)\mathrm{d}S \tag{3.6}$$

式中，$\int_S$ 表示脚掌在接触面上的面积积分。垂直地面反作用力围绕地面上的点 $\boldsymbol{p}=[p_x \quad p_y \quad 0]^{\mathrm{T}}$ 产生的力矩 $\boldsymbol{\tau}_n(\boldsymbol{p})$ 为

$$\boldsymbol{\tau}_n(\boldsymbol{p}) \equiv [\tau_{nx} \tau_{ny} \tau_{nz}]^{\mathrm{T}} \tag{3.7}$$

$$\tau_{nx} = \int_S (\eta - p_y)\rho(\xi,\eta)\mathrm{d}S \tag{3.8}$$

$$\tau_{ny} = -\int_S (\xi - p_x)\rho(\xi,\eta)\mathrm{d}S \tag{3.9}$$

$$\tau_{nz} = 0$$

和二维的情况一样，把式（3.8）和式（3.9）变为

$$\tau_{nx} = 0 \tag{3.10}$$

$$\tau_{ny} = 0 \tag{3.11}$$

由下两式可以得到垂直地面反作用力产生的力矩为0的点的位置。

$$p_x = \frac{\int_S \xi\rho(\xi,\eta)\mathrm{d}S}{\int_S \rho(\xi,\eta)\mathrm{d}S} \tag{3.12}$$

$$p_y = \frac{\int_S \eta\rho(\xi,\eta)\mathrm{d}S}{\int_S \rho(\xi,\eta)\mathrm{d}S} \tag{3.13}$$

式中，$\rho(\xi,\eta)$ 是地面的压力，因此点 $\boldsymbol{p}$ 是地面反力的中心，即表示ZMP。

图3.7b所示的水平地面反作用力会产生怎样的影响？x、y 方向的单位面积上作用的水平地面反作用力分别为 $\sigma_x(\xi,\ \eta)$，$\sigma_y(\xi,\ \eta)$，各自的总和为

$$f_x = \int_S \sigma_x(\xi,\eta)\mathrm{d}S \tag{3.14}$$

$$f_y = \int_S \sigma_y(\xi,\eta)\mathrm{d}S \tag{3.15}$$

水平地面反作用力在地面上的点 $\boldsymbol{p}$ 周围产生的力矩 $\boldsymbol{\tau}_t(\boldsymbol{p})$ 如下。

$$\boldsymbol{\tau}_t(\boldsymbol{p}) \equiv [\tau_{tx} \tau_{ty} \tau_{tz}]^{\mathrm{T}}$$

$$\tau_{tx} = 0$$

$$\tau_{ty} = 0$$

$$\tau_{tz}=\int_S\{(\xi-p_x)\sigma_y(\xi,\eta)-(\eta-p_y)\sigma_x(\xi,\eta)\}\mathrm{d}S \tag{3.16}$$

可见水平地面反作用力产生仅具有垂直分量的力矩。

综上所述，在图 3.7 中，以分布方式作用于机器人的地面反作用力等同于作用于点 p（即 ZMP）的平移力。

$$\boldsymbol{f}=[f_x\quad f_y\quad f_z]^{\mathrm{T}}$$

可以知道力矩为

$$\boldsymbol{\tau}_p=\boldsymbol{\tau}_n(\boldsymbol{p})+\boldsymbol{\tau}_t(\boldsymbol{p})=[0\ 0\ \tau_{tz}]^{\mathrm{T}}$$

如图 3.8 所示。机器人在运动时，不能保证 τ_{tz} 为 0，所以 ZMP 不是力矩的全部分量为 0 的点。因此，三维情况下的 ZMP 被定义为地面反作用力导致力矩的水平分量为 0 的点。

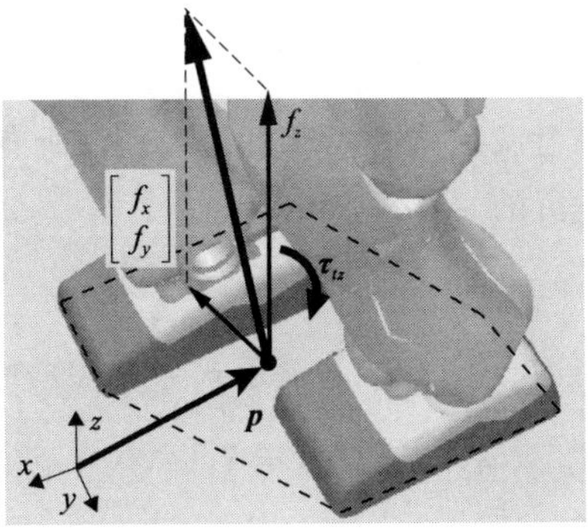

图 3.8 ZMP 和力矩等效于三维模型的地面反作用力

2. 三维空间里 ZMP 的存在范围

调查 ZMP 在三维空间中的存在范围。为了简单起见，假设地面作用力 $\boldsymbol{f}_i=[f_{ix}\quad f_{iy}\quad f_{iz}]^{\mathrm{T}}$ 分别作用于离散化的 $\boldsymbol{p}_i\in S(i=1,\cdots,N)$（见图 3.9）。这虽然是近似，但只要无限增加点的数量，就能表现原本的力的分布情况。

接着，将分布作用的 N 个力向量替换为作用于点 $\boldsymbol{p}$ 的 1 个力向量，作为力矩向量。也就是

$$\boldsymbol{f}=\sum_{i=1}^{N}\boldsymbol{f}_i \tag{3.17}$$

$$\boldsymbol{\tau}(\boldsymbol{p})=\sum_{i=1}^{N}(\boldsymbol{p}_i-\boldsymbol{p})\times\boldsymbol{f}_i \tag{3.18}$$

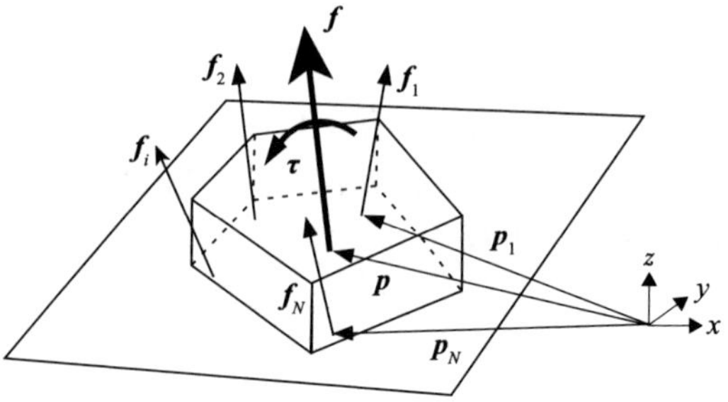

图 3.9 将离散化点上的力作用于 ZMP 的力和力矩

ZMP 可以通过式（3.18）将 τ 的第 1 个分量和第 2 个分量设为 0 来导出。

$$\boldsymbol{p}=\frac{\sum_{i=1}^{N}\boldsymbol{p}_i f_{iz}}{\sum_{i=1}^{N} f_{iz}} \tag{3.19}$$

对于在脚底没有吸盘或磁铁的人形机器人，在所有接触点上，地面反作用力的垂直分量都是非负的。

$$\boldsymbol{f}_{iz}\geqslant 0 \quad (i=1,\cdots,N) \tag{3.20}$$

导入新的变量 $\alpha_i=f_{iz}/\sum_{j=1}^{N} f_{iz}$ ，基于式（3.20），下式成立。

$$\begin{cases}\alpha_i\geqslant 0 \quad (i=1,\cdots,N)\\ \sum_{i=1}^{N}\alpha_i=1\end{cases} \tag{3.21}$$

使用 α_i 重写式（3.19），ZMP 的存在范围可以表示如下：

$$\boldsymbol{p}\in\left\{\sum_{i=1}^{N}\alpha_i\boldsymbol{p}_i \,\middle|\, \boldsymbol{p}_i\in S(i=1,\cdots,N)\right\} \tag{3.22}$$

通过比较式（3.21）、式（3.22）和 3.7 节所示的凸包的定义式（3.132），可知 ZMP 包含在集合 S 的凸包中，即支撑多边形中。

3.2 ZMP 的测量

本节介绍通过安装在人形机器人脚部的各种传感器，实际测量 ZMP 位置的方法。在对双足机器人进行 ZMP 测量时，考虑作用于其中一个脚底的地面反作用力的 ZMP 或考虑作用于两个脚底的地面反作用力的 ZMP。特别是在双足行走的双足支撑期间，测量的物理量是不同的。

3.2.1 一般的情况

首先考虑一般的情况，在图 3.10 所示的模型中，两个物体重叠在一起，其中一个与地面相接触。此时，从与地面接触的物体施加到另一个物体的力和力矩在多个点上被测量出来。这也可以认为是模拟了人形机器人的脚部结构。也就是说，人形机器人在运动时脚会压在地面上，从而产生安装在脚上的力矩传感器的输出。根据该传感器信息可以计算 ZMP 的位置。

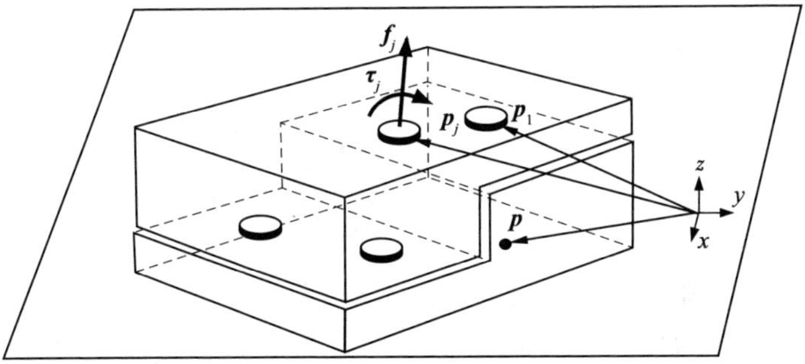

图 3.10 关于传感器的位置和传感器输出的变量定义

假设从参考坐标系看，在位置向量为 $\boldsymbol{p}_j(j=1,\cdots,N)$ 的点处测量力 $\boldsymbol{f}_j$ 和力矩 $\boldsymbol{\tau}_j$。此时，在地面上作用于 $\boldsymbol{p}=[p_x\ p_y\ p_z]^{\mathrm{T}}$ 点的力矩为

$$\boldsymbol{\tau}(\boldsymbol{p})=\sum_{j=1}^{N}(\boldsymbol{p}_j-\boldsymbol{p})\times\boldsymbol{f}_j+\boldsymbol{\tau}_j \tag{3.23}$$

ZMP 的位置是将式 (3.23) 右边的 x、y 分量设为 0，对 $\boldsymbol{p}_x$ 和 $\boldsymbol{p}_y$ 进行求解，得到下面两式。

$$p_x=\frac{\sum_{j=1}^{N}\{-\tau_{jy}-(p_{jz}-p_z)f_{jx}+p_{jx}f_{jz}\}}{\sum_{j=1}^{N}f_{jz}} \tag{3.24}$$

$$p_y=\frac{\sum_{j=1}^{N}\{\tau_{jx}-(p_{jz}-p_z)f_{jy}+p_{jy}f_{jz}\}}{\sum_{j=1}^{N}f_{jz}} \tag{3.25}$$

在这里为

$$\boldsymbol{f}_j = [f_{jx} \quad f_{jy} \quad f_{jz}]^{\mathrm{T}}$$

$$\boldsymbol{\tau}_j = [\tau_{jx} \quad \tau_{jy} \quad \tau_{jz}]^{\mathrm{T}}$$

$$\boldsymbol{p}_j = [p_{jx} \quad p_{jy} \quad p_{jz}]^{\mathrm{T}}$$

式（3.24）和式（3.25）是利用力矩传感器测量 ZMP 时最基础的式子⊖。

3.2.2 单脚支撑下的 ZMP

着眼于一只脚与地面的接触，导出各脚掌的 ZMP。

1. 通过脚踝的六轴力传感器测量 ZMP

图 3.11 展示了人形机器人 HRP-2 的脚部构造[128]。从脚底传来的地面反作用力通过减震衬套和橡胶传递到传感器底座。传感器安装有六轴力传感器，通过传感器将力传递到机器人的脚踝和机身。虽然为了保护硬件免受落地时的冲击而安装了减震衬套和阻尼，但由于其变形量很小，所以 ZMP 计算时可以忽略其影响。

六轴力传感器是能同时测量外部作用力 $\boldsymbol{f}=[f_x, f_y, f_z]$ 和力矩 $\boldsymbol{\tau}=[\tau_x\ \tau_y\ \tau_z]$ 的 6 个量的特殊传感器。图 3.12 展示了市面上能买到的六轴力传感器。不过，为了测量人形机器人的 ZMP，需要轻量且能承受较大冲击力的特别规格。

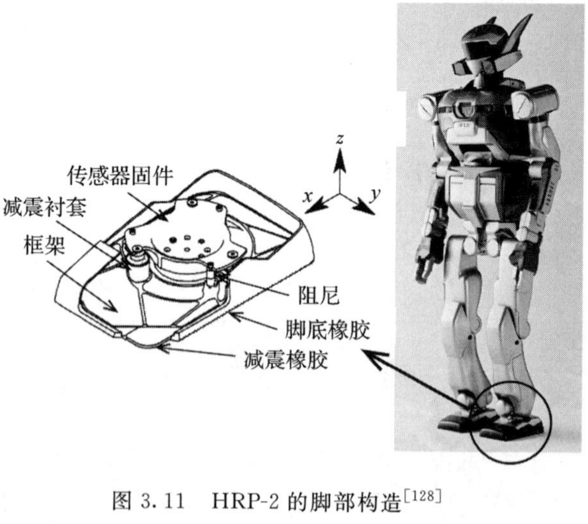

图 3.11　HRP-2 的脚部构造[128]

⊖ 当力矩传感器不与地面接触时，式（3.24）、式（3.25）的分母为 0，ZMP 的值不固定。因此，设定适当的阈值，当分母值小于或等于该阈值时，设 $p_x = p_y = 0$。

图 3.12 市面上能买到的六轴力传感器

（图片来源：nitta 株式会社）

要从六轴力传感器测得的力和力矩导出 ZMP，只需考虑式（3.24）和式（3.25）中 $N=1$ 的情况即可。将表示右（或左）脚掌上的 ZMP 位置的向量与两脚支撑下的 ZMP 区分开来，设为 $\boldsymbol{p}_R$（或 $\boldsymbol{p}_L$）（见图 3.13）。考虑传感器的测量中心位于基准坐标系 z 轴的情况，可以很容易求出各脚掌上 ZMP 的位置，例如在右脚，有

$$p_{Rx} = (-\tau_{1y} - f_{1x}d)/f_{1z} \tag{3.26}$$

$$p_{Ry} = (\tau_{1x} - f_{1y}d)/f_{1z} \tag{3.27}$$

这里

$$\boldsymbol{p}_R = [p_{Rx}\ p_{Ry}\ p_{Rz}]^{\mathrm{T}}$$

$$\boldsymbol{p}_1 = [0\ 0\ d]^{\mathrm{T}}$$

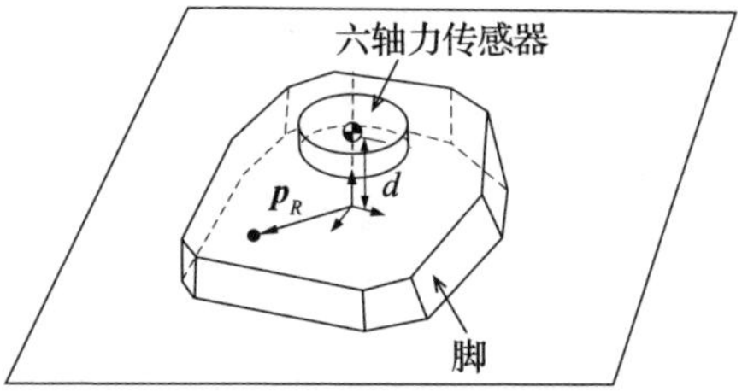

图 3.13 用六轴力传感器测量 ZMP 时的变量定义

2. 基于多个力传感器测量 ZMP

接下来内容会对利用多个力传感器测量 ZMP 的方法进行说明。图 3.14 展示人形机器人 H5[158]。H5 为了减轻脚尖的重量，在脚底配置了多个压抗元件（Force Sensing Register，FSR，每只脚有 12 个），结合冲击吸收材料

(Sorbothane)，在两块铝材夹板的结构下进行 ZMP 的测定（见图 3.14b）。

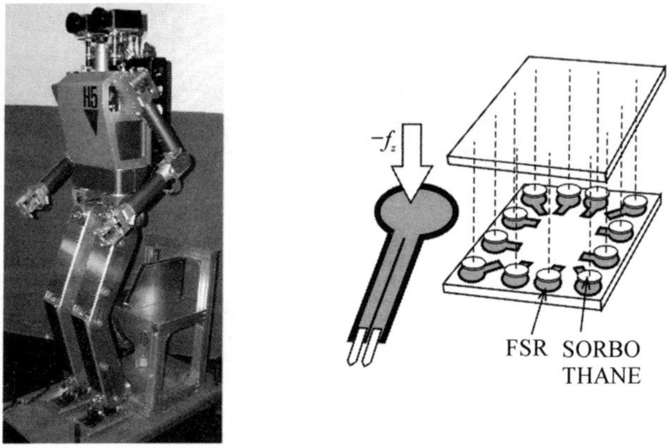

a）H5　　　　b）H5的脚部构造

图 3.14　人形机器人 H5 和它的脚部构造

［图片来源：东京大学情报系统工学研究室（JSK）］

由于 FSR 的电阻值随作用力而变化，所以可作为检测竖直方向上的单轴力传感器使用。

在这种情况下，要计算 ZMP，只需在式（3.24）和式（3.25）中，将力的 z 分量以外的力矩要素设为 0 即可。如图 3.15 所示，假设每个脚底配置有 N 个单轴力传感器，ZMP 可通过下面两式得到。

$$p_x=\frac{\sum_{j=1}^{N}p_{jx}f_{jz}}{\sum_{j=1}^{N}f_{jz}} \tag{3.28}$$

$$p_y=\frac{\sum_{j=1}^{N}p_{jy}f_{jz}}{\sum_{j=1}^{N}f_{jz}} \tag{3.29}$$

图 3.16 是人形机器人 morph3 及其脚部构造[111,127]。morph3 的每一只脚通过 4 个三轴力传感器来测量 ZMP（见图 3.16b）。三轴力传感器测量作用于分成四份的脚部的平移力的 3 个分量。

通过这样的构造，可以得到脚底的某点与地面接触的详细信息。要计算各脚掌的 ZMP，在式（3.24）、式（3.25）中把力矩的要素设为 0 即可。

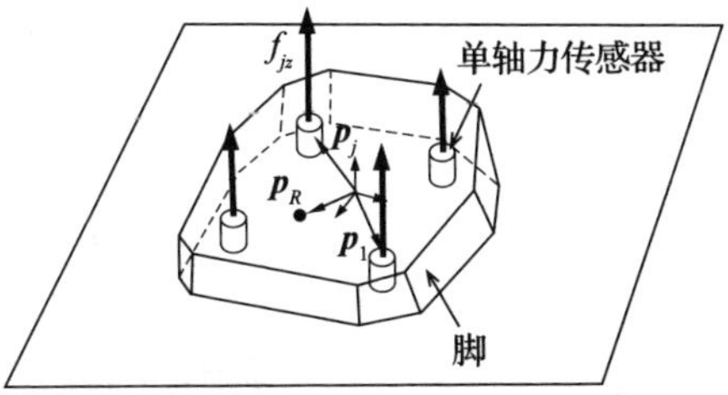

图 3.15　通过多个单轴力传感器计算 ZMP

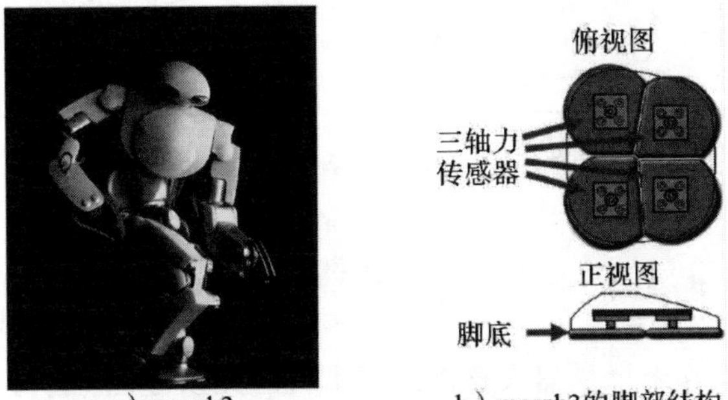

a）morph3　　b）morph3的脚部结构

图 3.16　人形机器人 morph3 及其脚部构造

3.2.3　双脚支撑下的 ZMP

根据前一章节的讨论，得到了每个脚底的 ZMP 的位置向量 $\boldsymbol{p}_R$、$\boldsymbol{p}_L$。另外，还通过传感器获得了各脚掌从地面上受到的力 $\boldsymbol{f}_R$、$\boldsymbol{f}_L$ 的 z 分量。利用这些信息计算考虑双脚支撑下的 ZMP（见图 3.17）。通过式（3.24）、式（3.25），ZMP 的位置导出如下。

$$p_x = \frac{p_{Rx} f_{Rz} + p_{Lx} f_{Lz}}{f_{Rz} + f_{Lz}} \tag{3.30}$$

$$p_y = \frac{p_{Ry} f_{Rz} + p_{Ly} f_{Lz}}{f_{Rz} + f_{Lz}} \tag{3.31}$$

在这里就是

$$\boldsymbol{f}_R = [f_{Rx} \quad f_{Ry} \quad f_{Rz}]^{\mathrm{T}}$$

$$\boldsymbol{f}_L = [f_{Lx} \quad f_{Ly} \quad f_{Lz}]^{\mathrm{T}}$$

$$\boldsymbol{p}_R = [p_{Rx} \quad p_{Ry} \quad p_{Rz}]^{\mathrm{T}}$$

$$\boldsymbol{p}_L = [p_{Lx} \quad p_{Ly} \quad p_{Lz}]^{\mathrm{T}}$$

在单脚支撑期，由于悬浮脚侧的垂直地面反作用力为 0，所以由式（3.30）、式（3.31）计算的 ZMP 与支撑脚侧的 ZMP 一致，如图 3.17 和式（3.32）所示。

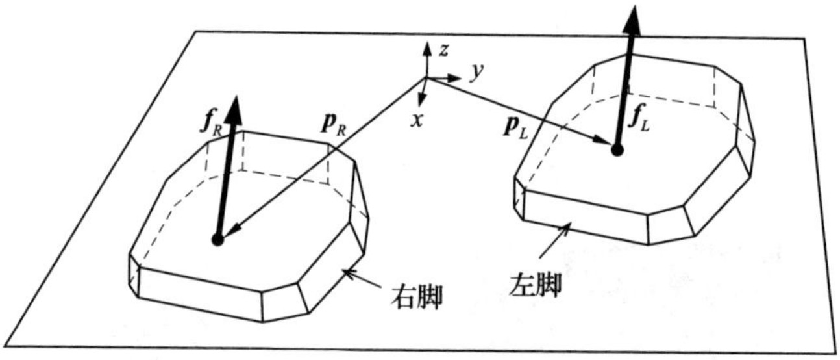

图 3.17 双脚支撑下计算 ZMP

$$[p_x\ p_y\ p_z]^{\mathrm{T}}=\begin{cases}[p_{Rx}\ p_{Ry}\ p_{Rz}]^{\mathrm{T}} & （右脚支撑的场景）\\ [p_{Lx}\ p_{Ly}\ p_{Lz}]^{\mathrm{T}} & （左脚支撑的场景）\end{cases} \tag{3.32}$$

总而言之，在考虑机器人整体的平衡时，无须考虑支撑状况，只需考虑双脚支撑下的式（3.30）、式（3.31）的 ZMP 即可。以后的讨论也以此为前提。

3.3 人形机器人的动力学

3.3.1 人形机器人的运动与地面反作用力

1. 基础物理量

对于人形机器人，可以定义以下 4 种，共 10 个物理量。

质量（Mass）：机器人的总质量，M，单位 kg。

重心（Center Of Mass）：机器人的重心位置，$\boldsymbol{c}\equiv[x\ y\ z]^{\mathrm{T}}$，单位 m。

动量（Momentum）：表示平移运动势头的量[⊖]，$\mathcal{P}\equiv[\mathcal{P}_x\ \mathcal{P}_y\ \mathcal{P}_z]^{\mathrm{T}}$，单位 N·s。

角动量（Angular Momentum）：表示围绕原点旋转势头的量，$\mathcal{L}\equiv[\mathcal{L}_x\ \mathcal{L}_y\ \mathcal{L}_z]^{\mathrm{T}}$，单位 N·m·s。

这些量所遵循的法则的是动力学（dynamics），其本质可以用以下 3 个

⊖ 与角动量的对比，有时也称为平移动量或线动量（linear momentum）。

方程式来描述。

$$\dot{\boldsymbol{c}} = \mathcal{P}/M$$

$$\dot{\mathcal{P}} = \boldsymbol{f}_{all}$$

$$\dot{\mathcal{L}} = \boldsymbol{\tau}_{all}$$

接下来将说明各个方程式的意义。

2. 平移运动的动力学

关于平移运动的第一个方程式给出了重心速度和动量的关系。

$$\dot{\boldsymbol{c}} = \mathcal{P}/M \tag{3.33}$$

反过来看，这个公式也表明动量=总质量×重心的速度。

关于平移运动的第二个方程式给出了动量在外力的作用下变化的方式。

$$\dot{\mathcal{P}} = \boldsymbol{f}_{all} \tag{3.34}$$

$\boldsymbol{f}_{all}$是从外部作用于机器人的所有力的总和。力的单位是 N，从这个公式可知动量的单位是 N·s。原本牛顿在《自然哲学的数学原理》中描述的运动的第二定律就是这种形式。我们熟悉的力和加速度的方程是通过从式(3.34)和式(3.33)中消去$\mathcal{P}$得到的。

接下来让我们来思考一下从外部作用于机器人的力。构成机器人的所有物质都受到同等的重力作用，其合计可以作为作用于重心$\boldsymbol{c}$的力$M\boldsymbol{g}$来处理。$\boldsymbol{g}$是重力加速度向量，地球上为$[0\ 0\ -9.8]^{\mathrm{T}}$、月球上为$[0\ 0\ -1.7]^{\mathrm{T}}$、火星上为$[0\ 0\ -3.6]^{\mathrm{T}}$单位是$\mathrm{m/s^2}$。重力与机器人的运动状态无关，总是持续作用，因此要与其他力区别对待。也就是说

$$\boldsymbol{f}_{all} = M\boldsymbol{g} + \boldsymbol{f}$$

$\boldsymbol{f}$是作用于机器人的重力以外的力，这里只考虑地面反作用力[⊖]。

因此，平移运动的方程式为

$$\dot{\mathcal{P}} = M\boldsymbol{g} + \boldsymbol{f} \tag{3.35}$$

在稳定直立的情况下，会产生正好与重力相抵的地面反作用力，使动量的变化保持为0。如果地面反作用力消失，机器人的动量就会在重力的作用下向下不断增大。这就是自由落体。

3. 旋转运动的动力学

关于旋转运动，下面式子成立。

⊖ 除此之外，$\boldsymbol{f}$还可以是推物体时的反作用力、被风吹动时的阻力等，但本书内容不涉及相关情况。

$$\dot{\mathcal{L}} = \boldsymbol{\tau}_{all} \tag{3.36}$$

式（3.36）说明角动量的变化取决于来自外部的力矩的总和 $\boldsymbol{\tau}_{all}$。力矩的单位是 N・m，从这个公式可知角动量的单位是 N・m・s。

作用于机器人的力矩中，由重力产生的力矩由下式给出。

$$\boldsymbol{\tau}_g = \boldsymbol{c} \times M\boldsymbol{g}$$

如果把作用于机器人的重力以外的力矩设为 $\boldsymbol{\tau}$，那么对机器人产生的总力矩为

$$\boldsymbol{\tau}_{all} = \boldsymbol{c} \times M\boldsymbol{g} + \boldsymbol{\tau}$$

围绕原点的旋转运动的方程式为

$$\dot{\mathcal{L}} = \boldsymbol{c} \times M\boldsymbol{g} + \boldsymbol{\tau} \tag{3.37}$$

力矩 $\boldsymbol{\tau}$ 只能是在地面上产生的地面反力矩。为了让机器人保持直立，需要抵消重力产生的力矩。如果地面反力矩不足，角动量就会因重力而不断增大，机器人就会摔倒。

3.3.2 动量

1. 重心

从微观上看，无论多么复杂的人形机器人都是质点（原子）的集合体。假设人形机器人质点由 N 个质点构成，第 i 个质点的质量是 m_i。机器人的总质量为

$$M = \sum_{i=1}^{N} m_i$$

设第 i 个质点的位置为 $\boldsymbol{p}_i$，则机器人整体的重心位置由下式给出。

$$\boldsymbol{c} = \sum_{i=1}^{N} m_i \boldsymbol{p}_i / M \tag{3.38}$$

如果对时间进行微分的话，有

$$\dot{\boldsymbol{c}} = \sum_{i=1}^{N} m_i \dot{\boldsymbol{p}}_i / M \tag{3.39}$$

用第 i 个质点所具有的动量用 $m_i \dot{\boldsymbol{p}}_i$ 来定义，其总和就是整个机器人所具有的动量。

$$\mathcal{P} = \sum_{i=1}^{N} m_i \dot{\boldsymbol{p}}_i \tag{3.40}$$

由式（3.39）和式（3.40）可以得到式（3.33）。

$$\dot{\boldsymbol{c}} = \mathcal{P}/M$$

2. 动量动力学的推导

接下来推导出动量所遵循的动力学。用下式给出第 i 个质点的运动方程式。

$$m_i \ddot{\boldsymbol{p}}_i = \sum_{j=1}^{N} \boldsymbol{f}_{ij}^{int} + \boldsymbol{f}_i^{ext} \tag{3.41}$$

式中，$\boldsymbol{f}_{ij}^{int}$ 是第 i 个质点从第 j 个质点受到的力，$\boldsymbol{f}_i^{ext}$ 是第 i 个质点从机器人外部受到的力。根据作用力与反作用力定律，两个质点相互作用力的方向相反，大小相同。即

$$\boldsymbol{f}_{ij}^{int} = -\boldsymbol{f}_{ji}^{int} \quad (i \neq j)$$

质点对自身产生的力为 0，所以 $\boldsymbol{f}_{ii}^{int} = 0$。

考虑上面的关系，将式（3.41）对构成机器人的所有质点求和，质点之间的作用力全部抵消，得到下式。

$$\sum_{i=1}^{N} m_i \ddot{\boldsymbol{p}}_i = \sum_{i=1}^{N} \boldsymbol{f}_i^{ext} \tag{3.42}$$

在此，根据 $\sum_{i=1}^{N} m_i \ddot{\boldsymbol{p}}_i = \dot{\mathcal{P}}$，将从外部作用的力的总和改写成为 $\sum_{i=1}^{N} \boldsymbol{f}_i^{ext} = \boldsymbol{f}_{all}$，就得到前面所使用的动量方程式（3.34）。

$$\dot{\mathcal{P}} = \boldsymbol{f}_{all}$$

由此可见，机器人所具有的动量与内力无关，只会随着外力而变化。这个公式不依赖于机器人的构造，即使对象是由柔软的材料或液体构成也能成立。

3.3.3 角动量

1. 角动量与动量

第 i 个质点围绕原点所具有的角动量 $\mathcal{L}_i$ 由下面的公式定义（见图 3.18）。

$$\mathcal{L}_i = \boldsymbol{p}_i \times \mathcal{P}_i \tag{3.43}$$

需要注意以下两点：

1）角动量是向量，在三维空间内表现为具有方向和大小的“箭头”[⊖]。

⊖ 角动量向量也和角速度一样，是拟向量。

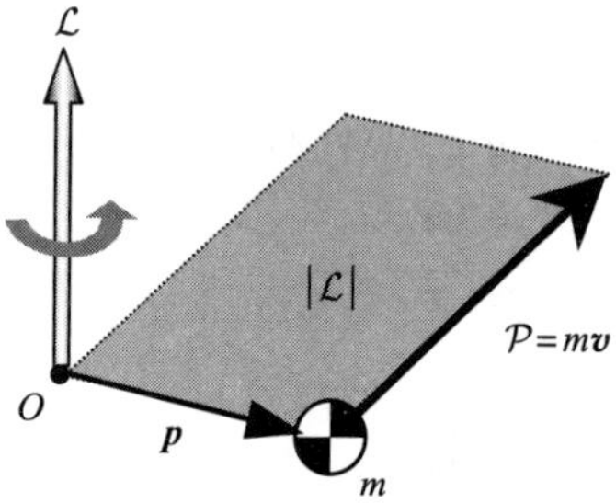

图 3.18　动量与角动量的关系 $\mathcal{L}=\boldsymbol{p}\times\mathcal{P}$

2）角动量不一定是随着旋转运动而定义的。例如，对于单纯进行匀速直线运动的质点，也可以根据上式计算出角动量，它保持一定值（角动量守恒定律）。

考虑原点以外的适当参照点，将其位置向量设为 $\boldsymbol{r}$。这个点周围的角动量写为 $\mathcal{L}^{(r)}$。第 i 个质点围绕参照点所具有的角动量由下式给出。

$$\mathcal{L}_i^{(r)} = (\boldsymbol{p}_i \quad \boldsymbol{r}) \times \mathcal{P}_i \tag{3.44}$$

参考点周围的总角动量为

$$\mathcal{L}^{(r)} = \sum_{i=1}^{N}(\boldsymbol{p}_i - \boldsymbol{r}) \times \mathcal{P}_i = \sum_{i=1}^{N}\boldsymbol{p}_i \times \mathcal{P}_i - \boldsymbol{r} \times \sum_{i=1}^{N}\mathcal{P}_i$$

也就是说

$$\mathcal{L}^{(r)} = \mathcal{L} - \boldsymbol{r} \times \mathcal{P} \tag{3.45}$$

例如，需要求机器人重心周围的角动量时，使用式（3.45）即可。

2. 角动量动力学的推导

我们来推导出角动量所遵循的动力学。用时间对式（3.43）进行微分，

$$\dot{\mathcal{L}}_i = \dot{\boldsymbol{p}}_i \times \mathcal{P}_i + \boldsymbol{p}_i \times \dot{\mathcal{P}}_i = \dot{\boldsymbol{p}}_i \times (m_i\,\dot{\boldsymbol{p}}_i) + \boldsymbol{p}_i \times m_i\,\ddot{\boldsymbol{p}}_i$$

右边的第 1 项是 0，所以得到下式。

$$\dot{\mathcal{L}}_i = \boldsymbol{p}_i \times m_i\,\ddot{\boldsymbol{p}}_i \tag{3.46}$$

把式（3.41）代入式（3.46）可得

$$\dot{\mathcal{L}}_i = \boldsymbol{p}_i \times \left(\sum_{j=1}^{N}\boldsymbol{f}_{ij}^{int} + \boldsymbol{f}_i^{ext}\right) = \sum_{j=1}^{N}\boldsymbol{p}_i \times \boldsymbol{f}_{ij}^{int} + \boldsymbol{p}_i \times \boldsymbol{f}_i^{ext} \tag{3.47}$$

因为全角动量是上式关于质点从 1 到 N 的和，从而

$$\dot{\mathcal{L}} = \sum_{i=1}^{N}\sum_{j=1}^{N}\boldsymbol{p}_i \times \boldsymbol{f}_{ij}^{int} + \sum_{i=1}^{N}\boldsymbol{p}_i \times \boldsymbol{f}_i^{ext} \tag{3.48}$$

在这里，右边第 1 项是如下形式项之和。

$$\boldsymbol{p}_i \times \boldsymbol{f}_{ij}^{int} + \boldsymbol{p}_j \times \boldsymbol{f}_{ji}^{int} = (\boldsymbol{p}_i - \boldsymbol{p}_j) \times \boldsymbol{f}_{ij}^{int} = \boldsymbol{r}_{ij} \times \boldsymbol{f}_{ij}^{int} \tag{3.49}$$

式中，$\boldsymbol{r}_{ij}$ 是从质点 j 到质点 i 的向量。一般来说，两个质点之间的作用力和反作用力的向量与连接质点的直线方向一致。

$$\boldsymbol{r}_{ij} \times \boldsymbol{f}_{ij}^{int} = 0$$

也就是说，式（3.48）右边的第 1 项为 0，

$$\dot{\mathcal{L}} = \sum_{i=1}^{N} \boldsymbol{p}_i \times \boldsymbol{f}_i^{ext}$$

上式的右边是外力围绕原点产生的总力矩，将其设为 $\boldsymbol{\tau}_{all}$，就得到方程（3.36）。

$$\dot{\mathcal{L}} = \boldsymbol{\tau}_{all}$$

综上所述，质点系围绕原点的角动量不受内力的影响，只受外部作用的力矩的影响。

3.3.4 刚体的角动量和惯性张量

有质量、无限坚硬、绝不变形的理想物体被称为刚体（Rigid Body）。

通常，机器人被分析为多个由关节连接的刚体[⊖]。

导出与刚体角动量相关的关系式。假设在周围空无一物的宇宙空间中漂浮着一个刚体，在不受外力的情况下自由旋转。如第 2 章所述，刚体的旋转速度可以由角速度向量 $\boldsymbol{\omega}$ 来表示。现在，将坐标系原点固定为刚体的旋转中心（即重心），则构成刚体的各质点的速度由下式给出。

$$\boldsymbol{v}_i = \boldsymbol{v}(\boldsymbol{p}_i) = \boldsymbol{\omega} \times \boldsymbol{p}_i \tag{3.50}$$

将式（3.50）代入式（3.43），计算刚体所具有的全角动量。

$$\mathcal{L} = \sum_i \boldsymbol{p}_i \times (m_i \boldsymbol{\omega} \times \boldsymbol{p}_i) = \sum_i m_i \boldsymbol{p}_i \times (-\boldsymbol{p}_i \times \boldsymbol{\omega}) = (\sum_i m_i \hat{\boldsymbol{p}}_i \hat{\boldsymbol{p}}_i^{\mathrm{T}})\boldsymbol{\omega}$$

刚体的角动量是角速度向量乘以系数矩阵的形式，我们将这个系数矩阵称为惯性张量（inertia tensor），写作 $\boldsymbol{I}$。

$$\boldsymbol{I} \equiv \sum_i m_i \hat{\boldsymbol{p}}_i \hat{\boldsymbol{p}}_i^{\mathrm{T}} \tag{3.51}$$

由定义可知，$\boldsymbol{I}$ 是 3×3 的对称矩阵。惯性张量 $\boldsymbol{I}$ 乘以角速度向量可以计算刚体的角动量。

⊖ 虽然这只是近似，但即使将普通机器人视为刚体的集合也能充分正确地分析其运动。

$$\mathcal{L} = \boldsymbol{I}\boldsymbol{\omega} \tag{3.52}$$

要得到具有任意形状、任意密度分布 $\nu(\boldsymbol{p})$ 的物体的惯性张量，只需用微积分重写式（3.51）即可。

$$\boldsymbol{I} = \int_V \nu(\boldsymbol{p})\hat{\boldsymbol{p}}\ \hat{\boldsymbol{p}}^{\mathrm{T}}\mathrm{d}V \tag{3.53}$$

长宽高为分别为 l_x、l_y、l_z，质量为 m 的均匀密度的长方体，其惯性张量如下式。

$$\boldsymbol{I} = \begin{bmatrix} \frac{m}{12}(l_y^2 + l_z^2) & 0 & 0 \\ 0 & \frac{m}{12}(l_x^2 + l_z^2) & 0 \\ 0 & 0 & \frac{m}{12}(l_x^2 + l_y^2) \end{bmatrix} \tag{3.54}$$

考虑质量为 36 kg，长为 0.1 m，宽为 0.4 m，高为 0.4 m 的长方体形状的物体。在直立状态下，惯性张量为

$$\bar{\boldsymbol{I}} = \begin{bmatrix} 2.91 & 0 & 0 \\ 0 & 2.46 & 0 \\ 0 & 0 & 0.51 \end{bmatrix} \mathrm{kg \cdot m^2}$$

图 3.19a 给出了在物体角速度为 $[1\ 1\ 1]^{\mathrm{T}}$rad/s 的情况下的角动量向量和角速度向量。可见物体的角速度和角动量方向一般不同。

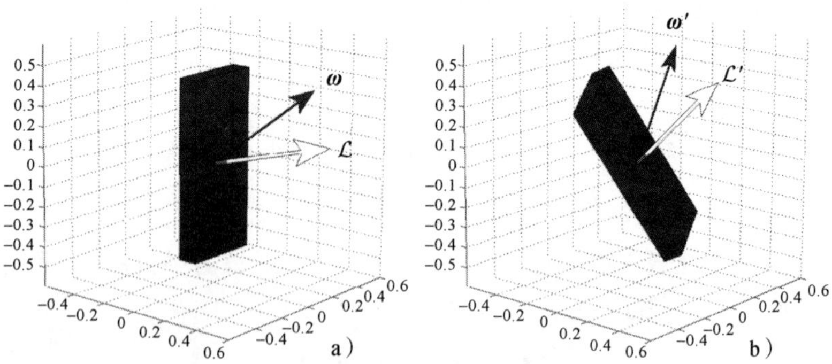

图 3.19 刚体的角速度向量为 $\boldsymbol{\omega}$。图 a 中角动量向量为 $\mathcal{L}$（基准姿态）；图 b 中整体适当旋转的状态，$\boldsymbol{\omega}'$ 和 $\mathcal{L}'$ 相对于物体的位置关系不变

图 3.19b 是在图 3.19a 的基础上乘以适当的旋转矩阵 $\boldsymbol{R}$ 得到的。这种旋转只是观察者改变视角的结果，因为看到的是同样的运动，所以角速度和角

动量两个向量对物体的相对位置关系不会改变。也就是说，改变视点的结果是 $\boldsymbol{\omega}$、$\boldsymbol{L}$ 和物体一起旋转。

$$\boldsymbol{\omega}' = \boldsymbol{R}\boldsymbol{\omega} \tag{3.55}$$

$$\mathcal{L}' = \boldsymbol{R}\mathcal{L} \tag{3.56}$$

式（3.52）在基准姿态下的角动量由下式给出。

$$\mathcal{L} = \bar{\boldsymbol{I}}\boldsymbol{\omega}$$

将上式代入式（3.56），再利用式（3.55）将 $\boldsymbol{\omega}$ 置换成 $\boldsymbol{\omega}'$，就可以得到下式。

$$\mathcal{L}' = (\boldsymbol{R}\bar{\boldsymbol{I}}\boldsymbol{R}^{\mathrm{T}})\boldsymbol{\omega}' \tag{3.57}$$

右边的整个括号内可以看作是新的惯性张量。也就是说，如果基准姿态的惯性张量为 $\bar{\boldsymbol{I}}$，那么从基准姿态旋转 $\boldsymbol{R}$ 的刚体的惯性张量可以用下式计算。

$$\boldsymbol{I} = \boldsymbol{R}\bar{\boldsymbol{I}}\boldsymbol{R}^{\mathrm{T}} \tag{3.58}$$

3.3.5　计算整个机器人的重心位置

假设通过第 2 章的方法已经获得了整个连杆的位置和姿态。重心位置可以通过以下 3 步来计算。

步骤 1　计算世界坐标系中各连杆的重心位置。

步骤 2　将各连杆的质量围绕原点产生的力矩相加。

步骤 3　将得到的力矩除以总质量，即为整体的重心位置。

假设每个连杆坐标系中的重心位置向量是已知的 $\bar{\boldsymbol{c}}_i$。世界坐标系中的重心位置向量为

$$\boldsymbol{c}_j = \boldsymbol{p}_j + \boldsymbol{R}_j\bar{\boldsymbol{c}}_j \tag{3.59}$$

式中，$(\boldsymbol{p}_j, \boldsymbol{R}_j)$ 是第 j 个连杆的位置和姿态。重心位置是由所有的连杆围绕世界坐标系原点产生的力矩除以总质量得到的。

$$\boldsymbol{c} = \sum_{j=1}^{N} m_j\boldsymbol{c}_j / M \tag{3.60}$$

图 3.20 是计算所有连杆围绕世界坐标系原点产生的力矩的程序，图 3.21 是计算机器人整体重心位置的程序。

3.3.6　计算机器人全身的动量

一个由 N 个连杆组成的机器人的总动量是

$$\mathcal{P} = \sum_{j=1}^{N} m_j\dot{\boldsymbol{c}}_j \tag{3.61}$$

```
function mc = calcMC(j)
global uLINK

if j == 0
   mc = 0;
else
   mc = uLINK(j).m * (uLINK(j).p + uLINK(j).R * uLINK(j).c );
   mc = mc + calcMC(uLINK(j).sister) + calcMC(uLINK(j).child);
end
```

图 3.20　calcMC.m，计算所有连杆围绕世界坐标系原点产生的力矩

```
function com = calcCoM()
global uLINK

M   = TotalMass(1);
MC  = calcMC(1);
com = MC / M;
```

图 3.21　calcCoM.m，计算机器人整体的重心位置

式中，$\dot{\boldsymbol{c}}_j$ 是第 j 连杆的重心速度，可以用下式计算。

$$\dot{\boldsymbol{c}}_j = \boldsymbol{v}_j + \boldsymbol{\omega}_j \times (\boldsymbol{R}_j \bar{\boldsymbol{c}}_j) \tag{3.62}$$

式中，$(\boldsymbol{v}_j, \boldsymbol{\omega}_j)$ 是第 j 连杆的速度和角速度。利用该关系计算机器人全身动量的程序如图 3.22 所示。假设通过第 2 章的方法，在执行本程序之前已经计算好了所有连杆的位置、姿态、速度、角速度。

```
function P = calcP(j)
global uLINK

if j == 0
   P = 0;
else
   c1 = uLINK(j).R * uLINK(j).c;
   P = uLINK(j).m * (uLINK(j).v + cross(uLINK(j).w,c1) );
   P = P + calcP(uLINK(j).sister) + calcP(uLINK(j).child);
end
```

图 3.22　calcP.m，计算机器人全身的动量

3.3.7　计算机器人全身的角动量

一个由 N 个连杆组成的机器人的总角动量是

$$\mathcal{L} = \sum_{j=1}^{N} \mathcal{L}_j \tag{3.63}$$

$\mathcal{L}_j$ 是第 j 个连杆围绕原点产生的角动量，由下式给出。

$$\mathcal{L}_j = \boldsymbol{c}_j \times \mathcal{P}_j + \boldsymbol{R}_j \bar{\boldsymbol{I}}_j \boldsymbol{R}_j^{\mathrm{T}} \boldsymbol{\omega}_j \tag{3.64}$$

式中，$\bar{\boldsymbol{I}}_j$ 是第 j 个连杆在本地坐标系中的惯性张量。图 3.23 是利用该关系计算整个机器人围绕原点的角动量的程序。假设通过第 2 章的方法，在执行本程序之前已经计算好了所有连杆的位置、姿态、速度、角速度。

```
function L = calcL(j)
global uLINK

if j == 0
   L = 0;
else
   c1 = uLINK(j).R * uLINK(j).c;
   c  = uLINK(j).p + c1;
   P = uLINK(j).m * (uLINK(j).v + cross(uLINK(j).w,c1));
   L = cross(c, P) + uLINK(j).R * uLINK(j).I * uLINK(j).R' * uLINK(j).w;
   L = L + calcL(uLINK(j).sister) + calcL(uLINK(j).child);
end
```

图 3.23　calcL.m 计算整个机器人围绕原点的角动量

3.4　根据机器人的运动计算 ZMP

3.4.1　导出 ZMP

复习一下到目前为止探讨过的内容。地面反作用力被总结为 ZMP($\boldsymbol{p}$)、平移力（$\boldsymbol{f}$)、竖直轴周围的力矩（$\boldsymbol{\tau}_p$)。它们围绕原点产生的地面反力矩为

$$\boldsymbol{\tau} = \boldsymbol{p} \times \boldsymbol{f} + \boldsymbol{\tau}_p \tag{3.65}$$

地面反作用力和动量，地面反力矩和角动量之间分别有以下关系［式（3.35)、式（3.37)］。

$$\dot{\mathcal{P}} = M\boldsymbol{g} + \boldsymbol{f} \tag{3.66}$$

$$\dot{\mathcal{L}} = \boldsymbol{c} \times M\boldsymbol{g} + \boldsymbol{\tau} \tag{3.67}$$

将式（3.65）和（3.66）代入 $\boldsymbol{\tau}_p$，可以得到以下方程式。

$$\boldsymbol{\tau}_p = \dot{\mathcal{L}} - \boldsymbol{c} \times M\boldsymbol{g} + (\dot{\mathcal{P}} - M\boldsymbol{g}) \times \boldsymbol{p} \tag{3.68}$$

这个式子的第 1 行和第 2 行具体写出来如下：

$$\tau_{px} = \dot{\mathcal{L}}_x + Mgy + \dot{\mathcal{P}}_y p_z - (\dot{\mathcal{P}}_z + Mg) p_y = 0 \tag{3.69}$$

$$\tau_{py} = \dot{\mathcal{L}}_y - Mgx - \dot{\mathcal{P}}_x p_z + (\dot{\mathcal{P}}_z + Mg) p_x = 0 \tag{3.70}$$

在这里为

$$\mathcal{P} = [\mathcal{P}_x \ \mathcal{P}_y \ \mathcal{P}_z]^{\mathrm{T}}$$

$$\mathcal{L} = [\mathcal{L}_x \ \mathcal{L}_y \ \mathcal{L}_z]^{\mathrm{T}}$$

$$\boldsymbol{c} = [x \ y \ z]^{\mathrm{T}}$$

$$\boldsymbol{g} = [0 \ 0 \ -g]^{\mathrm{T}}$$

令力矩 $\boldsymbol{\tau}_p$ 的 x 和 y 元素为 0，从以上的式子解出 $\boldsymbol{p}_x$、$\boldsymbol{p}_y$，得到 ZMP。

$$p_x = \frac{Mgx + p_z \dot{\mathcal{P}}_x - \dot{\mathcal{L}}_y}{Mg + \dot{\mathcal{P}}_z} \tag{3.71}$$

$$p_y = \frac{Mgy + p_z \dot{\mathcal{P}}_y + \dot{\mathcal{L}}_x}{Mg + \dot{\mathcal{P}}_z} \tag{3.72}$$

$\boldsymbol{p}_z$ 是地面的高度，如果在平面上行走，则为 0。

例如，在机器人静止的状态下，因为 $\dot{\mathcal{P}} = \dot{\mathcal{L}} = 0$，从而

$$p_x = x \tag{3.73}$$

$$p_y = y \tag{3.74}$$

ZMP 与重心投影点一致。

基于式（3.71）、式（3.72）计算 ZMP 的程序如图 3.24 所示。

```
function [px,py] = calcZMP(c,dP,dL,pz)
global M G

px = (M*G*c(1) + pz * dP(1) - dL(2))/(M*G + dP(3));
py = (M*G*c(2) + pz * dP(2) + dL(1))/(M*G + dP(3));
```

图 3.24 calcZMP.m，计算 ZMP

此处作为自变量给出的 dP($=\dot{\mathcal{P}}$)，dL($=\dot{\mathcal{L}}$) 可以通过已确定数值的动量和角动量之间的差值来确定。

3.4.2 近似计算 ZMP

介绍使用简化模型的 ZMP 近似计算方法。在图 3.25a 中，忽略了围绕各连杆重心的惯性张量，将机器人建模为质点的集合体。在这种情况下，整

个机器人围绕原点的角动量是

$$\mathcal{L} = \sum_{i=1}^{N} \boldsymbol{c}_i \times \mathcal{P}_i \tag{3.75}$$

通过将式（3.75）代入式（3.71）、式（3.72），ZMP 就会如下式导出。

$$p_x = \frac{\sum_{i=1}^{N} m_i \{ (\ddot{z}_i + g) x_i - (z_i - p_z) \ddot{x}_i \}}{\sum_{i=1}^{N} m_i (\ddot{z}_i + g)} \tag{3.76}$$

$$p_y = \frac{\sum_{i=1}^{N} m_i \{ (\ddot{z}_i + g) y_i - (z_i - p_z) \ddot{y}_i \}}{\sum_{i=1}^{N} m_i (\ddot{z}_i + g)} \tag{3.77}$$

在这里，$\boldsymbol{c}_i = [x_i \; y_i \; z_i]^{\mathrm{T}}$。虽然这个公式是近似的，但是如果用多个质点来表示各个连杆的话，就可以在实用上以足够的精度计算出 ZMP[6]。

在图 3.25b 所示的模型中，将整个机器人作为单一质点进行建模。在这种情况下，动量和围绕原点的角动量为

$$\mathcal{P} = M\dot{\boldsymbol{c}} \tag{3.78}$$

$$\mathcal{L} = \boldsymbol{c} \times M\dot{\boldsymbol{c}} \tag{3.79}$$

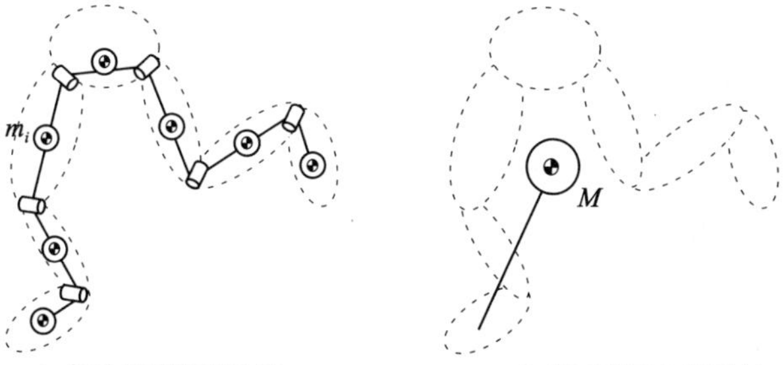

a）多质点系统的近似　　b）基于单质点的近似

图 3.25　性质的近似

其微分值按要素表示如下：

$$\begin{bmatrix} \dot{\mathcal{P}}_x \\ \dot{\mathcal{P}}_y \\ \dot{\mathcal{P}}_z \end{bmatrix} = \begin{bmatrix} M\ddot{x} \\ M\ddot{y} \\ M\ddot{z} \end{bmatrix} \tag{3.80}$$

$$\begin{bmatrix}\dot{\mathcal{L}}_x\\ \dot{\mathcal{L}}_y\\ \dot{\mathcal{L}}_z\end{bmatrix}=\begin{bmatrix}M(y\ddot{z}-z\ddot{y})\\ M(z\ddot{x}-x\ddot{z})\\ M(x\ddot{y}-y\ddot{x})\end{bmatrix} \tag{3.81}$$

将以上式子代入式（3.71）、式（3.72），ZMP 的位置如下所示。

$$p_x=x-\frac{(z-p_z)\ddot{x}}{\ddot{z}+g} \tag{3.82}$$

$$p_y=y-\frac{(z-p_z)\ddot{y}}{\ddot{z}+g} \tag{3.83}$$

式（3.82）在第 4 章的双足行走模式生成中会用到。

3.5 关于 ZMP 的注意事项

3.5.1 两个种类的说明

为了直观地说明机器人的运动状态和 ZMP 的关系，经常使用单质点模型，如图 3.26a 所示。

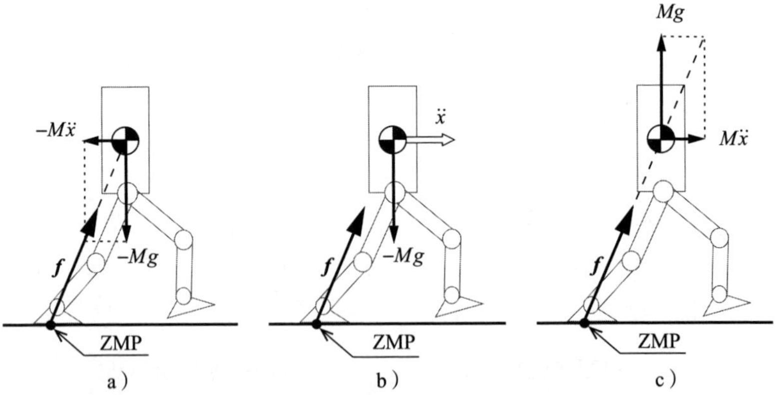

图 3.26 机器人的运动状态与 ZMP 的关系。图 a 用惯性力来说明，图 b 仅包含作用于机器人的力，图 c 用重力补偿力和加速力来说明

这里，$-M\ddot{x}$ 是一种被称为惯性力的假设力，表示物体加速时的反作用[150]。图 3.26a 很好地表现了惯性力＋重力与地面反作用力彼此作用的关系。

图 3.26b 只包含对机器人起作用的显而易见的力——重力和地面反作用

力。因为在这张图中看不出力的平衡，所以需要引入惯性力。但是，没有惯性力也可以解释。在图 3.26c 中，地面反作用力方向与重力方向相反，用箭头表示[157]。在这种情况下，地面反作用力被分解为重力补偿力+加速力。当然，无论哪种解释都可以预测出正确的结果。

3.5.2 在重心的加速运动中 ZMP 会脱离支撑多边形吗?

根据机器人的运动，ZMP 有可能脱离支撑多边形吗？这并不是笑话，甚至有论文正是为了证实这一点而写的[26]。当然，结论是“ZMP 绝对不可能脱离支撑多边形”。

但是，如图 3.27 所示，质点模型的重心进行较大的水平加速，ZMP 是否会脱离支撑多边形？

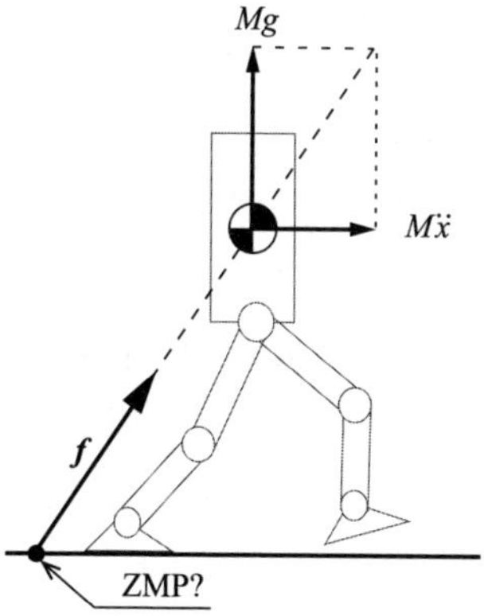

图 3.27 如果机器人的重心进行较大的水平加速，ZMP 是否会脱离支撑多边形？

如前所述，ZMP 位于由重力和加速度决定的直线上，其坐标可通过将 $\ddot{z}=0$，$p_z=0$ 代入式（3.82）得到。

$$p_x = x - \frac{z\ddot{x}}{g}$$

也就是说，只要加大加速，ZMP 就能向多边形的后方移动！

通过重心的大幅度水平加速，ZMP 移动到机器人的脚后跟，整个机器人以此为中心开始旋转，如图 3.28 所示。此时重心垂直向上加速，$\ddot{z}>0$。为了包含这个效果，ZMP 以下列的式子求得。

$$p_x = x - \frac{z\ddot{x}}{\ddot{z}+g}$$

$\ddot{x}$ 增加，$\ddot{z}$ 也随之增加，因此 ZMP 的位置正确地位于支撑多边形的边缘。

更严格地使用式（3.71）、式（3.72）来根据机器人的运动状态计算ZMP时，需要考虑以下两个前提条件之一。

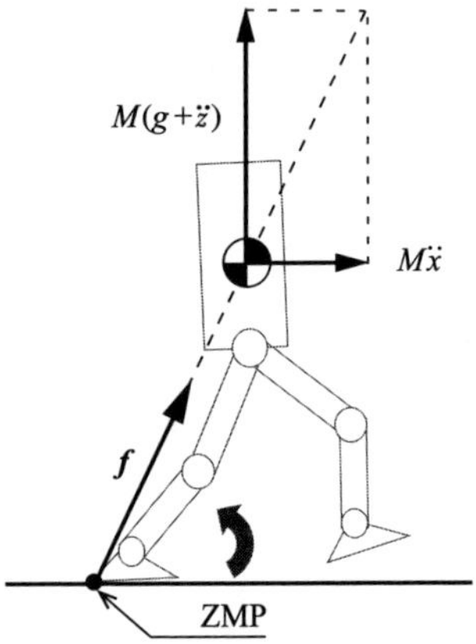

图3.28 通过重心的大幅度水平加速，ZMP到达脚跟，整个机器人开始以脚跟为中心旋转。考虑到由此产生的向上加速度，ZMP将停留在支撑多边形的边缘

前提条件A：假设脚底固定在地面上，保持与地面接触。

前提条件B：可以测量机器人的姿态，以及绝对速度和绝对角速度。

当在仿真环境，对于机器人的动作简易地计算ZMP时，多使用前提条件A。在这种情况下，用式（3.71）、式（3.72）计算的理论ZMP有可能脱离支撑多边形㊀。但是，要实现这种状态，就需要能够用吸盘和磁铁等吸附在地板上的脚底。普通的人形机器人在运动时脚底会离开地面，无法按照模式行走。

在机器人实际运动的过程中通过式（3.71）、式（3.72）计算ZMP，需要前提条件B。这种情况下，ZMP与用脚部力矩传感器测量的一致，绝对不会离开支撑多边形。

3.5.3 ZMP无法处理的情况

ZMP理论在以下情况下不能直接使用。

（1）当想确定脚底是否会在地面上滑动时。

（2）当脚掌接触的不限于平坦的地面时。

㊀ 这种仿真ZMP被称为IZMP（Imaginary ZMP）[61]。

(3) 当人形机器人的手臂和手接触到环境时。

关于 (1)，如 3.1 节所述，仅靠 ZMP 的位置信息不能判定接触点的滑动。在 (2) 和 (3) 的情况下，ZMP 的位置随着接触点的摩擦力的大小而变化，对于机器人的动作，存在不能唯一求出摩擦力的值的情况。另外，接触点之间的内力不会对 ZMP 的位置产生影响。

之所以会出现上述问题，是因为在机器人与环境接触时应该考虑六维力和力矩，但 ZMP 只处理与地面力矩平行的两个分量[⊖]。

3.6 ZMP 的六维扩展 CWS

3.6.1 接触力螺旋和 CWS 的接触稳定性判定

地面反作用力和动量、地面反力矩和角动量之间分别有以下关系。

$$\dot{\mathcal{P}} = M\boldsymbol{g} + \boldsymbol{f} \tag{3.84}$$

$$\dot{\mathcal{L}} = \boldsymbol{c} \times M\boldsymbol{g} + \boldsymbol{\tau} \tag{3.85}$$

把地面反作用力，地面反力矩改写为左侧的话，

$$\boldsymbol{f} = \dot{\mathcal{P}} - M\boldsymbol{g} \tag{3.86}$$

$$\boldsymbol{\tau} = \dot{\mathcal{L}} - \boldsymbol{c} \times M\boldsymbol{g} \tag{3.87}$$

另外，由重力和惯性力对机器人施加的力是 $\boldsymbol{f}_G$、力矩是 $\boldsymbol{\tau}_G$，将其符号反转可以写为

$$\boldsymbol{f}_G = M\boldsymbol{g} - \dot{\mathcal{P}} \tag{3.88}$$

$$\boldsymbol{\tau}_G = \boldsymbol{c} \times M\boldsymbol{g} - \dot{\mathcal{L}} \tag{3.89}$$

假设用 L 角锥来近似摩擦圆锥[⊜]，则在机器人与工作环境的接触点 $\boldsymbol{p}_k(=[x_k, y_k, z_k]^{\mathrm{T}})(k=1,\cdots,K)$ 处施加给机器人的力 $\boldsymbol{f}_k$，可以写为

$$\boldsymbol{f}_k = \varepsilon_k^l(\boldsymbol{n}_k + \mu_k \boldsymbol{t}_k^l) \tag{3.90}$$

式中，$\boldsymbol{n}_k(k=1,\cdots,K)$ 是 $\boldsymbol{p}_k$ 中的单位法线向量，ε_k^l 是非负标量，μ_k 是摩擦系数，$\boldsymbol{t}_k^l=(t_{kx}^l, t_{ky}^l, t_{kz}^l)$ 是单位切线向量。$\boldsymbol{n}_k + \mu_k \boldsymbol{t}_k^l$ 表示角锥的第 1 个侧边的方向。这时，地面反作用力、地面反力矩的可取值的集合可以写成

⊖ 文献 [117] 针对情况 (2) 和 (3) 提出了着眼于支撑多边形边缘周围力矩的方法，但是在摩擦力的处理上却留下了问题。

⊜ 在有摩擦的接触点可能发生的力的集合，成为以接触点的法线向量为轴，以 arctan(μ) 为顶角的无限圆锥。这被称为摩擦圆锥 (friction cone)。

$$\boldsymbol{f}_C = \sum_{k=1}^{K}\sum_{l=1}^{L}\varepsilon_k^l(\boldsymbol{n}_k + \mu_k \boldsymbol{t}_k^l) \tag{3.91}$$

$$\boldsymbol{\tau}_C = \sum_{k=1}^{K}\sum_{l=1}^{L}\varepsilon_k^l \boldsymbol{p}_k \times (\boldsymbol{n}_k + \mu_k \boldsymbol{t}_k^l) \tag{3.92}$$

力和力矩相加的六维向量称为力螺旋（Wrench），这里（$\boldsymbol{f}_C, \boldsymbol{\tau}_C$）称为接触力螺旋（Contact Wrench）。（$\boldsymbol{f}_C, \boldsymbol{\tau}_C$）的集合是六维的凸多面锥（Polyhedral Convex Cone）[⊖]。在此将其称为接触力螺旋锥（Contact Wrench Cone，CWC）。

式（3.86）和式（3.87）给出在某个瞬间施加到机器人的地面反作用力和地面反力矩的总和。（$\boldsymbol{f}, \boldsymbol{\tau}$）被称为接触力螺旋和（Contact Wrench Sum，CWS）。在使用 ZMP 的接触稳定性判断中，如果 ZMP 位于凸多边形的支撑多边形内部，则接触稳定。该支撑多边形在六维力旋量空间中形成的凸多面锥为 CWC，ZMP 在六维力旋量空间中形成的则是 CWS。

ZMP 只考虑了垂直力和平面二轴周围的力矩，接触判断是在根据其比率求出的二维平面上进行的。CWS 通过六维力和力矩进行接触判定，由于只使用向量的方向进行判断，所以是五维判断。另外，机器人与平面接触的时候，这些判断是等价的。CWS 存在于 CWC 内部或边界，不会出现在 CWC 外部。这与 ZMP 不出现在支撑多边形外部的原因相同。

从以上讨论可以看出，如果 CWS 在除去 CWC 边界的内部的话，机器人与环境的接触是稳定的。下面将证明这一点。

接触稳定性判断的时候要把机器人看作刚体，在机器人上一个固定坐标系Σ_B，这个坐标系的原点平移速度为 v_B，角速度为 ω_B，v_k 作为 $\boldsymbol{p}_k$ 的平移速度。假设机器人与环境之间有充分的摩擦。这时，地面反作用力和地面反力矩的集合可以写成

$$\boldsymbol{f}_C = \sum_{k=1}^{K}\sum_{l=1}^{2}\varepsilon_k^0(\boldsymbol{n}_k + \delta_k^l \boldsymbol{t}_k^l) \tag{3.93}$$

$$\boldsymbol{\tau}_C = \sum_{k=1}^{K}\sum_{l=1}^{2}\varepsilon_k^0 \boldsymbol{p}_k \times (\boldsymbol{n}_k + \delta_k^l \boldsymbol{t}_k^l) \tag{3.94}$$

式中，ε_k^0 是 $\boldsymbol{p}_k$ 所施加的垂直阻力的大小，δ_k^l 是标量，$t_k^l(l=1,2)$ 是 $\boldsymbol{p}_k$ 的切线向量，其线性组合形成接触平面。这时有以下结论。

⊖ 由以穿过原点的平面为边界的半空间的积集定义。

（接触稳定性判断）当由式（3.86）和式（3.87）给出的 CWS$(\boldsymbol{f},\boldsymbol{\tau})$ 在由式（3.93）和式（3.94）给出的接触力螺旋锥 CWC 内部时，接触是稳定的。

（证明）在所有的接触点上，机器人不会陷进环境，从而如下的联立不等式成立。

$$\forall k;\begin{bmatrix}\boldsymbol{n}_k\\ \boldsymbol{p}_k\times\boldsymbol{n}_k\end{bmatrix}^{\mathrm{T}}\begin{bmatrix}\boldsymbol{v}_B\\ \boldsymbol{\omega}_B\end{bmatrix}\geqslant 0 \tag{3.95}$$

这里，假设机器人在判断接触稳定性的瞬间是刚体，所以（$\boldsymbol{v}_B,\boldsymbol{\omega}_B$）可以是机器人上任意点的平移速度和角速度。

假设机器人和环境之间有充分的摩擦，那么所有接触点都不会发生滑动。这个条件可以写成

$$\forall k,l,\varepsilon_k^0\neq 0;\begin{bmatrix}\boldsymbol{t}_k^l\\ \boldsymbol{p}_k\times\boldsymbol{t}_k^l\end{bmatrix}^{\mathrm{T}}\begin{bmatrix}\boldsymbol{v}_B\\ \boldsymbol{\omega}_B\end{bmatrix}=0 \tag{3.96}$$

从式（3.93）、式（3.94）得到下式。

$$\begin{bmatrix}\boldsymbol{f}_C\\ \boldsymbol{\tau}_C\end{bmatrix}^{\mathrm{T}}\begin{bmatrix}\boldsymbol{v}_B\\ \boldsymbol{\omega}_B\end{bmatrix}=\sum_{k=1}^{K}\varepsilon_k^0\left\{\begin{bmatrix}\boldsymbol{n}_k\\ \boldsymbol{p}_k\times\boldsymbol{n}_k\end{bmatrix}^{\mathrm{T}}\begin{bmatrix}\boldsymbol{v}_B\\ \boldsymbol{\omega}_B\end{bmatrix}+\sum_{l=1}^{2}\delta_k^l\begin{bmatrix}\boldsymbol{t}_k^l\\ \boldsymbol{p}_k\times\boldsymbol{t}_k^l\end{bmatrix}^{\mathrm{T}}\begin{bmatrix}\boldsymbol{v}_B\\ \boldsymbol{\omega}_B\end{bmatrix}\right\} \tag{3.97}$$

从式（3.95）、式（3.96）、式（3.97）到 CWC 的任意元素和满足接触约束的速度之间，以下不等式成立。

$$\forall(\boldsymbol{f}_C,\boldsymbol{\tau}_C),\forall(\boldsymbol{v}_B,\boldsymbol{\omega}_B);\begin{bmatrix}\boldsymbol{f}_C\\ \boldsymbol{\tau}_C\end{bmatrix}^{\mathrm{T}}\begin{bmatrix}\boldsymbol{v}_B\\ \boldsymbol{\omega}_B\end{bmatrix}\geqslant 0 \tag{3.98}$$

在这个公式中，等号当且仅当接触力螺旋在 CWC 边界上时成立。因此，如果 CWS 是 CWC 内部的要素，则下列关系成立。

$$\forall(\boldsymbol{v}_B,\boldsymbol{\omega}_B);\begin{bmatrix}\boldsymbol{f}_G\\ \boldsymbol{\tau}_G\end{bmatrix}^{\mathrm{T}}\begin{bmatrix}\boldsymbol{v}_B\\ \boldsymbol{\omega}_B\end{bmatrix}<0 \tag{3.99}$$

在这里，$(\boldsymbol{f}_G,\boldsymbol{\tau}_G)^{\mathrm{T}}=(-\boldsymbol{f},-\boldsymbol{\tau})^{\mathrm{T}}$，表示惯性力和重力对机器人施加的力和力矩。该不等式表明，对于任意满足接触约束的机器人的速度（$\boldsymbol{v}_B$，$\boldsymbol{\omega}_B$），外力（$\boldsymbol{f}_G,\boldsymbol{\tau}_G$）所做的功为负。因此，不会产生满足接触限制的（$\boldsymbol{v}_B$，

$\boldsymbol{\omega}_B$)，接触是稳定的。(证明结束)

在这个证明中，关键条件是说明摩擦力所做的功为 0 的式 (3.96)。这是基于所有接触点都有足够的摩擦力，不会发生滑动的假设而成立的。此时，对于被认为是刚体的机器人可能发生的所有速度和角速度，外力所做的功都是负的，因此即使不解出运动方程式，也可以判定机器人不动。与此相对，摩擦力有限，在接触点发生滑动时，不存在稳定接触的充分条件。接触是否稳定，要解运动方程式才能知道。

CWC 的要素如式 (3.93)、式 (3.94) 所示，是由垂直抗力产生的力螺旋和由摩擦力产生的力螺旋之和。这些式子的右边第二项构成线性子空间，其实与接触稳定性的判断无关。接下来的内容会进行展示说明。

在式 (3.93)、式 (3.94) 中，$\forall_k$；$\mu_k=0$ 状态的接触力锥称为无摩擦接触力螺旋锥。这时有以下结论。

> (通过对无摩擦接触力螺旋锥的正投影判断接触稳定性) 当且仅当 CWS 对无摩擦接触力螺旋锥的正投影在螺旋锥内部时，CWS 为 CWC 内部的要素。

(证明) 设 CWS$(\boldsymbol{f},\boldsymbol{\tau})$ 对无摩擦凸多面锥的正投影为 $(\hat{\boldsymbol{f}},\hat{\boldsymbol{\tau}})$。CWS$(\boldsymbol{f},\boldsymbol{\tau})$ 作为这个正投影和摩擦力所构成的线性子空间的要素的和，可以写成如下。

$$\begin{bmatrix}\boldsymbol{f}\\\boldsymbol{\tau}\end{bmatrix}=\begin{bmatrix}\hat{\boldsymbol{f}}\\\hat{\boldsymbol{\tau}}\end{bmatrix}+\sum_{k=1}^{K}\varepsilon_k^0\sum_{l=1}^{2}\hat{\delta}_k^l\begin{bmatrix}\boldsymbol{t}_k^l\\\boldsymbol{p}_k\times\boldsymbol{t}_k^l\end{bmatrix}\tag{3.100}$$

根据 CWS 对无摩擦接触力螺旋锥的正投影在螺旋锥内部的假设，下式成立。

$$\forall(\boldsymbol{v}_B,\boldsymbol{\omega}_B);$$

$$\begin{bmatrix}\hat{\boldsymbol{f}}\\\hat{\boldsymbol{\tau}}\end{bmatrix}^{\mathrm{T}}\begin{bmatrix}\boldsymbol{v}_B\\\boldsymbol{\omega}_B\end{bmatrix}=\sum_{k=1}^{K}\varepsilon_k^0\begin{bmatrix}\boldsymbol{n}_k\\\boldsymbol{p}_k\times\boldsymbol{n}_k\end{bmatrix}\begin{bmatrix}\boldsymbol{v}_B\\\boldsymbol{\omega}_B\end{bmatrix}>0\tag{3.101}$$

从式 (3.101) 和式 (3.96) 可以导出式 (3.99)。

相反，如果把 $(\bar{\boldsymbol{f}}_G,\bar{\boldsymbol{\tau}}_G)$ 作为 $(\boldsymbol{f},\boldsymbol{\tau})$ 无摩擦多面锥的另一正投影，CWS 可以写为

$$\begin{bmatrix}\boldsymbol{f}\\\boldsymbol{\tau}\end{bmatrix}=\begin{bmatrix}\bar{\boldsymbol{f}}\\\bar{\boldsymbol{\tau}}\end{bmatrix}+\sum_{k=1}^{K}\varepsilon_k^0\sum_{l=1}^{2}\bar{\delta}_k^l\begin{bmatrix}\boldsymbol{t}_k^l\\\boldsymbol{p}_k\times\boldsymbol{t}_k^l\end{bmatrix}\tag{3.102}$$

根据式（3.102）、式（3.100）和式（3.102），以下式子成立。

$$\begin{bmatrix}\bar{\boldsymbol{f}}\\ \bar{\boldsymbol{\tau}}\end{bmatrix}=\begin{bmatrix}\hat{\boldsymbol{f}}\\ \hat{\boldsymbol{\tau}}\end{bmatrix}+\sum_{k=1}^{K}\varepsilon_k^0\sum_{l=1}^{2}(\hat{\delta}_k^l-\bar{\delta}_k^l)\begin{bmatrix}\boldsymbol{t}_k^l\\ \boldsymbol{p}_k\times\boldsymbol{t}_k^l\end{bmatrix} \tag{3.103}$$

因此，从式（3.95）、式（3.96）到式（3.99）只有在式（3.101）成立时才成立。（证明结束）

3.6.2 ZMP 和 CWS 的等价性

接下来，我们来证明机器人在平面上行走时，基于 CWS 的接触稳定性判定与基于 ZMP 的判定等价。如图 3.29 所示，考虑机器人在高度为 z_0 的水平面上行走的情况。在这种情况下，CWS 可以写成

$$f_x=M\ddot{x} \tag{3.104}$$

$$f_y=M\ddot{y} \tag{3.105}$$

$$f_z=M(\ddot{z}+g) \tag{3.106}$$

$$\tau_x=Mgy+\dot{\mathcal{L}}_x \tag{3.107}$$

$$\tau_y=-Mgx+\dot{\mathcal{L}}_y \tag{3.108}$$

$$\tau_z=\dot{\mathcal{L}}_z \tag{3.109}$$

式中，$\boldsymbol{f}=(f_x,f_y,f_z)$，$\tau=(\tau_x,\tau_y,\tau_z)$。CWC 可以写成

$$f_{Cx}=\sum_{k=1}^{K}\varepsilon_k^0\delta_k^1 \tag{3.110}$$

$$f_{Cy}=\sum_{k=1}^{K}\varepsilon_k^0\delta_k^2 \tag{3.111}$$

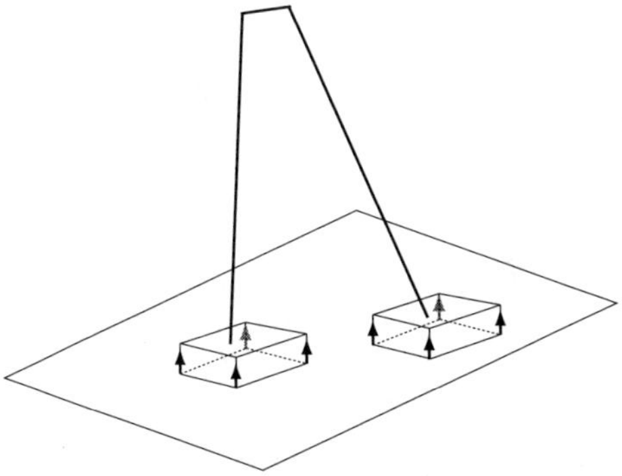

图 3.29　机器人在水平面上行走的情况

$$f_{Cz}=\sum_{k=1}^{K}\varepsilon_k^0 \tag{3.112}$$

$$\tau_{Cx}=\sum_{k=1}^{K}\varepsilon_k^0 y_k-z_0\sum_{k=1}^{K}\varepsilon_k^0\delta_k^2 \tag{3.113}$$

$$\tau_{Cy}=-\sum_{k=1}^{K}\varepsilon_k^0 x_k+z_0\sum_{k=1}^{K}\varepsilon_k^0\delta_k^1 \tag{3.114}$$

$$\tau_{Cz}=\sum_{k=1}^{K}\varepsilon_k^0(\delta_k^2 x_k-\delta_k^1 y_k) \tag{3.115}$$

选择一次独立的切线向量 $\boldsymbol{t}_k^1=(1,0,0)$、$\boldsymbol{t}_k^2=(0,1,0)$、$\boldsymbol{f}_C=(f_{Cx},f_{Cy},f_{Cz})$、$\boldsymbol{\tau}_C=(\tau_{Cx},\tau_{Cy},\tau_{Cz})$，$z_0$ 是地面的高度。由式（3.100）可知，CWS 为无摩擦的多面锥和有摩擦力的线性子空间之和。

$$\begin{bmatrix} M\ddot{x}_G \\ M\ddot{y}_G \\ M(\ddot{z}_G+g) \\ Mgy+\dot{\mathcal{L}}_x \\ -Mgx+\dot{\mathcal{L}}_y \\ \dot{\mathcal{L}}_z \end{bmatrix}=\begin{bmatrix} 0 \\ 0 \\ \sum_{k=1}^{K}\varepsilon_k^0 \\ \sum_{k=1}^{K}\varepsilon_k^0 y_k \\ -\sum_{k=1}^{K}\varepsilon_k^0 x_k \\ 0 \end{bmatrix}+\begin{bmatrix} \sum_{k=1}^{K}\varepsilon_k^0\delta_k^1 \\ \sum_{k=1}^{K}\varepsilon_k^0\delta_k^2 \\ 0 \\ -p_z\sum_{k=1}^{K}\varepsilon_k^0\delta_k^2 \\ p_z\sum_{k=1}^{K}\varepsilon_k^0\delta_k^1 \\ \sum_{k=1}^{K}\varepsilon_k^0(\delta_k^2 x_k-\delta_k^1 y_k) \end{bmatrix} \tag{3.116}$$

该式的第1行、第2行、第6行的右侧第2项是摩擦力伸展的三维线性部分空间，是与接触稳定性的判定无关的空间。这就是在 ZMP 的稳定判定中，只使用 z 轴方向的竖直力和 x、y 轴周围的力矩这三个维度的原因。下面是式子的第一行和第二行。

$$M\ddot{x}_G=\sum_{k=1}^{K}\varepsilon_k^0\delta_k^1 \tag{3.117}$$

$$M\ddot{y}_G=\sum_{k=1}^{K}\varepsilon_k^0\delta_k^2 \tag{3.118}$$

把它们代入第四行和第五行，就会变成如下式子。

$$Mgy+\dot{\mathcal{L}}_x=\sum_{k=1}^{K}\varepsilon_k^0 y_k-M\ddot{y}p_z$$

$$-Mgx+\dot{\mathcal{L}}_y=-\sum_{k=1}^{K}\varepsilon_k^0 x_k+M\ddot{x}p_z \tag{3.119}$$

CWS 对无摩擦多面锥的正投影，作为无摩擦多面锥的元素可写为

$$M(\ddot{z}_G+g)=\sum_{k=1}^{K}\varepsilon_k^0 \tag{3.120}$$

$$Mgy+M\ddot{y}p_z+\dot{\mathcal{L}}_x=\sum_{k=1}^{K}\varepsilon_k^0 y_k \tag{3.121}$$

$$-Mgx-M\ddot{x}p_z+\dot{\mathcal{L}}_y=-\sum_{k=1}^{K}\varepsilon_k^0 x_k \tag{3.122}$$

该正投影是通过从 CWS 减去摩擦力增加的线性子空间的分量而得到的。当且仅当式（3.120）、式（3.121）、式（3.122）对至少三个正 ε_k 成立时，CWS 的正投影在无摩擦多面锥内部，根据前面提到的接触稳定性判断，机器人和环境之间的接触是稳定的。

式（3.120）、式（3.121）、式（3.122）除以 $M(\ddot{z}_G+g)$，可以得到下式。

$$1=\sum_{k=1}^{K}\frac{\varepsilon_k^0}{\varepsilon} \tag{3.123}$$

$$\frac{Mgy+M\ddot{y}p_z+\dot{\mathcal{L}}_x}{M(\ddot{z}_G+g)}=\sum_{k=1}^{K}\frac{\varepsilon_k^0}{\varepsilon}y_k \tag{3.124}$$

$$-\frac{Mgx+M\ddot{x}p_z-\dot{\mathcal{L}}_y}{M(\ddot{z}_G+g)}=-\sum_{k=1}^{K}\frac{\varepsilon_k^0}{\varepsilon}x_k \tag{3.125}$$

式中，$\varepsilon=\sum_{k=1}^{K}\varepsilon_k^0$。$\lambda_k=\frac{\varepsilon_k}{\varepsilon}$，把式子的排列方式倒过来，可以写成

$$\frac{Mgx+M\ddot{x}p_z-\dot{\mathcal{L}}_y}{M(\ddot{z}_G+g)}=\sum_{k=1}^{K}\lambda_k x_k \tag{3.126}$$

$$\frac{Mgy+M\ddot{y}p_z+\dot{\mathcal{L}}_x}{M(\ddot{z}_G+g)}=\sum_{k=1}^{K}\lambda_k y_k \tag{3.127}$$

$$\sum_{k=1}^{K}\lambda_k=1 \tag{3.128}$$

因为 $M\ddot{x}=\mathcal{P}_x$，$M\ddot{y}=\mathcal{P}_y$，$M\ddot{z}=\mathcal{P}_z$，所以式（3.126）的左边是式（3.71)的 ZMP 的 x 坐标，式（3.127）的左边与式（3.72）的 ZMP 的 y 坐标一致。这里，(x_k, y_k) 表示支撑多边形的第 k 个顶点，当且仅当决定内分比的参数 λ_k 的至少三个为正时，ZMP 为支撑多边形内部的点。这等价于等式（3.120）、式（3.121）、式（3.122）对至少三个正 ε_k 成立的条件。综上所述，机器人在平面上移动时，如果 CWS 是接触多面锥内部的要素，则判断接触是稳定的；如果 ZMP 是支撑多边形内部的元件，则判断接触是稳定的，这种判断方法被证明是等价的。

图 3.30 左上角的图是支撑多边形，右下方的图是式（3.116）中定义的无摩擦多面锥，右上方的图是将该多面锥以面 $f_z=M(\ddot{z}_G+g)$ 切割而成的断面。ZMP 是在支撑多边形这一平面图形上进行判定，而 CWS 是在力螺旋空间进行判定。在空间中，ZMP 和 CWS 会呈现对偶关系。请以图像确认支撑多边形和 CWS 的截面上的 x 轴和 y 轴是否调换，以及符号是否反转。ZMP 是通过支撑多边形内的位置来表示的，具有直观易懂的优点。然而，ZMP 是通过除法求出其位置的，因此存在分母绝对值变小时数值计算不稳定的缺点。另外，虽然从支撑多边形的边界到 ZMP 的距离符合稳定余量的标准，但由于它将一个原本应被视为扭力的量转换成了平面上的位置，所以距离与稳定余量并不是线性关系。

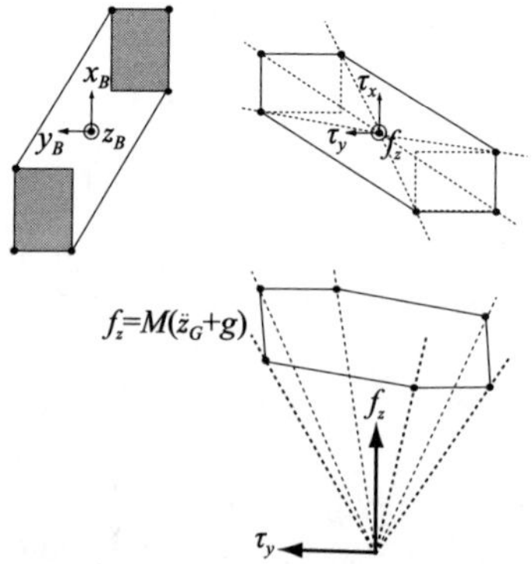

图 3.30　支撑多边形与对应的接触力螺旋锥

根据以上 ZMP 的接触稳定性判定和 CWS 的接触稳定性判断的证明，可以对 ZMP 的接触稳定性判断再加一个说明。

> 当 ZMP 为支撑多边形的内点时，机器人与地面的接触之所以稳定，是因为对于满足接触约束的机器人的任意速度和角速度，重力和惯性力所做的功都是负的。

以上结论对任意速度、角速度都成立，所以不用解运动方程式就能判断接触是否稳定。但是，这个证明如前所述，需要假设摩擦力所做的功为 0。在机器人和环境之间发生滑动时，只有解运动方程式才能进行稳定判定。

3.6.3 CWC 的楼梯接触稳定性判定

在图 3.31 中，考虑机器人在楼梯上行走的情况。假设一只脚与高度 z_{F1} 的面和 $\boldsymbol{p}_k$，$k=1,\cdots,4$ 接触，另一只脚与高度 z_{F2} 的面 $\boldsymbol{p}_k$，$k=5,\cdots,8$ 接触。此时，式（3.116）的第 1 行、第 2 行、第 3 行、第 6 行没有变化，式（3.121）、式（3.122）变成如下依赖于楼梯高度的形式。

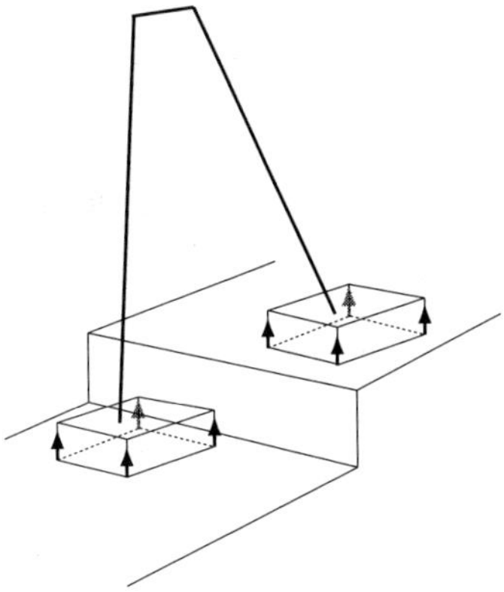

图 3.31　机器人在楼梯行走的情况

$$Mgy - M\ddot{y}p_z + \dot{\mathcal{L}}_x = \sum_{k=1}^{8}\varepsilon_k^0 y_k - \left(\sum_{k=1}^{4}\varepsilon_k^3 - \sum_{k=1}^{4}\varepsilon_k^4\right)z_{F1} - \left(\sum_{k=5}^{8}\varepsilon_k^3 - \sum_{k=5}^{8}\varepsilon_k^4\right)z_{F2} \tag{3.129}$$

$$-Mgx + M\ddot{x}p_z + \dot{\mathcal{L}}_y = -\sum_{k=1}^{8}\varepsilon_k^0 x_k + \left(\sum_{k=1}^{4}\varepsilon_k^1 - \sum_{k=1}^{4}\varepsilon_k^2\right)z_{F1} + \left(\sum_{k=5}^{8}\varepsilon_k^1 - \sum_{k=5}^{8}\varepsilon_k^2\right)z_{F2} \tag{3.130}$$

式（3.129）的右侧第 2 项是位于 z_{F1} 高度的地面上的脚承受的 x 轴周围的力矩，第 3 项是位于 z_{F2} 高度的地面上的脚承受的力矩。式（3.130）中是绕 y 轴的力矩。接触力螺旋锥的形状与平面时不同，可根据 CWC 是否位于接触力螺旋锥内部来判断接触稳定性。

3.7 拓展：凸集和凸包

在 3.1.1 节中提到了支撑多边形，在 3.1.3 节中说明了用于表示 ZMP 存在区域的凸集和凸包。在机器人学中，凸包用于分析机械手对物体的抓取，以及计算避免与物体碰撞等。另外，在以线性规划法为代表的数理规划领域中，凸集和凸包也是作为基础的重要概念。更详细的讨论，请参照文献［171］⊖。

3.7.1 凸集（convex set）

$\mathbf{R}^n$ 的子集 S，对于任意 $\boldsymbol{p}_1$，$\boldsymbol{p}_2 \in S$ 和实数 α，对于 $0 \leqslant \alpha \leqslant 1$，存在着成立以下式子的凸集。

$$\alpha \boldsymbol{p}_1 + (1-\alpha)\boldsymbol{p}_2 \in S \tag{3.131}$$

如图 3.32 所示，$\mathbf{R}^2$，即二维的情况下，式（3.131）表示连接 $\boldsymbol{p}_1$ 和 $\boldsymbol{p}_2$ 的线段。也就是说，如果连接包含在集合 S 中的任意两点所形成的线段一定包含在 S 中，那么这个集合是凸集。

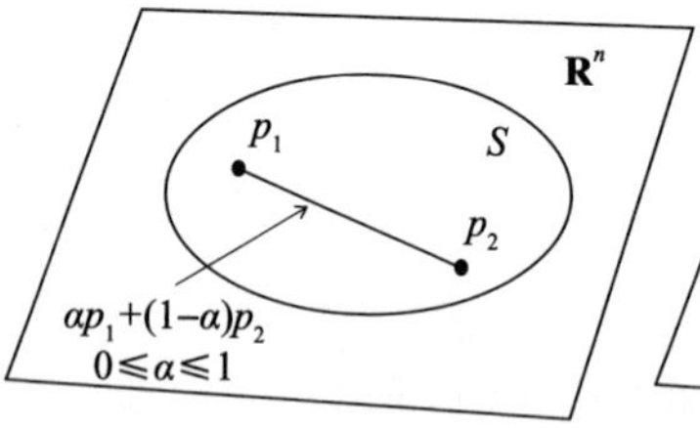

a）凸集

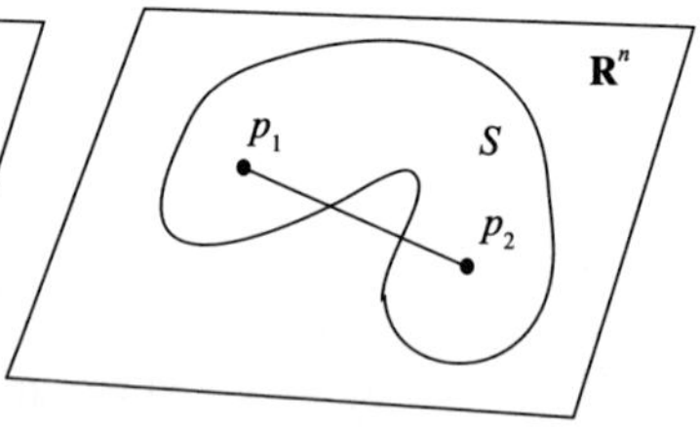

b）非凸集

图 3.32　凸集的定义

3.7.2 凸包（convex hull）

$\mathbf{R}^n$ 的子集 S，包含 S 的最小凸集称为 S 的凸包，用 co$S$ 表示。图 3.33a 展

⊖ 例如，凸集和凸包也可以定义为非有界的集合。但是，由于脚底和地面的接触区域是有界的，所以本书只说明了有界集合的情况。

示出了集合 S 不是凸集的情况。此时，从外侧用绳子将 S 包起来，所形成的最小区域就是凸包。特别地，考虑凸包是如图 3.33b 所示的有界凸多面体的情况。表示凸多面体顶点位置的向量为 $p_j(j=1,\cdots,N)$，则凸包由下式定义。

$$\mathrm{co}S=\left\{\sum_{j=1}^{N}\alpha_j\boldsymbol{p}_j\,\middle|\,\alpha_j\geqslant 0,\sum_{j=1}^{N}\alpha_j=1,\boldsymbol{p}_j\in S(j=1,\cdots,N)\right\} \tag{3.132}$$

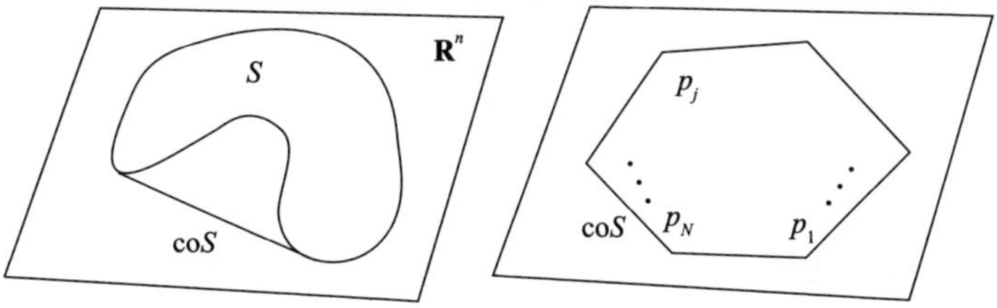

a）凸包　　b）有界凸多面体

图 3.33　凸包的定义

CHAPTER 4

第 4 章

双足行走

双足机器人行走是两条腿的交替移动，总有一条腿处于着地状态。其中，重心投影点未偏离支撑多边形的称为静态行走（Static Walk），而重心投影点偏离支撑多边形的称为动态行走（Dynamic Walk）。

许多双足机器人玩具都是通过非常大的脚来实现静态步行的，做到这一点并非难事。但人的脚相对于其身高来说非常小，都是双足行走。双足机器人实现行走需要自主地控制行走时失去平衡的状态。

4.1 如何实现双足行走

本章涉及的双足行走控制框图如图 4.1 所示。我们把机器人实现步行所需的每个关节角度数据称为步态模式，将计算步态模式的软件称为步态模式发生器。在理想情况下，如果将步态模式赋予实际机器人，就可以实现双足行走（见图 4.1a）。条件是需要一个按照指令工作的高刚性机器人和完全平坦的地面（例如一个巨大的平台），并使用一个十分精确的模型。

在大小与人相近的双足机器人上应用上述方法时，即使地面上只有几毫米的不平整，也会导致机器人跌倒。这是因为，在接近人的体形下，不平整的地面引起的轻微振荡会迅速扩大。因此，需要步行稳定控制系统（包含机器人内置的陀螺仪、加速度计、力传感器等各种传感器信息）来修正步态模式，以确保机器人在存在轻微不平或干扰的情况下也能继续行走（见图 4.1b）。

本章 4.2 节、4.3 节和 4.4 节介绍了步态模式发生器，4.5 节和 4.6 节介绍了步行稳定控制系统，4.7 节介绍了不受图 4.1 框图约束的实现双足行走的各种方法。

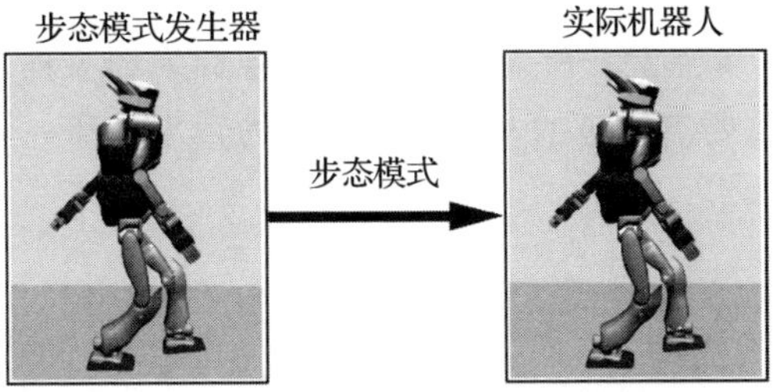

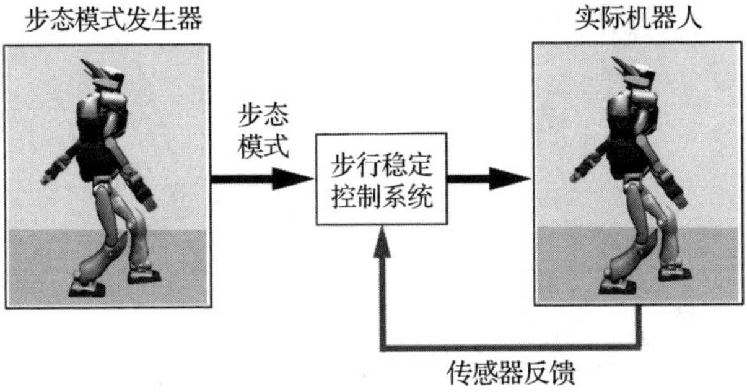

图 4.1　双足行走控制框图。在图 a 中，只需重放步态模式就能实现步行。图 b 使用步行稳定控制系统添加反馈，从而在正常环境下实现步行

4.2　二维步态模式

本节基于一个简化模型考察了双足行走的原理，并推导出一种在垂直二维平面内生成步态模式的方法。

4.2.1　倒立摆

“粗视化”是理解复杂系统的有效方法之一。在天体力学中，对太阳、地球等具有复杂内部结构的天体进行粗视化，在将它们看作质点的同时进行高精度的轨道计算。在热力学中，对 10^{23} 数量级的分子运动状态进行粗视化，通过温度和熵等少数参数对其进行表达，从而准确地预测各种现象。我们以同样的方式，对一个拥有数千个零件和 30 个运动轴的人形机器人进行粗视化，并进行两次简化，以获知出双足行走的本质。第一，假设机器人的总质量集中在其重心位置，其只在一个点上通过其无质量的腿与地面接触。第二，忽视左右方向的运动，只关注前后方向的运动。在这些假设的基础上

建立的模型如图 4.2 所示。

由于重心位于支点上，所以将这样的模型称为倒立摆（Inverted Pendulum）。倒立摆的重要参数包括一个围绕支点的转矩 τ 和一个将腿部伸出和缩回的“踢力” f 。

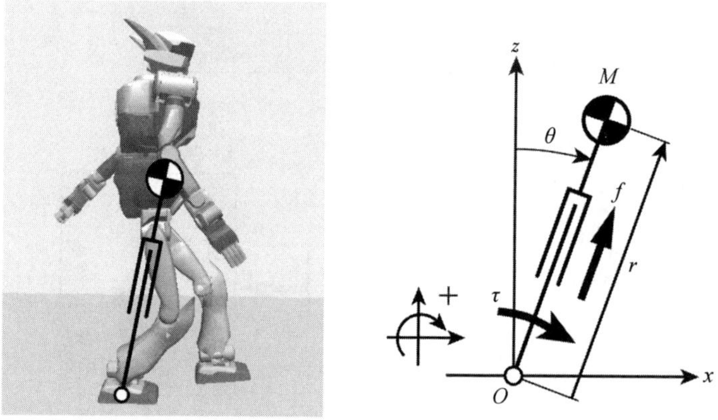

图 4.2 如果将人类和步行机器人简化到极限，可以看作是由重心和可以伸缩的无质量腿组成的倒立摆。倒立摆的旋转角 θ 在直立状态下为 0°，顺时针旋转为正值

这两个参数和倒立摆的运动关系的微分方程式如下[⊖]。

$$r^2\ddot{\theta} + 2r\dot{r}\dot{\theta} - gr\sin\theta = \tau/M$$

$$\ddot{r} - r\dot{\theta}^2 + g\cos\theta = f/M$$

假设有适当的参数，并对这些方程式进行数值积分，即可模拟倒立摆的动作。

一般来说，双足机器人的脚都很小，且没有固定在地面上，所以只能产生一个很小的转矩 τ，这一限制条件最极端的情况可以通过下式进行表示。

$$\tau = 0 \tag{4.1}$$

这相当于通过一个点与地面接触，就像高跷一样，除非机器人的重心正好在支点之上，否则一定会“跌倒”。尽管如此，通过调整踢力 f，可以使跌倒的方式发生各种变化（见图 4.3）。

⊖ 该微分方程式可以用拉格朗日法推导出来。具体方法在文献［97］中有详细解释。

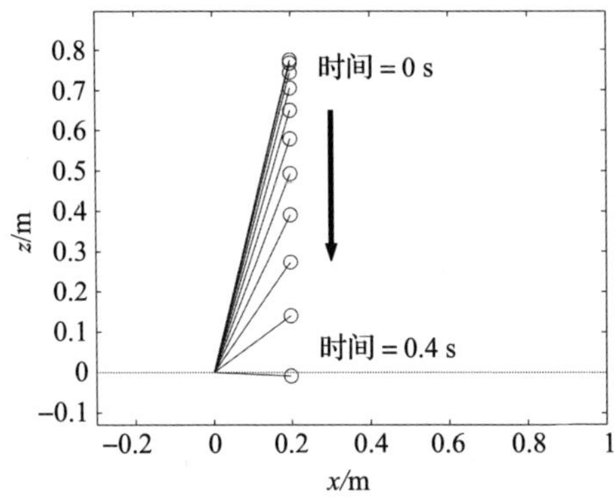

a）$f=0$：倒立摆的重心自由落下

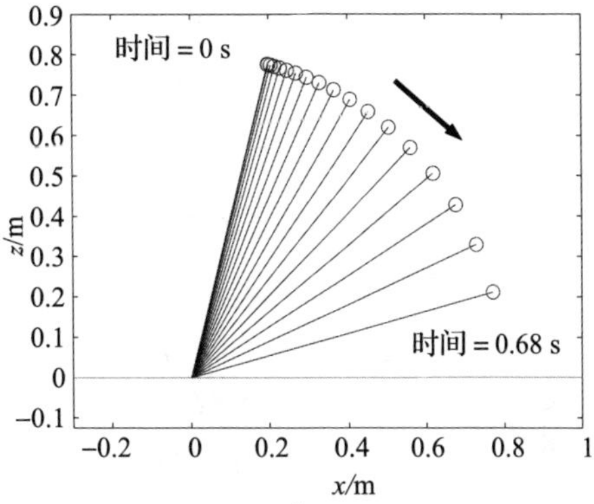

b）$f=Mg\cos\theta-Mr\dot{\theta}^2$：重力和离心力得到补偿，在腿长不变的情况下跌倒

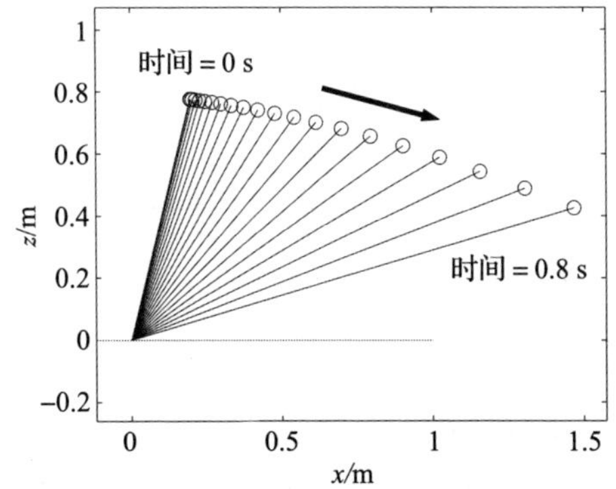

c）$f=Mg$：一边跌倒一边在水平方向上加速

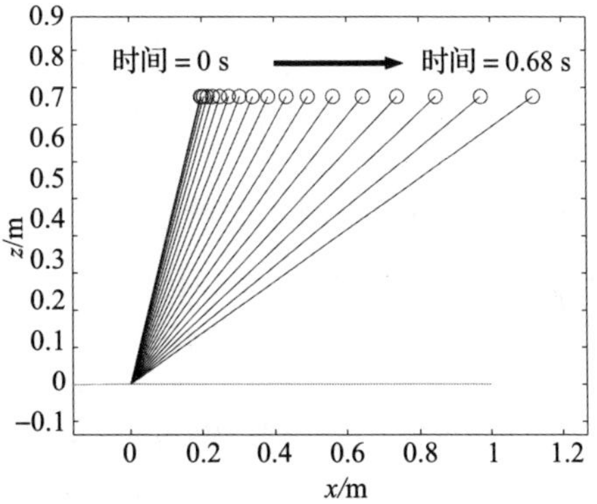

d）$f=Mg/\cos\theta$：重心维持初始高度并在水平方向上加速

图 4.3　倒立摆通过控制腿部的踢力 f 来进行各种运动。条件是脚踝可以自由旋转（$\tau=0$）

特别有趣的是图 4.3d 所示的情况，即将重心保持在一定高度的同时进行水平运动，可以通过以下公式中的踢力来实现：

$$f=\frac{Mg}{\cos\theta} \tag{4.2}$$

重心水平运动的原因是腿伸缩力的垂直分量始终与重力平衡，如图 4.4 所示。

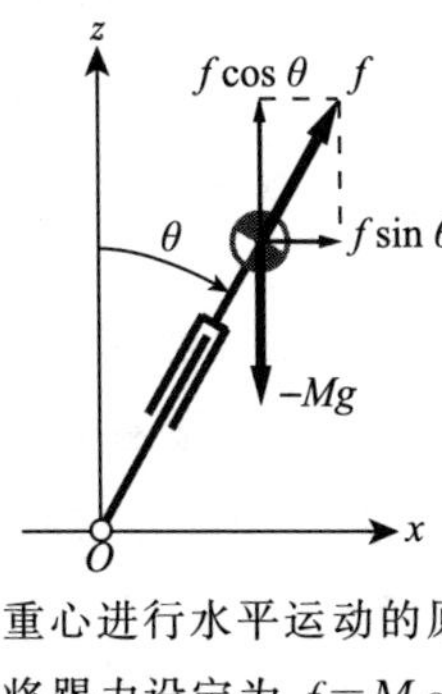

图 4.4　重心进行水平运动的原因。如果将踢力设定为 $f=Mg/\cos\theta$，则其垂直分量始终与重力相平衡

直观地说，就是通过“腿相应伸

展的程度与跌倒的程度相当”来防止重心下降。通过这种方式调节腿部伸缩，使重心进行直线运动的倒立摆被称为线性倒立摆（Linear Inverted Pendulum）[115]。

4.2.2 线性倒立摆的动作

与一般倒立摆相比，线性倒立摆由于重心没有上下移动，所以更容易处理。那么，重心的水平运动又是怎样的呢？

1. 水平运动的动力学

重新观察图 4.4，腿部伸缩力的垂直分量与重力相互抵消，但水平分量仍然存在。由于重心在该力的作用下水平加速，因此运动方程式如下。

$$M\ddot{x} = f\sin\theta \tag{4.3}$$

将式（4.2）代入上式中，得到

$$M\ddot{x} = \frac{Mg}{\cos\theta}\sin\theta = Mg\tan\theta = Mg\,\frac{x}{z}$$

式中，x、z 表示倒立摆的重心位置。改写上面的关系，得到表示重心水平运动的微分方程式。

$$\ddot{x} = \frac{g}{z}x \tag{4.4}$$

在式（4.4）中，z 为常数，所以可以对 x 进行求解。

$$x(t) = x(0)\cosh(t/T_c) + T_c\dot{x}(0)\sinh(t/T_c) \tag{4.5}$$

$$\dot{x}(t) = x(0)/T_c\sinh(t/T_c) + \dot{x}(0)\cosh(t/T_c) \tag{4.6}$$

$$T_c \equiv \sqrt{z/g}$$

式中，T_c 是由重心高度和重力加速度决定的时间常数。$x(0)$，$\dot{x}(0)$ 分别表示时间=0 时重心的位置和速度，称为初始条件。图 4.5 显示了在不同初始条件下线性倒立摆的运动。

2. 过渡时间

人们往往希望知道在一个线性倒立摆中，重心从一个位置移动到另一个位置需要多长时间。现在，假设初始条件为（x_0，$\dot{x}_0$），并且一定时间后的状态（x_1，$\dot{x}_1$）是已知的。根据式（4.5）和式（4.6），两种状态之间的关系可用下式表示。

$$x_1 = \frac{x_0 + T_c\,\dot{x}_0}{2}\mathrm{e}^{\tau/T_c} + \frac{x_0 - T_c\,\dot{x}_0}{2}\mathrm{e}^{-\tau/T_c} \tag{4.7}$$

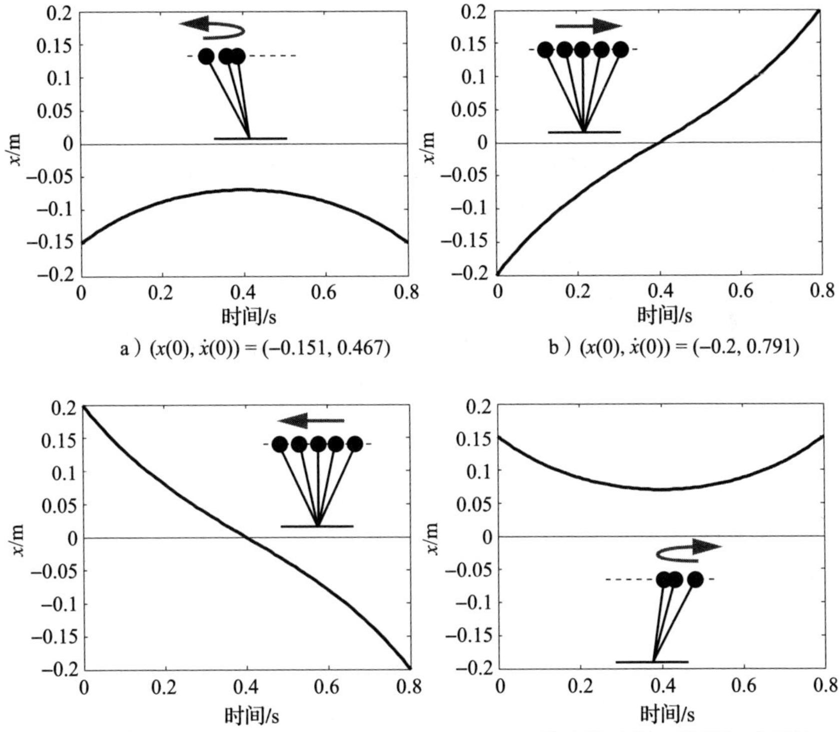

a）$(x(0), \dot{x}(0)) = (-0.151, 0.467)$

b）$(x(0), \dot{x}(0)) = (-0.2, 0.791)$

c）$(x(0), \dot{x}(0)) = (0.2, -0.791)$

d）$(x(0), \dot{x}(0)) = (0.151, -0.467)$

图 4.5　在不同初始条件下线性倒立摆的运动（重心高度 z=0.8 m）

$$\dot{x}_1 = \frac{x_0 + T_c\dot{x}_0}{2T_c}e^{\tau/T_c} - \frac{x_0 - T_c\dot{x}_0}{2T_c}e^{-\tau/T_c} \tag{4.8}$$

式中，τ 表示从（x_0，$\dot{x}_0$）过渡到（x_1，$\dot{x}_1$）所需的时间。此外，还使用了关系式：$\cosh(x) = \frac{e^x + e^{-x}}{2}$，$\sinh(x) = \frac{e^x - e^{-x}}{2}$。

式（4.7）+ T_c×式（4.8）可以得到以下公式。

$$x_1 + T_c\dot{x}_1 = (x_0 + T_c\dot{x}_0)e^{\tau/T_c}$$

因此

$$\tau = T_c \ln\frac{x_1 + T_c\dot{x}_1}{x_0 + T_c\dot{x}_0} \tag{4.9}$$

同样地，式（4.7）− T_c×式（4.8）也可以求出 τ。

$$\tau = T_c \ln\frac{x_0 - T_c\dot{x}_0}{x_1 - T_c\dot{x}_1} \tag{4.10}$$

请注意，式（4.9）和式（4.10）中的变量值是相同的，但其中一个公式可能会导致数值不稳定，因为分母和分子都趋近于零。

4.2.3　轨道能

通过图 4.6 所示的势能峰，可以直观地理解线性倒立摆的动作。在图 4.6a中，由于初速度不够快，无法跨越势能峰，所以运动方向在中途发生改变。在图 4.6b 中，即使运动方向不变，在势能峰最高点处，也就是倒立摆支点的正上方，速度是最慢的。

尝试具体计算一下势能与运动之间的关系。在式（4.4）的两边乘以 $\dot{x}$ 并进行积分。

$$\dot{x}\left(\ddot{x}-\frac{g}{z}x\right)=0$$

$$\int(\ddot{x}\dot{x}-\frac{g}{z}x\dot{x})\mathrm{d}t=\text{恒定值}$$

结果如下。

$$\frac{1}{2}\dot{x}^2-\frac{g}{2z}x^2=\text{恒定值}\equiv E \tag{4.11}$$

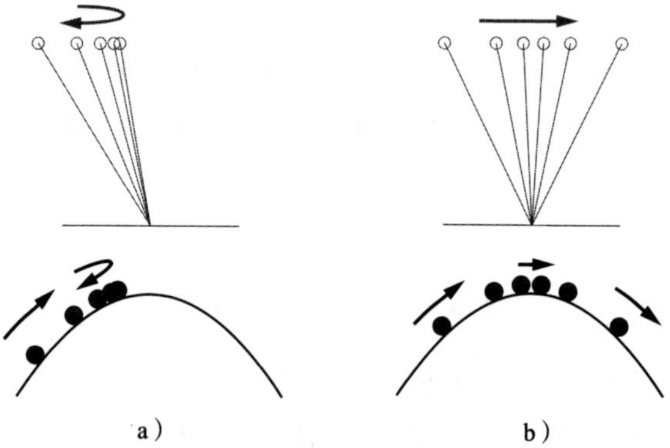

图 4.6　线性倒立摆的势能峰

式（4.11）左边的第 1 项对应动能，第 2 项对应图 4.6 中的虚拟势能（都按单位质量的能量进行考虑）。我们将总和 E 称为轨道能[⊖]。从式（4.11）可以看出，在线性倒立摆运动过程中，轨道能始终保持为一个恒定值。

在图 4.6a 中，当无法跨过势能峰时，轨道能可用下式表示。

⊖　该参数量在力学上称为“运动积分”[106]。

$$E = -\frac{g}{2z}x_{apex}^2 \tag{4.12}$$

x_{apex} 表示速度为 0 时重心的瞬时水平位置。在这种情况下，轨道能 E 始终为 0 或者负数。

在图 4.6b 中，当线性倒立摆能够跨过势能峰时，

$$E = \frac{1}{2}\dot{x}_{apex}^2 \tag{4.13}$$

因此，轨道能始终为正数。式中，$\dot{x}_{apex}$（>0）表示重心通过原点的瞬间速度。

通过测量线性倒立摆在给定瞬时下的重心位置和速度，并根据式（4.11）计算轨道能 E，就可以根据结果的符号立即判断出轨道是否跨过了势能峰。当跨过势能峰时，该瞬时速度的绝对值可由以下公式得出。

$$|\dot{x}_{apex}| = \sqrt{2E}$$

如果不能跨过势能峰，则在速度为 0 的瞬时，位置的绝对值由以下公式得出。

$$|x_{apex}| = \sqrt{-\frac{2zE}{g}}$$

4.2.4 通过切换支撑腿进行控制

在线性倒立摆中，每一步的步行运动都是由其初始条件决定的。在图 4.7 中，通过改变支撑腿的切换时间，可以控制下一步的速度。这也符合我们的经验，即在突然停止时试图将脚快速落到地上。

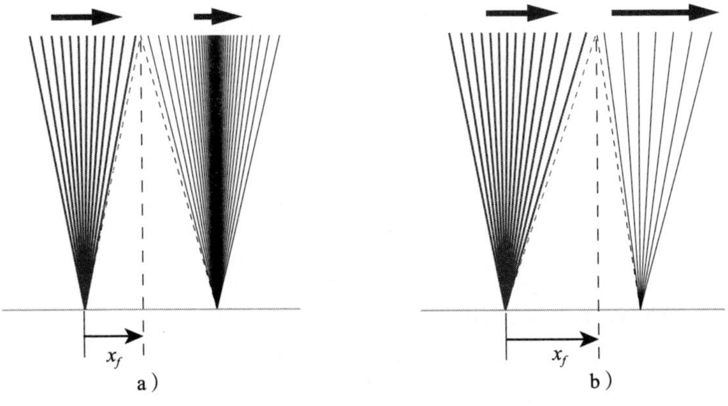

图 4.7 步行速度的控制（规定了步距）。图 a 展示了下一步提前进行时减速，图 b 展示了下一步推迟进行时加速

现在分析支撑腿的切换与步行运动之间的关系。简单起见，假设切换是瞬时进行的，并定义支撑腿切换瞬时的状态如图 4.8 所示。图中，s 表示步距，x_f 表示换腿前从落脚点测得的重心位置。v_f 为换腿前的重心速度，假定该速度直接作为下一个动作的初始速度。

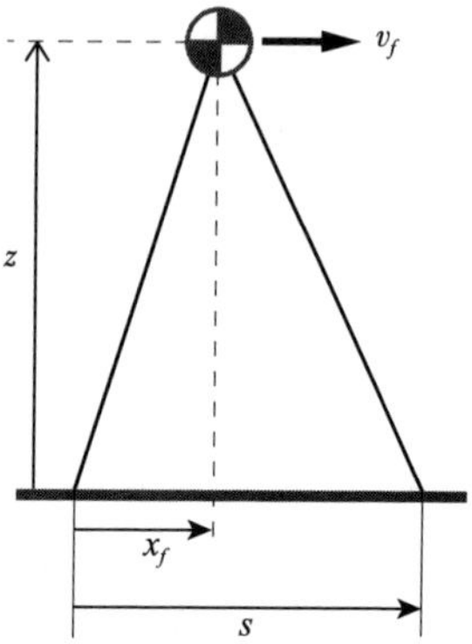

图 4.8　支撑腿切换瞬时的状态

假设换腿前和换腿后的轨道能分别为 E_1 和 E_2，则式（4.14）和式（4.15）在换腿前后都成立。

$$E_1 = -\frac{g}{2z}x_f^2 + \frac{1}{2}v_f^2 \qquad (4.14)$$

$$E_2 = -\frac{g}{2z}(x_f - s)^2 + \frac{1}{2}v_f^2 \qquad (4.15)$$

如果单独规定了 E_1、E_2，则通过消除式（4.14）、式（4.15）中的 v_f，即可求出符合公式的换腿条件。

$$x_f = \frac{z}{gs}(E_2 - E_1) + \frac{s}{2} \qquad (4.16)$$

换腿瞬间的速度可以通过式（4.14）算出。

$$v_f = \sqrt{2E_1 + \frac{g}{z}x_f^2} \qquad (4.17)$$

4.2.5　规划一个简单的步态模式

用上述结果设计一个简单的步态模式，如图 4.9 所示。假设一个理想的步行机器人在平面上只前进一步就停下来。此时，支撑腿交换了两次，需要定义 3 个轨道能。对于步行开始时的运动（$a \to b$），可以根据重心的初始位置计算轨道能。

$$E_0 = -\frac{g}{2z}x_s^2$$

对于从第一次切换支撑腿到下一次切换之间的运动（$b \to c \to d$），可以使用重心通过落脚点正上方时的速度 v_1 来计算轨道能。

$$E_1 = \frac{1}{2}v_1^2$$

步态结束时的运动（$d \to e$）可以根据重心最终停止的位置 x_e 来计算轨道能。

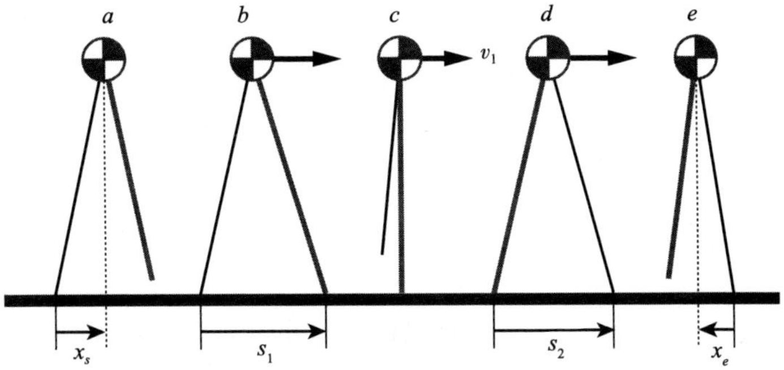

图 4.9 前进一步的步态模式规范。支撑腿交换两次

$$E_2 = -\frac{g}{2z}x_e^2$$

利用式（4.16），可以根据 E_0 和 E_1 算出第一次切换支撑腿的条件 x_{f_0}，根据 E_1 和 E_2 算出第二次切换支撑腿的条件 x_{f_1}。通过控制摆动腿，使支撑腿在这些条件下发生切换，就可以实现所需的步行运动。

根据式（4.17）也可以得出每次切换支撑腿时的速度，这样就可以确定每一步的轨迹。图 4.10 以时间为横轴，显示了这一步行过程中重心位置和速度的变动模式，以及每个时间点以落地位置为原点的重心位移。因此，在支撑腿发生切换时（b、d），图中跳动的距离即为步距。另外，从速度图中可以看出，重心速度时刻处于变化中，在支撑腿切换的瞬时达到最大值。

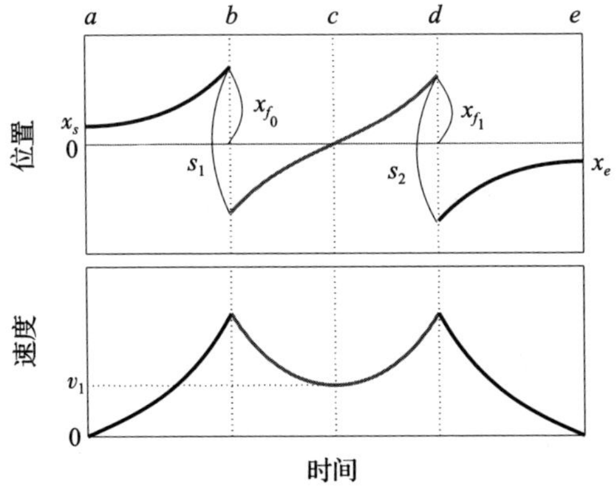

图 4.10 计划步态下的重心位置和速度

4.2.6 扩展到不平表面

尽管到目前为止我们描述的步行仅限于平面，但实际上，完全相同的方法也可用于不平表面上的步行，下面将对此进行说明。

再次回到倒立摆模型，如图 4.11 所示，这次我们考虑重心在一条具有适当倾斜度的直线上运动。

$$z = kx + z_c \tag{4.18}$$

k 表示直线的斜率，z_c 表示直线的 z 轴截距。下文中将该直线称为约束线。

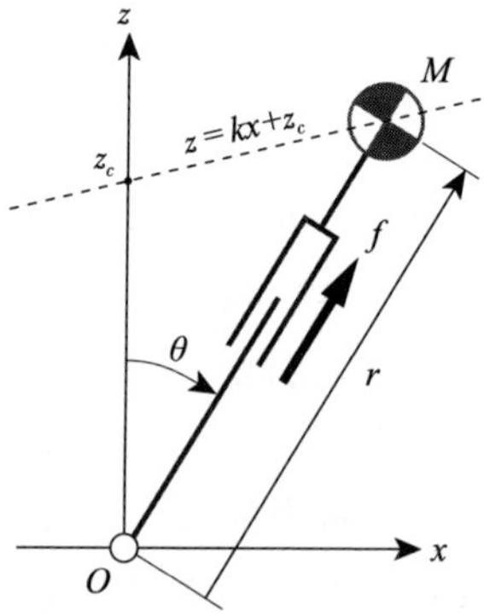

图 4.11　倒立摆的重心在踢力 f 的控制下在约束线（虚线）上运动。条件是支点可以自由旋转

求出实现这种运动的踢力 f。首先，将踢力分解为水平分量 f_x 和垂直分量 f_z。

$$f_x = f\sin\theta = (x/r)f \tag{4.19}$$

$$f_z = f\cos\theta = (z/r)f \tag{4.20}$$

如果重心在约束线上运动，那么踢力和重力的合力向量方向应与约束线的斜率一致，即

$$f_x : f_z - Mg = 1 : k(\text{恒定}) \tag{4.21}$$

将式（4.19）和式（4.20）代入式（4.21）中，求解 f 可得到以下公式：

$$f = \frac{Mgr}{z - kx} \tag{4.22}$$

该公式可以用式（4.18）更简单地进行表达。

$$f = \frac{Mgr}{z_c} \tag{4.23}$$

也就是说，如果踢力 f 总是与腿长 r 成比例，重心就会做直线运动（条件是需要从适当的初始条件开始）。这种运动的一个示例如图 4.12 所示。图 4.12中，虚线表示约束线，向上箭头表示踢力的方向和大小。

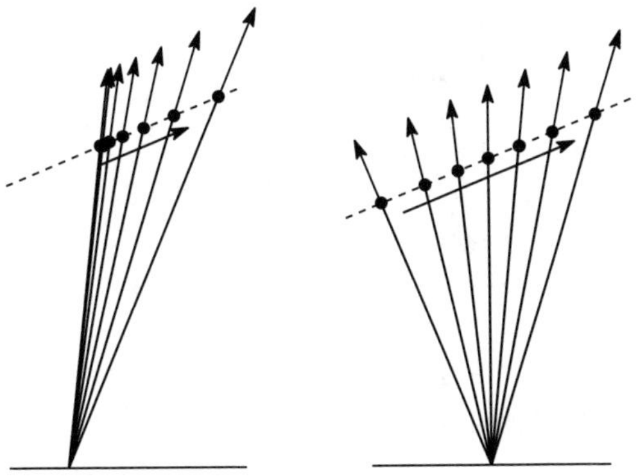

a）　　b）

图 4.12　踢力向量与重心运动的关系

来研究一下倒立摆的重心遵循怎样的动力学。将式（4.23）代入式（4.19）中并利用关系式 $f_x = M\ddot{x}$，即可求出重心运动水平分量计算公式。

$$\ddot{x} = \frac{g}{z_c} x \tag{4.24}$$

这与 4.2.2 节中得到的重心水平运动的式（4.4）完全相同。让我们考虑一下这其中的含义。图 4.13 显示了两个倒立摆在不同倾斜度的约束线上运动的叠加模拟情况。假设两条轨迹的截距 z_c 相等，并且从同一水平位置 x_0 开始下降。凭直觉，我们可以想象一个沿上坡倒下的 $k>0$ 的倒立摆会逐渐减速，而一个沿下坡运动的 $k<0$ 的倒立摆会明显加速。然而，两个倒立摆的水平运动完全重合，同时到达 x_1。这是因为作用于重心的重力影响被踢力抵消了，如式（4.24）所示，运动只由重心的水平位移决定。

图 4.14 中显示了一个使用该属性的楼梯步行的例子。设定合适的落脚点（三角形标记），并从每个落脚点做一条高度为 z_c 的垂线，将连接其顶端的折线作为约束线（虚线）。如果控制重心，使其在步行过程中始终在约束线上移动，那么每一步水平运动的动力学可由下式表示。

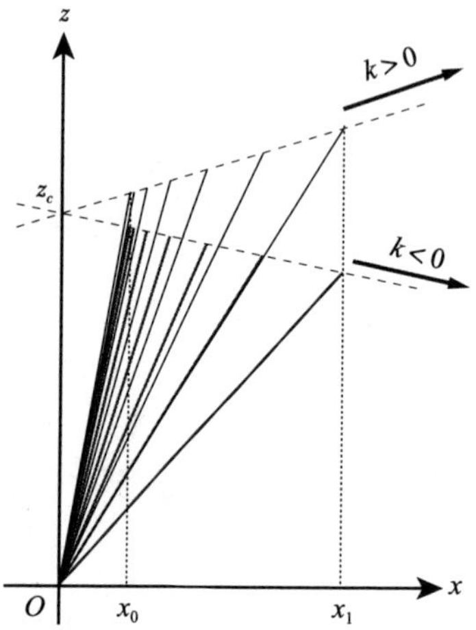

图 4.13 线性倒立摆的水平运动不受约束线（虚线）的斜率影响。这是因为重力的影响刚好被踢力所抵消

$$\ddot{x} = \frac{g}{z_c}x$$

可以直接应用上一节所述的方法。更换支撑腿时只需要考虑重心的水平位移。图 4.14 中的下图表示重心速度不受楼梯倾斜角度的影响。

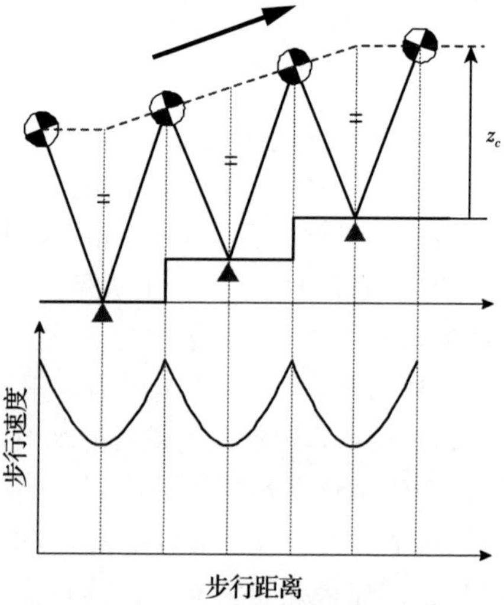

图 4.14 线性倒立摆在楼梯上步行。约束线的设定方法（上），重心的水平速度（下）

根据以上方法，可以简单地创建出适应各种地形的步行运动。笔者等人在图 4.15 所示的简易双足机器人上安装了一个测量地面形状的传感器，进行了实时跨越楼梯和障碍物的实验[116]。

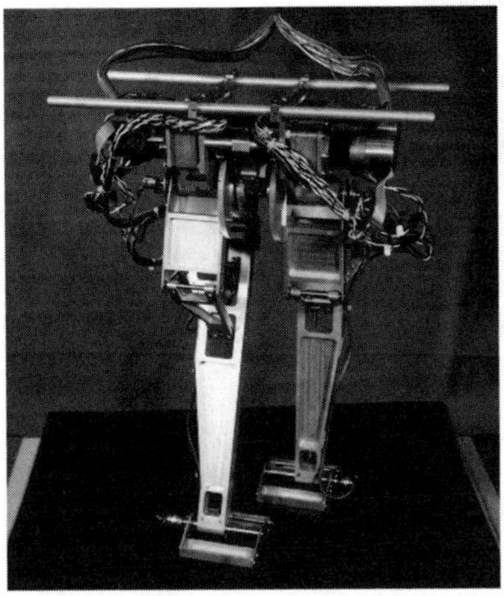

图 4.15 拥有鸟类般轻盈腿部的双足机器人 Meltran Ⅱ。可将这样的机器人看作线性倒立摆

4.3 三维步态模式

本节将上一节所介绍的线性倒立摆扩展到三维空间，调查了其性质，并说明了在三维空间中创建步态模式的方法。

4.3.1 三维线性倒立摆

通过一个连接支撑点和机器人重心的虚拟倒立摆来表示三维空间中的双足机器人，其支点在转矩为 0 的情况下可以自由旋转（见图 4.16）。另外，腿长可通过踢力 f 来实现伸缩，以表示支撑腿膝关节的弯曲所引起的重心垂直运动。从图中可以看出，f 可分解为 xyz 方向上的分量。

$$f_x = (x/r)f \tag{4.25}$$

$$f_y = (y/r)f \tag{4.26}$$

$$f_z = (z/r)f \tag{4.27}$$

r 表示支点与重心的距离。由于只有踢力和重力作用于重心，所以运动方程如下。

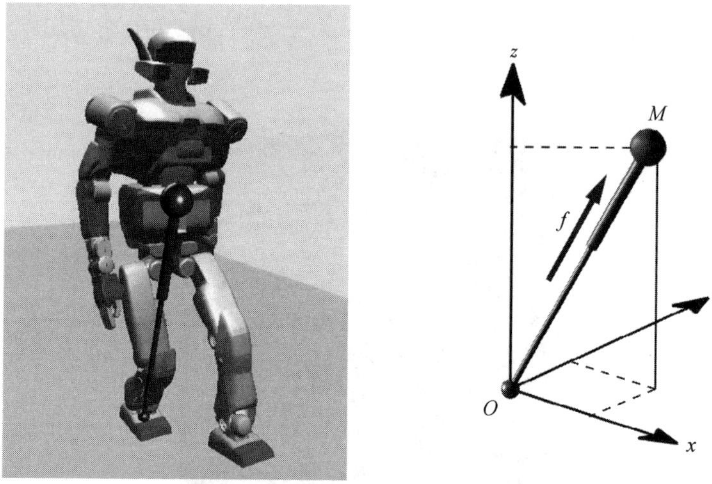

图 4.16 用来表示双足行走机器人的三维倒立摆。支点可以通过球形关节自由旋转，并能产生腿部踢力 f

$$M\ddot{x}=(x/r)f \tag{4.28}$$

$$M\ddot{y}=(y/r)f \tag{4.29}$$

$$M\ddot{z}=(z/r)f-Mg \tag{4.30}$$

我们考虑将下式表示的平面称为约束平面：

$$z=k_x x+k_y y+z_c \tag{4.31}$$

式中，k_x、k_y 是决定平面斜率的参数，z_c 是决定平面高度的参数。

考虑一下如何控制重心，使其始终在约束平面内移动。为了实现这一点，只要重心的加速度向量与约束平面的法向量正交即可，即

$$\begin{bmatrix} f\left(\frac{x}{r}\right) & f\left(\frac{y}{r}\right) & f\left(\frac{z}{r}\right)-Mg \end{bmatrix}\begin{bmatrix}-k_x\\-k_y\\1\end{bmatrix}=0 \tag{4.32}$$

求解上式中的 f，并将该关系式代入式（4.31），即可得到以下公式。

$$f=\frac{Mgr}{z_c} \tag{4.33}$$

也就是说，当施加与腿长 r 成比例的踢力时，重心就会在约束平面上移动，如图 4.17 所示。

将踢力公式（4.33）代入式（4.28）和式（4.29），即可得到重心水平

方向的动力学。

$$\ddot{x} = \frac{g}{z_c} x \tag{4.34}$$

$$\ddot{y} = \frac{g}{z_c} y \tag{4.35}$$

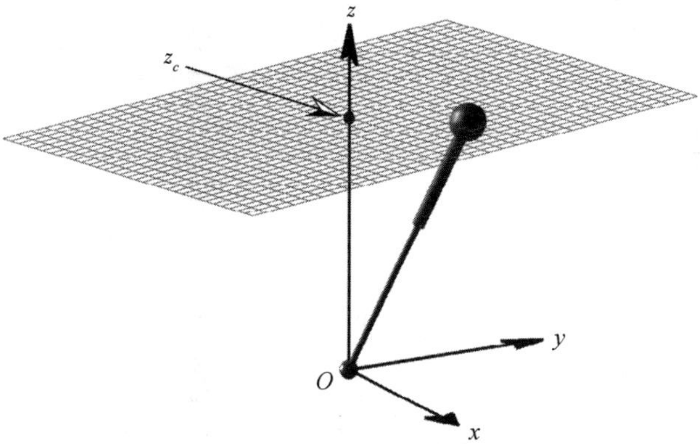

图 4.17 三维线性倒立摆示意图。通过调整腿的踢力可使重心在约束平面上运动，约束平面的斜率并不影响重心的水平运动

式（4.34）和式（4.35）是线性方程，唯一的参数是 z_c，即约束平面的 z 截距。公式中不包含 k_x 和 k_y，说明约束平面的斜率对运动的水平分量没有影响。

4.3.2 生成三维步态模式

一个基于三维线性倒立摆的水平面步态模式示例如图 4.18 所示。通过设置适当的约束平面，可以将相同的模式应用于楼梯和不平整地面等。

在三维线性倒立摆中，由于支撑腿在 x 和 y 方向的切换时间必须同步，所以不能使用上述二维步态模式生成法（4.2.5 节）。因此，在下面的考察中，我们考虑的是具有固定周期的步行运动，并假定每一步的支撑时间为 T_{sup}。

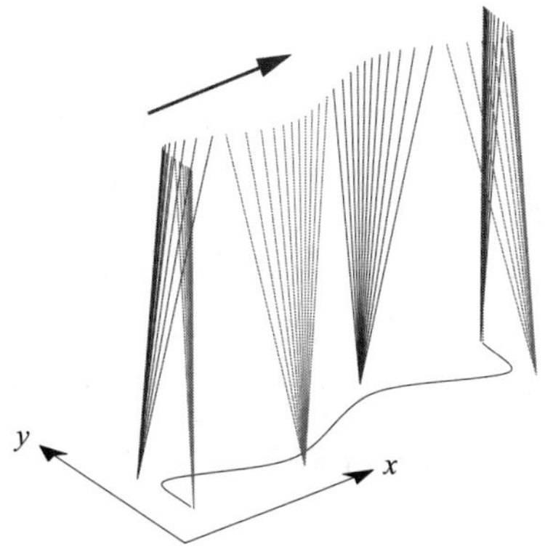

图 4.18 三维线性倒立摆在平面上的前进步态模式。从静止状态向前步行 3 步后停止

1. 步态分段

图 4.19，定义了一个以 y 轴为对称轴的三维线性倒立摆在时间 $[0\ T_{sup}]$ 下的运动模式。以下将这种模式称为步态分段。

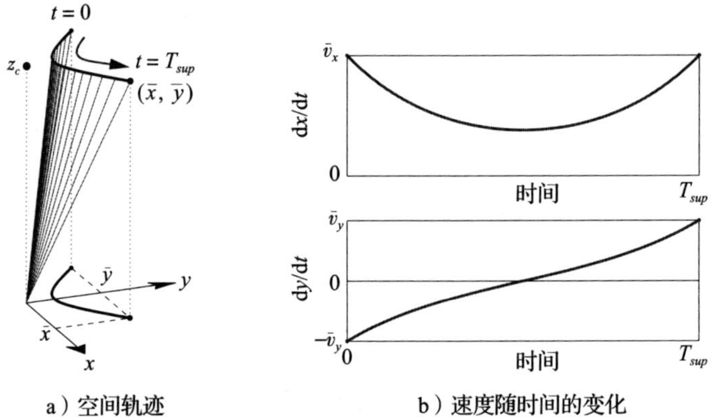

a）空间轨迹　　b）速度随时间的变化

图 4.19　三维步态的基本模式“步态分段”

在给出支撑时间和约束平面的 z 截距时，由于其对称性，步态分段由终端的重心位置 $(\overline{x},\overline{y})$ 唯一确定。终端的重心速度 $(\overline{v}_x,\overline{v}_y)$ 可按以下方式计算。

因为 x 轴向的初始条件为 $(-\overline{x},\overline{v}_x)$，终端位置为 $\overline{x}$，所以根据线性倒立摆的分析解式（4.5）。

$$\overline{x}=-\overline{x}C+T_c\,\overline{v}_xS \tag{4.36}$$

此处可以得到以下公式。

$$T_c\equiv\sqrt{\frac{z_c}{g}}C\equiv\cosh\frac{T_{sup}}{T_c}S\equiv\sinh\frac{T_{sup}}{T_c}$$

根据式（4.36），终端速度由下式决定。

$$\overline{v}_x=\overline{x}(C+1)/(T_cS) \tag{4.37}$$

同样地，步态分段 y 方向分量的初始条件是 $(\overline{y},-\overline{v}_y)$，终端位置是 $\overline{y}$，所以终端速度由下式决定。

$$\overline{y}=\overline{y}C+T_c(-\overline{v}_y)S$$

$$\overline{v}_y=\overline{y}(C-1)/(T_cS) \tag{4.38}$$

使用步态分段可以规律地创建步行运动。例如，如果将相同的步态分段连接起来，同时将 y 方向的符号反转，就会产生一个步距为 $2\overline{x}$ 的前进步态。

2. 步态参数

在上下楼梯和回避障碍物等现实情况中，往往需要直接指定每一步的落地位置，如图 4.20 所示，步态参数如下。

n	1	2	3	4	5
$s_x^{(n)}$	0.0	0.3	0.3	0.3	0
$s_y^{(n)}$	0.2	0.2	0.2	0.2	0.2

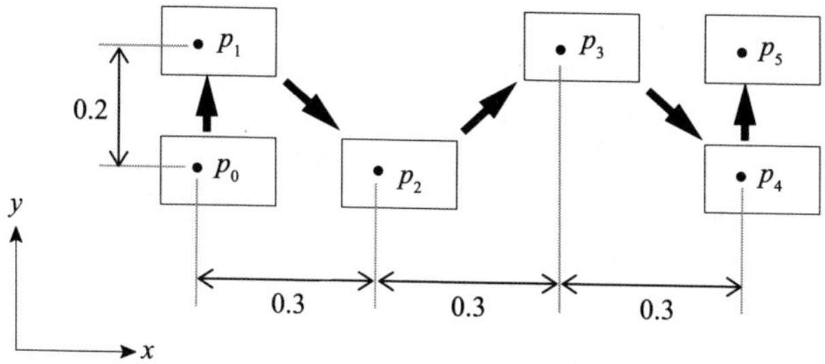

图 4.20　落地位置的设定。设定每步的落脚点 $p_0 \cdots p_N$，并由此确定步距。该点周围的矩形即为机器人的足迹

s_x 表示前进方向的步距，s_y 表示左右方向的步距。图 4.20 中的参数称为步态参数。第 n 步的数据以右上角加上（n）来表示，第 n 步的落地位置（$p_x^{(n)}, p_y^{(n)}$）可通过下式进行表示。

$$\begin{bmatrix} p_x^{(n)} \\ p_y^{(n)} \end{bmatrix} = \begin{bmatrix} p_x^{(n-1)} + s_x^{(n)} \\ p_y^{(n-1)} - (-1)^n s_y^{(n)} \end{bmatrix} \tag{4.39}$$

假设（$p_x^{(0)} p_y^{(0)}$）表示开始步行时的右脚，即第一个支撑腿的位置。如果想让第一个支撑腿为左脚，则将上式中的 $-(-1)^n$ 替换成 $+(-1)^n$ 即可。

第 n 步所应使用的步态参数定义如下。

$$\begin{bmatrix} \bar{x}^{(n)} \\ \bar{y}^{(n)} \end{bmatrix} = \begin{bmatrix} s_x^{(n+1)}/2 \\ (-1)^n s_y^{(n+1)}/2 \end{bmatrix} \tag{4.40}$$

请注意，第 n 步使用的步态分段是根据第（$n+1$）步的步距来确定的。否则，落地位置就不能很好地与步行运动相对应。

步态分段的终端速度由式（4.37）和式（4.38）汇总后的以下公式确定。

$$\begin{bmatrix} \bar{v}_x^{(n)} \\ \bar{v}_y^{(n)} \end{bmatrix} = \begin{bmatrix} (C+1)/(T_c S)\bar{x}^{(n)} \\ (C-1)/(T_c S)\bar{y}^{(n)} \end{bmatrix} \tag{4.41}$$

然而，简单地将步态分段安排在由步态参数确定的落地位置上，并不能形成可行的步行运动，因为在步行开始和结束时会产生位置和速度的不连续性。下面将介绍解决这一问题的方法。

3. 通过调整落脚点改变步态模式

若在步行中预先确定了落地时间和周期，则可以通过调整每一步的落脚点来改变步行速度㊀。定性地说，在靠近下一步的地方落脚会增加步行速度（见图 4.21a），在远离下一步的地方落脚会降低步行速度（见图 4.21b）。

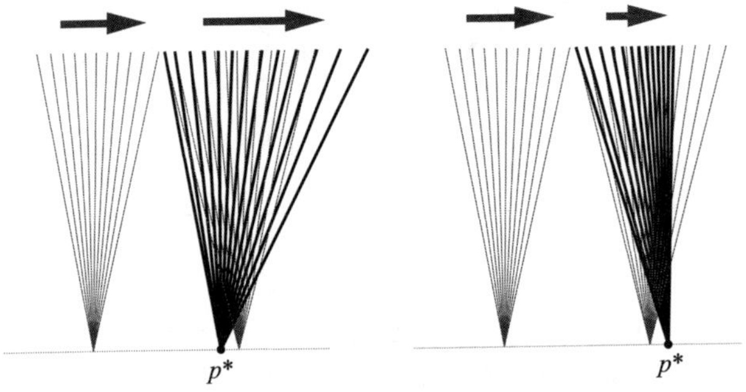

图 4.21　步行速度调整原理（指定了周期的情况）[136]。图 a 说明在靠近下一步的地方落脚会增加步行速度，图 b 说明在远离下一步的地方落脚会降低步行速度

推导修正后的落地位置 p_x^* 和步行状态之间的定量关系。首先将线性倒立摆的动力学模型改写成以设定在地面上的原点为基准的简化模型（见图 4.22）㊁。

$$\ddot{x}=\frac{g}{z_c}(x-p_x^*) \tag{4.42}$$

其分析解如下。

$$x(t)=(x_i^{(n)}-p_x^*)\cosh(t/T_c)+T_c\dot{x}_i^{(n)}\sinh(t/T_c)+p_x^* \tag{4.43}$$

$$\dot{x}(t)=\frac{x_i^{(n)}-p_x^*}{T_c}\sinh(t/T_c)+\dot{x}_i^{(n)}\cosh(t/T_c) \tag{4.44}$$

式中，$x_i^{(n)}$，$\dot{x}_i^{(n)}$ 表示第 n 步开始瞬间的重心位置和速度。

㊀ 在图 4.7 所示的控制方法中，在落脚点已确定的情况下，通过调整落地时间来改变步行速度。

㊁ 下面讨论的 x 轴、y 轴的情况完全一样。

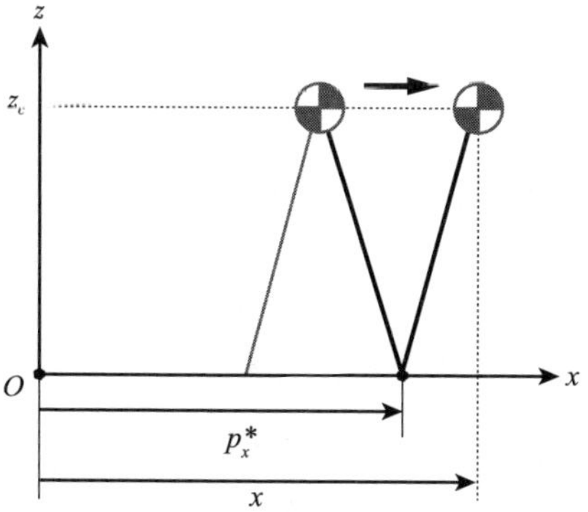

图 4.22 以设定在地面上的原点为基准表示的线性倒立摆

因此，落脚点 p_x^* 和第 n 步最终状态之间的关系由下式表示。

$$\begin{bmatrix} x_f^{(n)} \\ \dot{x}_f^{(n)} \end{bmatrix} = \begin{bmatrix} C & T_c S \\ S/T_c & C \end{bmatrix} \begin{bmatrix} x_i^{(n)} \\ \dot{x}_i^{(n)} \end{bmatrix} + \begin{bmatrix} 1-C \\ -S/T_c \end{bmatrix} p_x^* \tag{4.45}$$

使用绝对坐标系表示的步态分段的终端状态作为最终状态的目标值。

$$\begin{bmatrix} x^d \\ \dot{x}^d \end{bmatrix} = \begin{bmatrix} p_x^{(n)} + \bar{x}^{(n)} \\ \bar{v}_x^{(n)} \end{bmatrix} \tag{4.46}$$

尽可能接近目标状态（$x^d, \dot{x}^d$）的落脚点可按以下步骤进行计算。首先，定义误差评价函数。

$$N \equiv a\,(x^d - x_f^{(n)})^2 + b\,(\dot{x}^d - \dot{x}_f^{(n)})^2 \tag{4.47}$$

a、b 是评价函数的加权因子，是一个适当的正数。将其代入式（4.45）并使用条件 $\partial N/\partial p_x^* = 0$ 后，就可以得到使评价函数 N 最小的落地位置。

$$\begin{aligned} p_x^* = & -\frac{a(C-1)}{D}(x^d - C x_i^{(n)} - T_c S\,\dot{x}_i^{(n)}) \\ & -\frac{bS}{T_c D}\left(\dot{x}^d - \frac{S}{T_c} x_i^{(n)} - C\,\dot{x}_i^{(n)}\right) \end{aligned} \tag{4.48}$$

$$D \equiv a(C-1)^2 + b(S/T_c)^2$$

最终，三维线性倒立摆的步态模式生成方法可以归纳为图 4.23 所示的算法。

图 4.24 显示了一个基于前文所述步态参数生成方法的步态模式示例。可以看到，在步行开始时，双腿向后迈出以获得向前的加速，而在行走结束时，双腿向前迈大步以减速。由于这种方法是通过改变落地位置来修正状态

误差，所以该方法的缺点是无法精确实现通过步距数据来指定落脚点。但是，由于式（4.48）渐近地将误差设定为 0，所以在稳定步行中，落地位置收敛到指定位置。

第 1 步	设定步行周期 T_{sup} 和步距数据 s_x、s_y。设定初始重心位置为 (x,y)，初始落地位置为 $(p_x^*,p_y^*)=(p_x^{(0)},p_y^{(0)})$。
第 2 步	$T:=0$，$n:=0$。
第 3 步	在 T 到 $T+T_{sup}$ 时间段内对线性倒立摆公式（4.42）（以及用于 y 轴的公式）进行积分运算。
第 4 步	$T:=T+T_{sup}$，$n:=n+1$
第 5 步	根据式（4.39）计算下一个落脚点 $(p_x^{(n)},p_y^{(n)})$。
第 6 步	根据式（4.40）和式（4.41）计算下一个步态分段 $(\overline{x}^{(n)},\overline{y}^{(n)})$。
第 7 步	根据式（4.46）计算目标状态 $(x^d,\dot{x}^d)$。y 轴的目标状态 $(y^d,\dot{y}^d)$ 也通过相应公式计算出来。
第 8 步	根据式（4.48）（以及用于 y 轴的公式）计算修正后的落地位置 (p_x^*,p_y^*)。
第 9 步	返回第 3 步。

图 4.23　三维线性倒立摆的步态模式生成算法

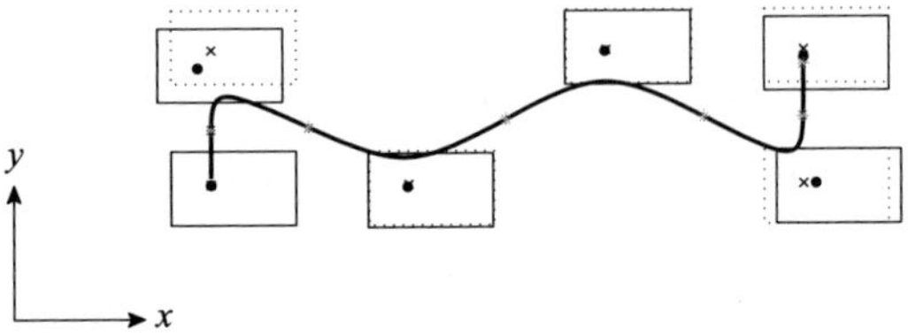

图 4.24　根据设计的算法生成的步态模式。粗曲线为重心轨迹，黑点为落脚点，目标落脚点用×和虚线表示。由图可知，步行开始和结束时，为了实现加速或减速而选择了偏离设定的落脚点。$z_c=0.8$，$T_{sup}=0.8$，评估函数的加权因子为 $a=10$、$b=1$

如需使机器人斜向步行，让每一步的 s_y 发生变化即可，步态参数如下。

n	1	2	3	4	5
$s_x^{(n)}$	0.0	0.2	0.2	0.2	0
$s_y^{(n)}$	0.2	0.3	0.1	0.3	0.2

由此生成的模式如图 4.25 所示。本文中将前进方向的步距 s_x 设置为 0 即可实现侧身步行。

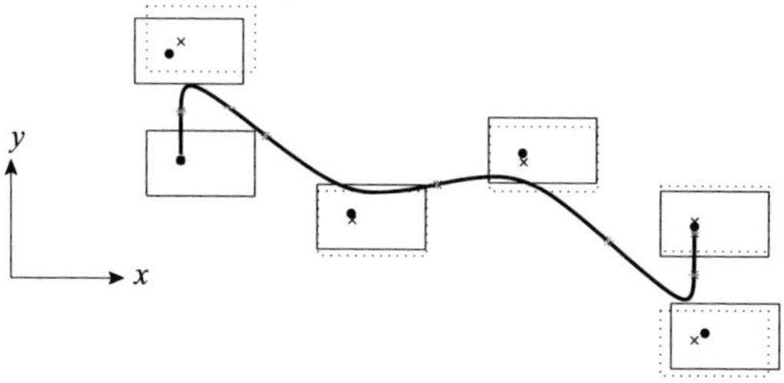

图 4.25 斜向步行示例。为了得到横向移动量，使横向步距 s_y 随着每一步的变化而变化。$z_c=0.8$，$T_{sup}=0.8$，评估函数的加权因子为 $a=10$、$b=1$

4. 改变方向

如需改变方向，请在步态参数中添加表示前进方向的数据。

将每一步迈脚的方向定义为 s_θ，如图 4.26 所示。

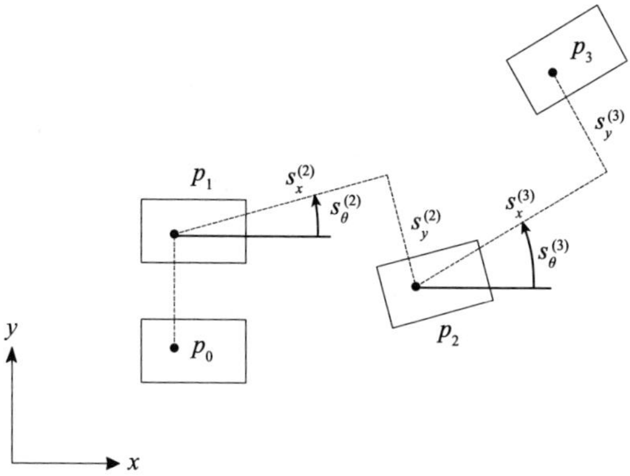

图 4.26 落脚点设定方法（包括改变方向）。每一步的旋转角 s_θ 是从 x 轴开始逆时针测量得到的

第 n 步的落地位置（$p_x^{(n)}, p_y^{(n)}$）规定如下。

$$\begin{bmatrix} p_x^{(n)} \\ p_y^{(n)} \end{bmatrix} = \begin{bmatrix} p_x^{(n-1)} \\ p_y^{(n-1)} \end{bmatrix} + \begin{bmatrix} \cos s_\theta^{(n)} & -\sin s_\theta^{(n)} \\ \sin s_\theta^{(n)} & \cos s_\theta^{(n)} \end{bmatrix} \begin{bmatrix} s_x^{(n)} \\ -(-1)^n s_y^{(n)} \end{bmatrix} \tag{4.49}$$

第 n 步所应使用的步态分段参数定义如下。

$$\begin{bmatrix} \bar{x}^{(n)} \\ \bar{y}^{(n)} \end{bmatrix} = \begin{bmatrix} \cos s_\theta^{(n+1)} & -\sin s_\theta^{(n+1)} \\ \sin s_\theta^{(n+1)} & \cos s_\theta^{(n+1)} \end{bmatrix} \begin{bmatrix} s_x^{(n+1)}/2 \\ (-1)^n s_y^{(n+1)}/2 \end{bmatrix} \tag{4.50}$$

同样地，也应对步态分段的速度进行旋转变换。

$$\begin{bmatrix} \overline{v}_x^{(n)} \\ \overline{v}_y^{(n)} \end{bmatrix} = \begin{bmatrix} \cos s_\theta^{(n+1)} & -\sin s_\theta^{(n+1)} \\ \sin s_\theta^{(n+1)} & \cos s_\theta^{(n+1)} \end{bmatrix} \begin{bmatrix} (1+C)/(T_c S)\overline{x}^{(n)} \\ (C-1)/(T_c S)\overline{y}^{(n)} \end{bmatrix} \tag{4.51}$$

在步态模式生成算法中，将第 5 步中的式（4.39）替换成式（4.49），将第 6 步中的式（4.40）和式（4.41）替换成式（4.50）和式（4.51），即可生成包含方向变化的步态模式。

例如，每一步都改变方向 20°的圆弧轨迹步行步态，其步态参数如下。

n	1	2	3	4	5
s_x	0.0	0.25	0.25	0.25	0
s_y	0.2	0.2	0.2	0.2	0.2
s_θ	0	20	40	60	60

根据该步态参数生成的步态模式如图 4.27 所示。

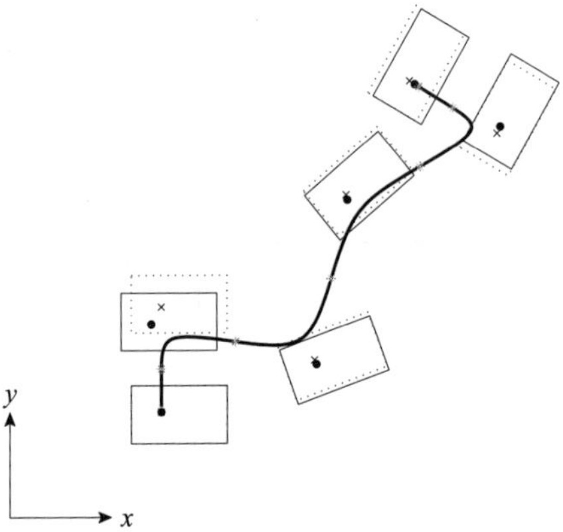

图 4.27 轨迹为圆弧的步态示例。每一步都旋转 20°。$z_c=0.8$，$T_{sup}=0.8$，评估函数的加权因子为 $a=10$、$b=1$

4.3.3 引入双腿支撑期

在迄今为止设计的步态模式中，一直假设倒立摆的支撑腿切换是瞬间进行的。在向前步行的情况中，ZMP 从后腿瞬间移动到前腿，水平加速度也从最大值跳到最小值（见图 4.28a）。这样的运动会给机器人带来巨大冲击并造成损害。

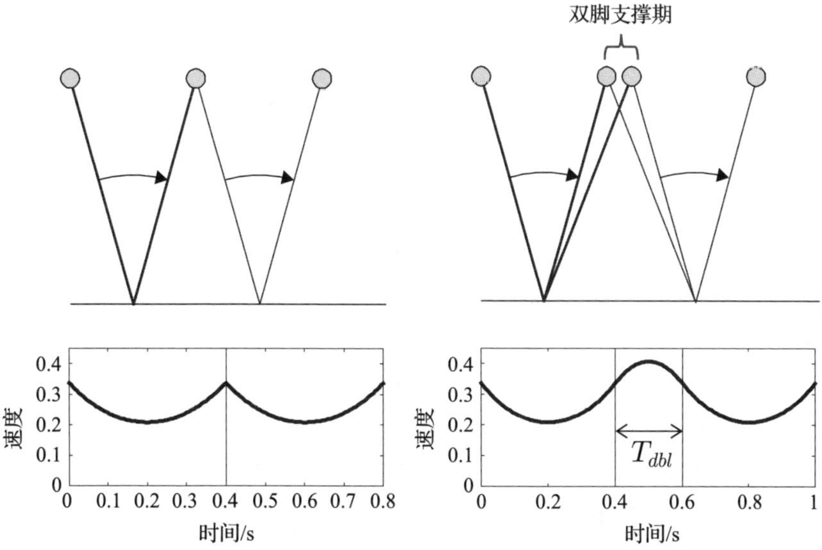

a） b）

图 4.28 改进后的支撑腿切换。在图 a 中如果支撑腿的切换是瞬间发生的，则重心速度存在一个弯曲点，加速度从最大值跳到最小值。图 b 所示为插入双腿支撑期，重心速度平稳变化，由此在加速度方面得到了一个连续轨迹

为了使机器人能够顺利进行步行运动，我们在切换支撑腿时插入了预先设定的双腿支撑期 T_{dbl}。

没有尖锐弯曲点的平滑速度曲线能够消除加速度的不连续变化，使 ZMP 从后腿平稳地移动到前腿。这样的运动需要在双腿支撑期开始和结束时具有连续的速度和加速度，所以采用一个与时间相关的 3 次函数来决定速度。也就是说，重心的位置是一个与时间相关的 4 次函数（见图 4.28b）。

$$x(t) = a_0 + a_1 t + a_2 t^2 + a_3 t^3 + a_4 t^4 \tag{4.52}$$

系数 $a_0 \cdots a_4$ 是根据切换支撑腿时的状态（位置、速度、加速度）确定的。

设置这种区间的问题是，与线性倒立摆的计划值相比，步距会增加，但可以通过事先缩小步态分段的预测参数来缩短增加的步距。图 4.29 显示了添加双腿支撑阶段的步态模式的例子。

另外，虽然插入双腿支撑期可以使支撑腿阶段的加减速变得更平稳，但会缩短空闲腿回归所需的时间，所以不能使 T_{dbl} 变得太大。

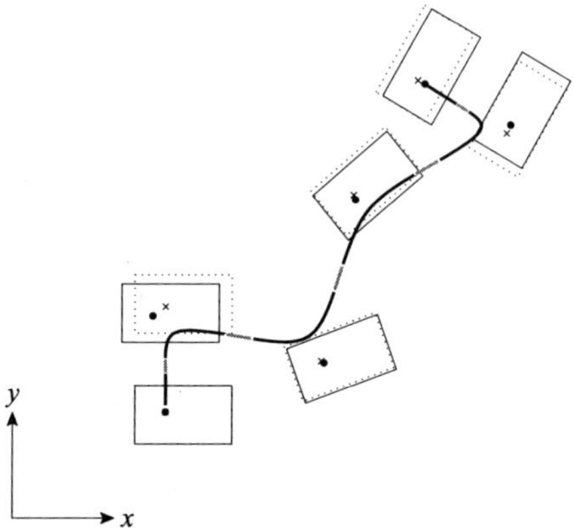

图 4.29　添加双腿支撑阶段的步态模式。用灰色粗线表示双腿支撑期的重心轨迹。使用与图 4.27 相同的步态参数。$z_c=0.8$，$T_{sup}=0.7$，$T_{dbl}=0.1$，评估函数的加权因子为 $a=10$、$b=1$

4.3.4　从线性倒立摆到多连杆模型

使用线性倒立摆创建实际机器人运动的最简单的方法就是将倒立摆的重心和腰连杆连动起来。首先，计算步行开始时的重心位置，求出与腰连杆的相对位置。其次，假设重心和腰连杆之间的相对位置关系不发生变化，直接根据线性倒立摆的重心来确定腰连杆的位置。脚部的运动只要计算出按照落地时机到达落脚点的轨迹即可。

一旦确定了腰部和双腿的运动，那么接下来就可以使用第 2 章描述的反向运动学来计算腿部各个关节的运动。

该方法所基于的假设是整个机器人可以近似为一个单一质点倒立摆，在评估其有效性时可以使用上一章所述的 ZMP。如果使用精确模型来计算 ZMP，就会出现诸如空闲腿的反作用力和重心的位置误差等效应，这些效应无法通过单一质点倒立摆表示出来。图 4.30 显示了两种类型的 ZMP。可以看出，两者之间几乎没有差异，这表明可以将具有分散质量的机器人视为一个简单的倒立摆。

4.3.5　应用于实际机器人

下面所介绍的是将三维步态模式生成方法应用于实际机器人的例子。图 4.31 显示的是双足机器人 HRP-2L。HRP-2L 是试制品，用于对最终目标人形机器人 HRP-2 的腿部技术进行评估。该机器人每条腿有六个自由度，机

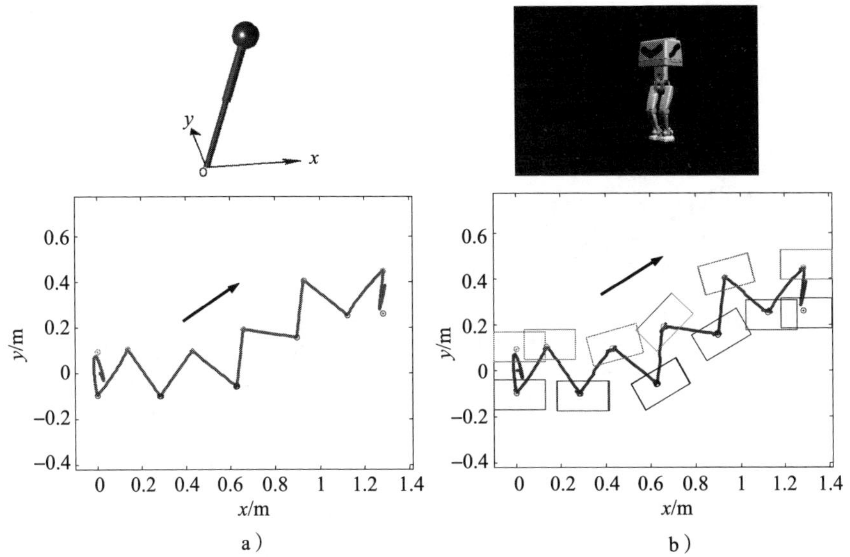

图 4.30　ZMP 轨迹的比较。图 a 是根据三维线性倒立摆计算出的 ZMP，图 b 是腰连杆按照三维线性倒立摆工作的实际步行机器人的 ZMP

身部分配备了一台 Pentium Ⅲ 933 MHz 的机载计算机。总重量为 58.2 kg，包括电池（11.4 kg）以及含头部和上半身在内的假人重量（22.6 kg）。

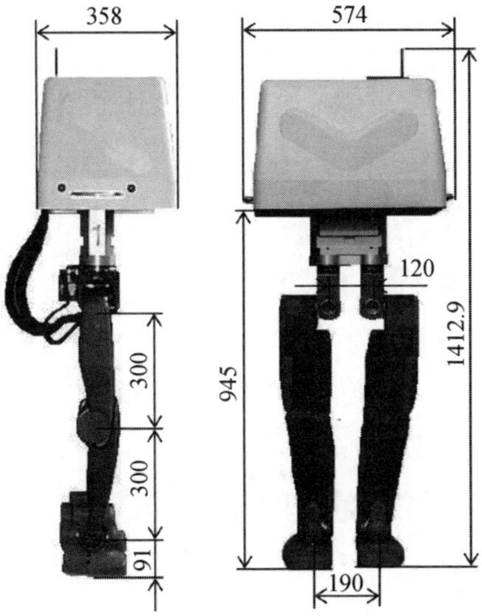

图 4.31　双足机器人 HRP-2L

只要确定了将要走的 2 步的步距，就可以使用图 4.23 所示算法制作出步态模式。因此，我们使用游戏用的操纵手柄，通过设定从现在位置开始将要走的 2 步的步态参数（s_x, s_y, s_θ），构建了一个可以实时控制步行的系统。实时步行控制实验情况如图 4.32 所示。

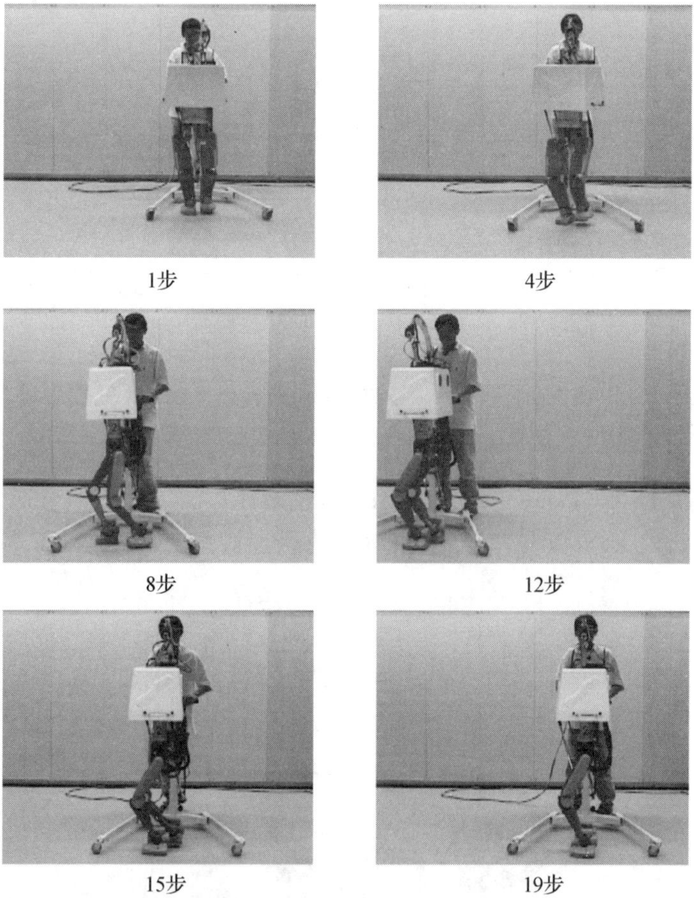

图 4.32　实时步行控制实验

4.4　生成以 ZMP 为规范的步态模式

4.4.1　台面/小车模型

考虑如图 4.33 所示的模型。一个质量为 M 的小车在一个质量可以忽略不计的台面上水平行驶。由于台面底座比小车的行驶范围小，所以当小车到达台面边缘时整个台面就会翻倒，但如果小车适当加速，就可以防止翻倒。这一模型被称为台面/小车模型。

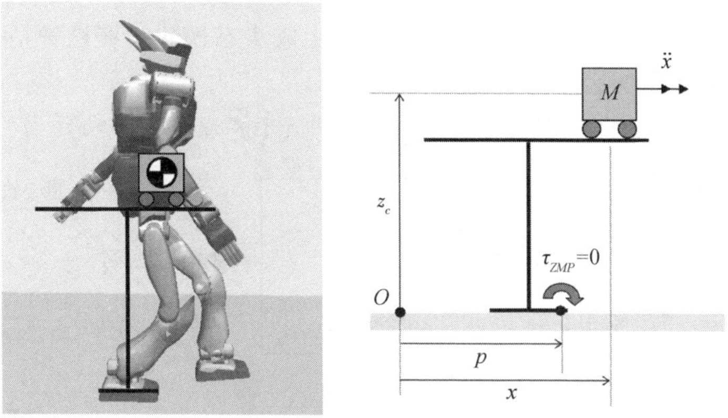

图 4.33 台面/小车模型。用无质量的台面和在上面行走的小车来表示双足行走机器人。ZMP（即从地面作用到台面的压力中心点）根据小车的步行状态发生变化

台面/小车模型的 ZMP 相当于 3.5.2 节所述的单一质点、恒定重心高度的情况，所以用下式进行表示。

$$p = x - \frac{z_c}{g}\ddot{x} \tag{4.53}$$

以下将其称为 ZMP 方程。

线性倒立摆的方程如下式所示（见图 4.22）。

$$\ddot{x} = \frac{g}{z_c}(x - p) \tag{4.54}$$

如果把上式中的 p 看作 ZMP 而不是落脚点本身的话，就可以统一处理脚踝产生转矩的情况和双腿支撑状态[143]。并且，式（4.53）和式（4.54）是相同的方程式，只是项的总结方法不同。

两个模型的比较如图 4.34 所示。在线性倒立摆模型中，重心运动是由 ZMP 产生的（见图 4.34a），而台面/小车模型中，重心的运动产生了 ZMP（见图 4.34b）。也就是说，两个模型中输入输出的因果关系相反。

在基于前文介绍的线性倒立摆的方法中，采用图 4.34a 所示的因果关系：

确定目标的重心运动 ⇒ 计算实现此目标的 ZMP

按这样的步骤计算步态模式。在这种情况中，很难按照目标来控制 ZMP。实际上，在前文所示的方法中，在步态过渡期选择了一个偏离目标的落脚点。

因此，考虑一下根据台面/小车模型生成步态模式。在这种情况中，采用图 4.34b 所示的因果关系：

确定目标 ZMP 轨迹 ⇒ 计算实现此目标的稳定重心运动

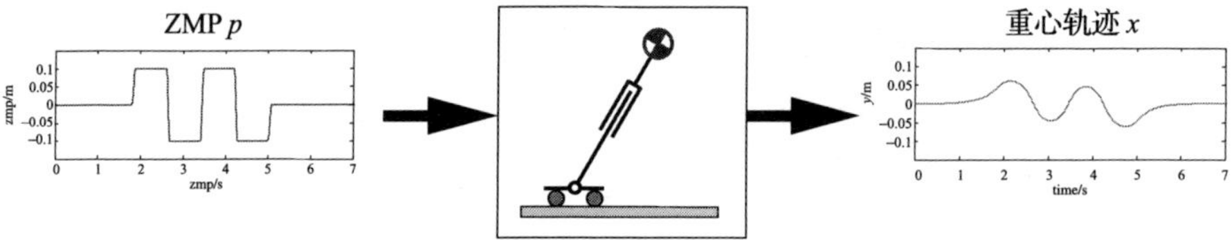

a)

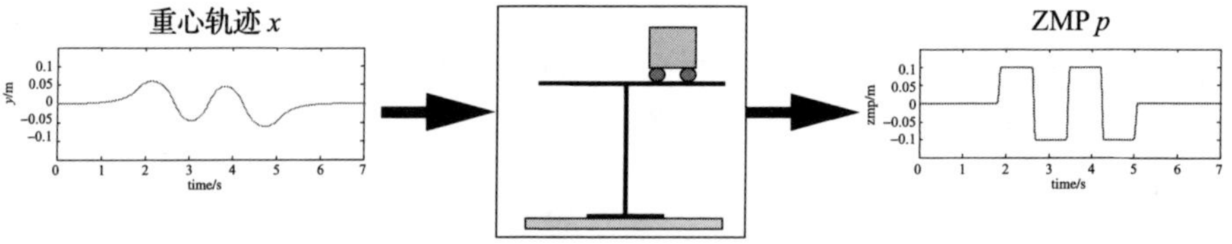

b)

图 4.34 表示 ZMP 和重心运动之间关系的两个模型的比较。图 a 中的倒立摆模型将 ZMP 视为输入，将重心运动视为输出。图 b 中的台面/小车模型将重心运动视为输入，ZMP 视为输出

按照这样的步骤计算步态模式⊖。当然，所得的模式会重现指定的 ZMP。这种方法被称为以 ZMP 为规范的步态模式生成方法。

4.4.2 离线生成步态模式

以 ZMP 为规范的步态模式生成法是 Vukobratović和 Stepanenko 在文献 [62] 中首次明确提出的，但该算法的计算量很大。因此，高西淳夫提出了一种实用方法，即利用 FFT 将目标 ZMP 模式进行傅里叶级数拓展，在频域中求解式（4.53），并通过反 FFT 将得到的结果转换为重心运动模式[140]。基于该方法的模式生成器在 HRP 的初期起到了重要作用。

⊖ 有无限多的重心运动可以实现一个给定的 ZMP 轨迹，但其中大多数都是发散的。可以将图 4.34b 看作是保证可行解的机制。

本节我们将介绍西胁等人最近提出的快速计算方法[148]㊀。首先，用 Δt 离散 ZMP 方程，通过下式近似求出加速度 $\ddot{x}$。

$$\ddot{x}_i = \frac{x_{i-1} - 2x_i + x_{i+1}}{\Delta t^2} \tag{4.55}$$

式中，$x_i \equiv x(i\Delta t)$。如果使用上式，离散化的 ZMP 方程可表示如下。

$$\begin{aligned} p_i &= a x_{i-1} + b x_i + c x_{i+1} \\ a &\equiv -z_c/(g\Delta t^2) \\ b &\equiv 2z_c/(g\Delta t^2) + 1 \\ c &\equiv -z_c/(g\Delta t^2) \end{aligned} \tag{4.56}$$

式（4.56）适用于 ZMP 指定的区间（$1\cdots N$），可以用矩阵表示如下。

$$\begin{bmatrix} p'_1 \\ p_2 \\ \vdots \\ p_{N-1} \\ p'_N \end{bmatrix} = \begin{bmatrix} a+b & c & 0 & & & & \\ a & b & c & \ddots & & & \\ & & & \ddots & & & \\ & & & \ddots & a & b & c \\ & & & & 0 & a & b+c \end{bmatrix} \begin{bmatrix} x_1 \\ x_2 \\ \vdots \\ x_{N-1} \\ x_N \end{bmatrix} \tag{4.57}$$

式中，p'_1，p'_N，设定了初始速度和终端速度 v_1，v_N，具体设置如下。

$$p'_1 = p_1 + a_1 v_1 \Delta t, \quad p'_N = p_N - c v_N \Delta t$$

改写式（4.57）后可以得到

$$\boldsymbol{p} = \boldsymbol{A}\boldsymbol{x}$$

所要寻求的解可通过下式得到。

$$\boldsymbol{x} = \boldsymbol{A}^{-1}\boldsymbol{p} \tag{4.58}$$

式中，矩阵 $\boldsymbol{A}$ 通常是几千×几千的巨大方阵，但由于该矩阵是一个三对角矩阵（非零元素位于主对角线、低对角线、高对角线上），因此存在高效求解的算法[93]。

将这样得到的重心轨迹作为腰连杆的轨迹，生成用于多连杆模型的轨迹，由此可以计算 ZMP 轨迹。

$$\boldsymbol{p}^* = RealZMP(\boldsymbol{x}) \tag{4.59}$$

函数 $RealZMP$（）是根据多连杆模型计算 ZMP 的函数，其中 p^* 是所获得的 ZMP。式中，ZMP 的误差 $p^* - p^d$ 包含多连杆模型以及台面/小车模型的误差信息。为了补偿误差，再次使用式（4.58）计算。

㊀ 另一种快速解法是由长阪等人提出的[159]。

$$\Delta \boldsymbol{x} = \boldsymbol{A}^{-1}(\boldsymbol{p}^{*} - \boldsymbol{p}^{d})$$

并使用下式更新轨迹。

$$\boldsymbol{x} := \boldsymbol{x} - \Delta \boldsymbol{x}$$

然后再次回到式（4.59），重复相同过程直至 ZMP 误差足够小为止。

该计算方法效率极高，西胁等人的研究表明，使用 PentiumⅢ 750 MHz×2 只需 140 ms 左右就可以为一个具有 32 个自由度的人形机器人 H7 创建一个 3 步 3.2 s 的轨迹[147]。因此，每走 1 步生成下一个 3 步的步态模式，通过不断地连接即可使用操纵手柄实现实时步态控制。

4.4.3 在线生成步态模式

下面介绍目前在 HRP-2 中使用的模式生成方法。

1. 跟踪控制

如果将台面/小车模型视作动态系统，是否可以制作出一个如图 4.35 所示的根据反馈追踪目标 ZMP 的伺服系统呢？

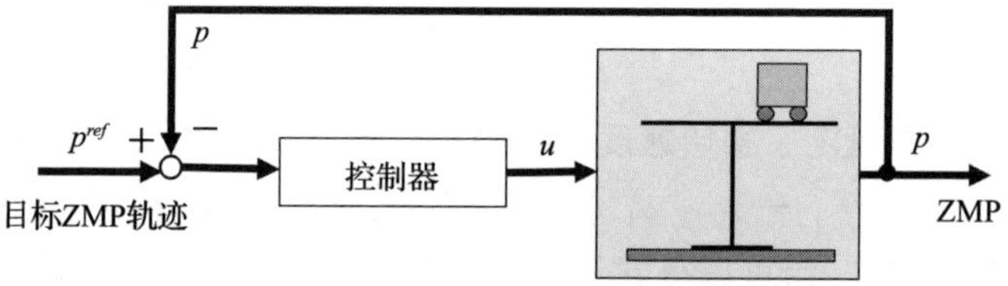

图 4.35 根据反馈追踪目标 ZMP 的伺服系统

将输入设为小车加速度的时间导数，这样就可以使用标准控制理论来处理台面/小车模型。

$$u = \dddot{x}$$

利用这一点，式（4.53）可以改写为以下系统表达⊖。

$$\frac{\mathrm{d}}{\mathrm{d}t}\begin{bmatrix} x \\ \dot{x} \\ \ddot{x} \end{bmatrix} = \begin{bmatrix} 0 & 1 & 0 \\ 0 & 0 & 1 \\ 0 & 0 & 0 \end{bmatrix}\begin{bmatrix} x \\ \dot{x} \\ \ddot{x} \end{bmatrix} + \begin{bmatrix} 0 \\ 0 \\ 1 \end{bmatrix} u$$

$$p = \begin{bmatrix} 1 & 0 & -\frac{z_c}{g} \end{bmatrix}\begin{bmatrix} x \\ \dot{x} \\ \ddot{x} \end{bmatrix} \tag{4.60}$$

⊖ 在现代控制理论中，所有动力学都是通过这种形式的改写进行分析的。将此称为“系统表达”。

但是，在图 4.35 中，如果使用普通控制器，就无法创建适当的步态模式。例如，考虑如图 4.36a 所示的情况。假设站立状态的机器人向前迈出 1 步就会移动 30 cm。

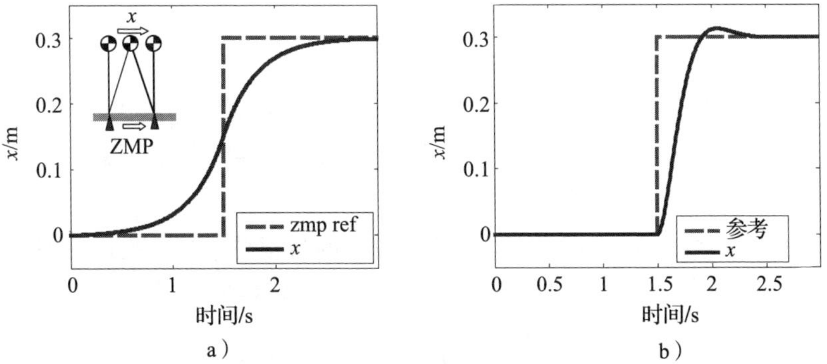

图 4.36　输入和输出的因果关系。图 a 显示了用于前进 1 步的步态模式的 ZMP（虚线）和重心轨迹（实线）。重心在 ZMP 步态变化之前已开始移动。图 b 表明通常的控制系统中，目标值改变后，输出也随之改变

此时目标 ZMP 以 1.5 s 为单位发生阶梯状变化，在此之前和之后保持恒定值不变。相比之下，重心在 ZMP 发生变化之前已开始移动。图 4.35 中，即使输入还没有变化，小车就开始移动了。在正常的伺服系统中，动作的发生会稍晚于目标值的变化（见图 4.35b）。这是正常的因果关系。在双足行走模式中，未来的信息必须追溯到过去并产生影响。

2. 预见控制系统

在驾驶汽车时，我们一边操纵方向盘，一边对前方的道路情况进行总体判断。可以将其看作是利用当前位置的未来信息进行平稳驾驶。在高速公路上行驶时，假设挡风玻璃的上半部分被遮住，前方只有几米的能见度，您就会明白这一点的重要性。

这种利用未来信息进行控制的方式被称为预见控制（Preview Control）[131,151,163]。下文将对基于该理论的设计方法进行说明。

为了设计数字控制系统，对式（4.60）进行离散化处理，采样时间为 Δt。

$$\begin{cases} \boldsymbol{x}_{k+1} = \boldsymbol{A}\boldsymbol{x}_k + \boldsymbol{b}u_k \\ p_k = c\boldsymbol{x}_k \end{cases} \tag{4.61}$$

此处可以得到以下公式。

$$\boldsymbol{x}_k \equiv \left[x(k\Delta t) \quad \dot{x}(k\Delta t) \quad \ddot{x}(k\Delta t)\right]^{\mathrm{T}}$$

$$u_k \equiv u(k\Delta t)$$

$$p_k \equiv p(k\Delta t)$$

$$\boldsymbol{A} \equiv \begin{bmatrix} 1 & \Delta t & \Delta t^2/2 \\ 0 & 1 & \Delta t \\ 0 & 0 & 1 \end{bmatrix} \quad b \equiv \begin{bmatrix} \Delta t^3/6 \\ \Delta t^2/2 \\ \Delta t \end{bmatrix}$$

$$\boldsymbol{c} \equiv \left[1 \; 0 - z_c/g\right]$$

由于希望系统输出 p_k 尽可能追随 ZMP 的目标值 p_k^{ref}，我们将对下文给出的评估函数最小化问题进行考虑。这被称为跟踪控制问题。

$$J = \sum_{j=1}^{\infty} \{Q\,(p_j^{ref} - p_j)^2 + Ru_j^2\} \tag{4.62}$$

式中，Q、R 都为合适的正数。根据预见控制理论，使用未来 N 步以内的目标值，使评估函数 J 最小化的控制输入由以下公式给出[107]。

$$u_k = -\boldsymbol{K}x_k + [f_1, f_2, \cdots f_N] \begin{bmatrix} p_{k+1}^{ref} \\ \vdots \\ p_{k+N}^{ref} \end{bmatrix} \tag{4.63}$$

条件是

$$\begin{aligned} K &\equiv (R + \boldsymbol{b}^{\mathrm{T}}\boldsymbol{P}\boldsymbol{b})^{-1}\boldsymbol{b}^{\mathrm{T}}\boldsymbol{P}\boldsymbol{A} \\ f_i &\equiv (R + \boldsymbol{b}^{\mathrm{T}}\boldsymbol{P}\boldsymbol{b})^{-1}\boldsymbol{b}^{\mathrm{T}}(\boldsymbol{A} - \boldsymbol{b}\boldsymbol{K})^{\mathrm{T}*(i-1)}\boldsymbol{P}\boldsymbol{c}^{\mathrm{T}}Q \end{aligned} \tag{4.64}$$

另外，$\boldsymbol{P}$ 是下面 Riccati 方程的解⊖。

$$\boldsymbol{P} = \boldsymbol{A}^{\mathrm{T}}\boldsymbol{P}\boldsymbol{A} + \boldsymbol{c}^{\mathrm{T}}Q\boldsymbol{c} - \boldsymbol{A}^{\mathrm{T}}\boldsymbol{P}\boldsymbol{b}\,(R + \boldsymbol{b}^{\mathrm{T}}\boldsymbol{P}\boldsymbol{b})^{-1}\boldsymbol{b}^{\mathrm{T}}\boldsymbol{P}\boldsymbol{A} \tag{4.65}$$

式（4.63）表明，预见控制是在状态反馈（右边第 1 项）中加入未来 N 步的目标值乘以权重 $[f_1, \cdots, f_N]$ 所得的乘积（第 2 项）作为前馈项。

3. 预见控制系统的改进

实际上，在使用式（4.63）生成长距离步态模式时存在一个问题，即 ZMP 中残留了偏移误差。为了解决这一问题，将系统改写为如下的扩大系统。

⊖ 虽然是相当复杂的矩阵方程，但并不难解。如果使用 Matlab 的控制系统工具箱和 GNU Octave，通过指令 dlqr 可以立刻得到 $\boldsymbol{P}$ 和 $\boldsymbol{K}$ 的数值解[175]。

$$\begin{cases}\boldsymbol{x}_{k+1}^{*} = \widetilde{\boldsymbol{A}}\boldsymbol{x}_k^{*} + \widetilde{\boldsymbol{b}}\Delta u_k \\ p_k = \widetilde{\boldsymbol{c}}\boldsymbol{x}_k^{*}\end{cases} \tag{4.66}$$

式中新的输入和状态变量如下所示。

$$\Delta u_k \equiv u_k - u_{k-1} \quad \Delta \boldsymbol{x}_k \equiv \boldsymbol{x}_k - \boldsymbol{x}_{k-1}$$

$$\boldsymbol{x}_k^{*} \equiv \begin{bmatrix} p_k \\ \Delta \boldsymbol{x}_k \end{bmatrix}$$

系统矩阵如下。

$$\widetilde{\boldsymbol{A}} \equiv \begin{bmatrix} 1 & \boldsymbol{cA} \\ \boldsymbol{0} & \boldsymbol{A} \end{bmatrix} \quad \widetilde{\boldsymbol{b}} \equiv \begin{bmatrix} \boldsymbol{cb} \\ \boldsymbol{b} \end{bmatrix}$$

$$\widetilde{\boldsymbol{c}} \equiv [1 \quad 0 \quad 0 \quad 0]$$

设计一个控制系统，使式（4.66）对应系统的以下评估函数最小化。

$$J = \sum_{j=k}^{\infty} \{Q\,(p_j^{ref} - p_j)^2 + R\Delta u_j^2\} \tag{4.67}$$

如果将式（4.64）和式（4.65）代入$\widetilde{\boldsymbol{A}}, \widetilde{\boldsymbol{b}}, \widetilde{\boldsymbol{c}}, Q, R$ 后求出的增益设为 $\widetilde{\boldsymbol{K}}, \widetilde{f}_j$，则控制系统如下所示。

$$\Delta u_k = -\widetilde{\boldsymbol{K}}\boldsymbol{x}_k^{*} + \sum_{j=1}^{N} \widetilde{f}_j p_{k+j}^{ref} \tag{4.68}$$

从 1 加到 N 后，就可以得到式（4.61）对应的控制系统，然后将其变成一个扩大系统。

$$u_k = -K_s \sum_{i=0}^{k} (p_j^{ref} - p_j) - K_x \boldsymbol{x}_k + \sum_{j=1}^{N} g_j p_{k+j}^{ref} \tag{4.69}$$

$$\begin{bmatrix} K_s \\ \boldsymbol{K}_x \end{bmatrix} \equiv \widetilde{\boldsymbol{K}}, \quad g_j = \sum_{i=j}^{N+j} \widetilde{f}$$

基于预见控制的轨迹生成框图如图 4.37 所示。ZMP 的未来目标值暂时存储在先进先出（FIFO）缓冲器（图中表示为传送带）中，将出口处的值看作是“当前”目标值。预见控制系统根据 FIFO 缓冲器中的数据和小车状态确定控制输入。此时同时计算小车状态 x、$\dot{x}$ 和所需重心运动模式。

图 4.38 显示了通过预先控制获得的重心轨迹以及作为结果得到的 ZMP。

上图表示前进方向的运动模式，下图表示左右方向的运动模式[⊖]，可以看出分别为楼梯状和矩形的目标 ZMP 生成了适当的重心运动。

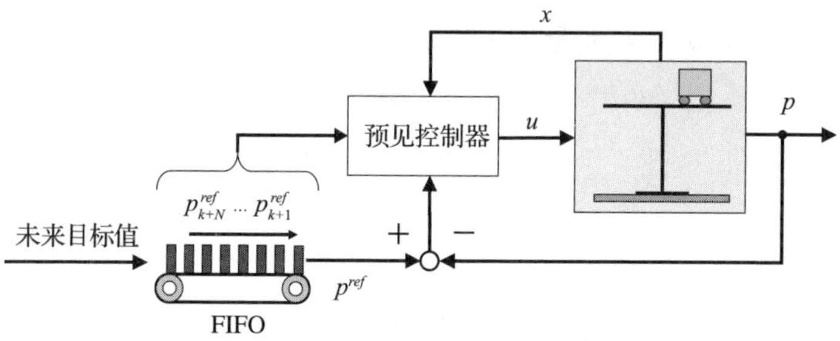

图 4.37　基于预见控制的轨迹生成框图

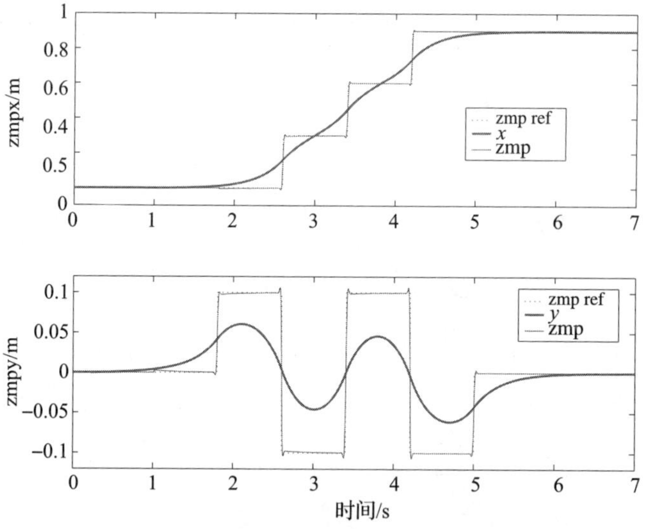

图 4.38　通过预见控制获得的重心轨迹

图 4.39 中显示了所使用的预见控制增益。从图中可以看出，1.6 s 时的增益非常小，因此即使使用了未来目标值，控制性能也不会有太大变化。

图 4.40 是利用以上方法创建的螺旋楼梯步态模拟。

⊖ 机器人的前进轴和垂直轴组成的平面称为矢状面，垂直轴和左右轴组成的平面称为侧向平面。

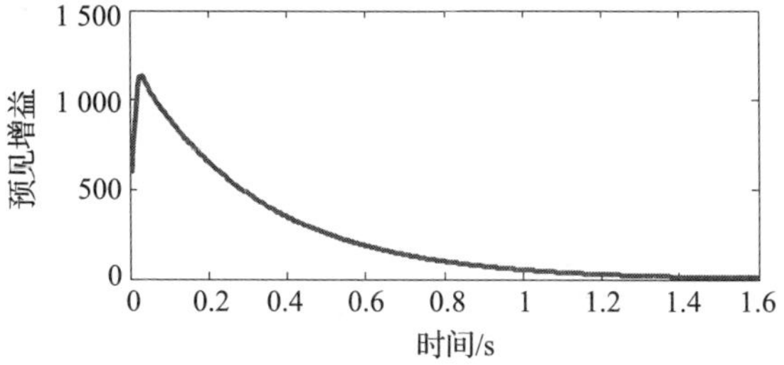

图 4.39　预见控制增益 g_j

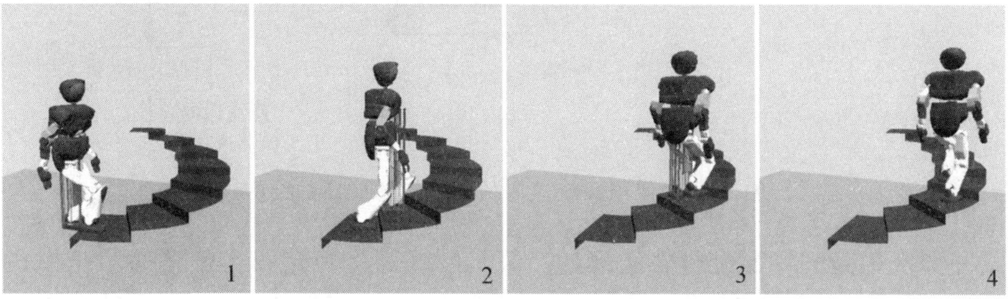

图 4.40　螺旋楼梯步态模拟

4.4.4　使用预见控制的动力学滤波器

1. 动力学滤波器的构成

由于基于预见控制的模式生成方法所依据的是台面/小车模型，如果机器人在步行过程中姿态发生巨大变化，或者运动偏离线性倒立摆，就会有翻倒的风险。在这种情况下，将台面/小车模型看作目标轨迹的误差系统，再次使用预见控制来计算上身位移修正量以补偿 ZMP 误差。

整体结构如图 4.41 所示。输入目标 ZMP(ZMP^{ref}）和机器人的所有状态，即给出所有关节的角度、角速度和腰连杆的位置、姿态，以及速度和角速度。据此计算 ZMP 的误差（ΔZMP)，并与机器人状态一起插入 FIFO 中。如果 ΔZMP 和机器人状态在适当的延迟后被检索出来，那么从这一点开始的未来 ZMP 误差将存在于 FIFO 中，因此可以通过预见控制计算出适当的补偿量。这样就能修改机器人状态，并得到一个合适的关节轨迹。以这种方式修改给定的运动模式以实现所需力学特性的系统被称为动力学滤波器[159]。

2. 动力学滤波器的性能评估

具体示例如图 4.42 所示，试着对步行中的人形机器人 HRP-2 大幅度弯

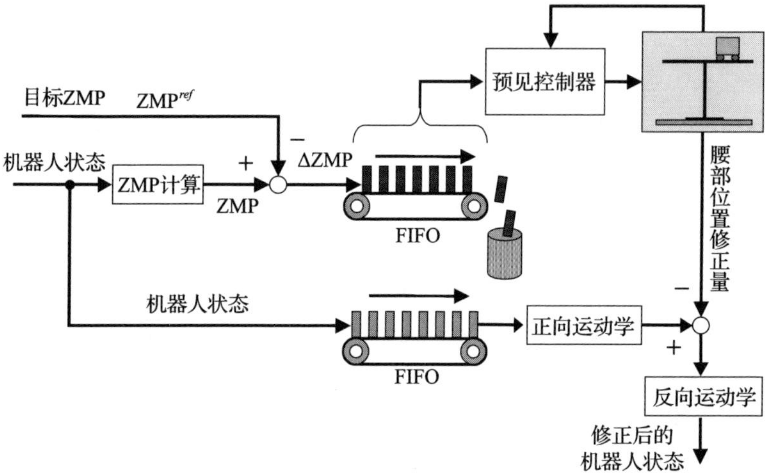

图 4.41 使用预见控制的动力学滤波器的结构

腰并再次起身的情况进行轨迹规划。假定腰部高度恒定，在创建的步态模式中简单地加入弯曲动作时，前进方向的 ZMP 轨道如图 4.43a 所示。此时 ZMP（粗线）刚好位于支撑多边形的边界（虚线），基本上不存在稳定余量。因此，模拟中也显示了机器人在腰部下降后会马上摔倒。

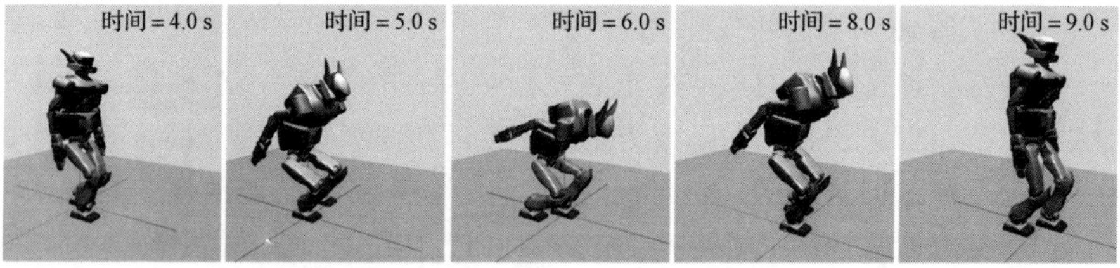

图 4.42 使用预见控制动力学滤波器的步态模式示例

图 4.43b 显示的是用图 4.41 的动力学滤波器修改后的模式。FIFO 的延迟设为 0.8 s，使用了不带积分器的式（4.63）作为预见控制系统。基于倒立摆模型的理想 ZMP 轨迹的最大绝对误差在修正前为 0.11 m，修正后下降到 0.05 m。现在步态模式具有足够的稳定余量，使机器人在模拟实验中可以稳定步行。

修正后的步态模式如图 4.42 所示。即使是大幅偏离线性倒立摆模式的步态模式，也可以通过动力学滤波器转换为可行走的模式。

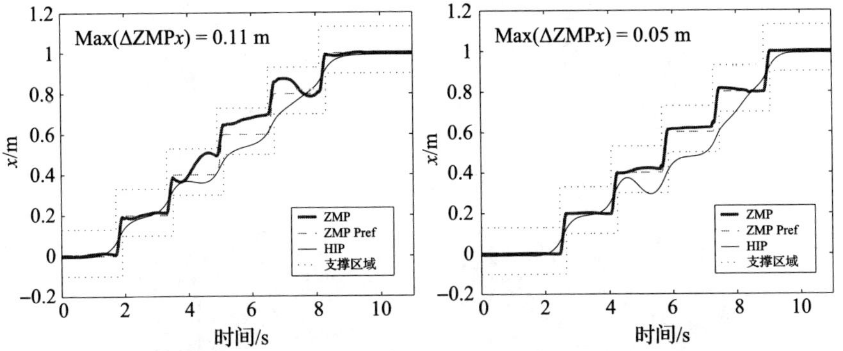

a）无动力学滤波器　　b）有动力学滤波器

图 4.43　动力学滤波器的效果。ZMP（粗线）被修正到支撑多边形（虚线）的中心，以确保足够的稳定余量

4.5　步态稳定控制系统

虽然通过前几节所述的方法可以创建一个适当的步态模式，但仍不能完全满足要求。在现实环境中，当实际的机器人按照步态模式移动时会立即摔倒。这是因为模型误差和地面不平整等原因，机器人的运动会迅速偏离计划好的运动。步态稳定控制的作用是防止这种情况发生，确保机器人遵循所给出的步态模式进行运动。本节会对具体控制系统的结构进行解释，4.6 节中会进行理论方面的解释。

以下是具体的步态稳定控制系统示例，所讨论的是为 HRP-4C 的步态控制而开发的“线形倒立摆跟踪控制”[79]㊀。图 4.44 表明，该控制系统能使机器人在室外几厘米的不平表面和 5°左右的斜面上步行。

稳定控制系统的总体结构如图 4.45 所示。

稳定控制系统由以下 4 个模块组成，它们连接着最左边的步态模式生成器和中间靠右的机器人。

（1）重心和 ZMP 测量：根据机器人的传感器输出（腰连杆姿态、关节角度、地面反作用力）计算重心和 ZMP。

（2）重心和 ZMP 反馈：根据步态模式生成器输出的重心和 ZMP 计划轨迹和实际机器人的重心和 ZMP 测量值计算目标 ZMP。

㊀ 更先进的步态稳定控制方法是通过二次规划（Quadratic Programming，QP）优化整个身体的转矩。更多信息请见参考文献［54，16］。

图 4.44　HRP-4C 室外步行试验[79]

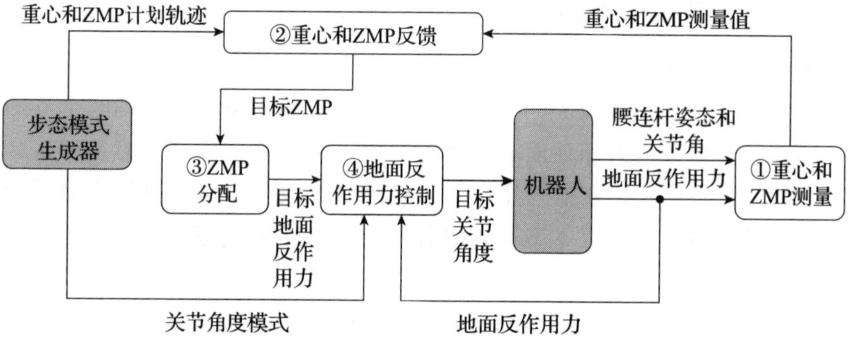

图 4.45　稳定控制系统的总体结构

(3) ZMP 分配：将目标 ZMP 转换为目标地面反作用力。

(4) 地面反作用力控制：计算最终赋值给机器人的目标关节角度，以实现目标地面反作用力控制。

下面将依次介绍这些模块。

4.5.1　重心和 ZMP 测量

有一句著名的告诫“无法测量的东西是无法控制的”⊖。根据这一告诫，我们首先必须考虑的是如何测量步行中机器人的重心和 ZMP。

⊖ “无法测量的东西是无法控制的”，这是软件工程师 Tom DeMarco 在文献 [19] 中所说的一句话，每位工程师都应铭记在心。说起来好像理所当然，但在现实工程中却常常被人遗忘。

重心和 ZMP 的计算方法在第 3 章中进行了描述。但是，这是以世界坐标系[⊖]中连杆的绝对位置和绝对姿态都已知为前提的。对于在环境中移动的真正的步行机器人来说，不存在明确的世界坐标系。因此，设定了如图 4.46 所示的自身坐标系 Σ_{self}，将其作为状态测量的参考坐标系，以计算自身的重心和 ZMP。自身坐标系的原点被设定为与腰连杆的原点重合，无论腰连杆的姿态如何，z 轴总是垂直向上，x 轴在水平面内与腰连杆的方位重合，设定 y 轴与另外两轴垂直相交。

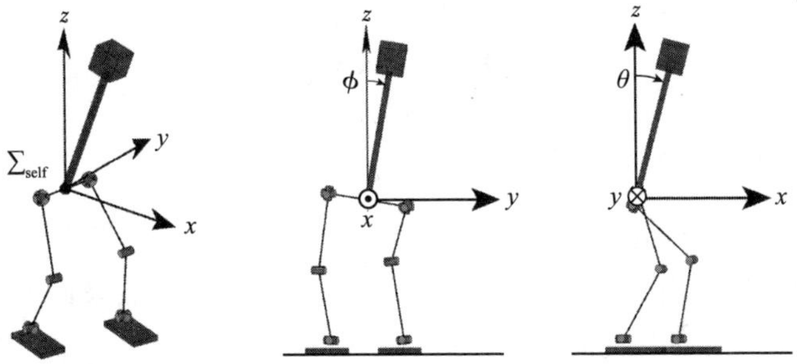

图 4.46　自身坐标系。原点与腰连杆的原点重合，z 轴垂直向上，x 轴在水平面内设定为与腰连杆方位重合，y 轴设定为与 x、z 轴正交

腰部坐标系相对于重力场的姿态可以用惯性传感器来测量。假设腰连杆的绝对姿态可以通过侧倾角、俯仰角、偏航角（ϕ,θ,ψ）获得。由于自身坐标系的 x 轴设定为与腰连杆的方位重合，所以从自身坐标系看到的腰连杆的偏航角为零（$\psi=0$），其旋转矩阵由下式给出（见 2.2.1 节）。

$$\boldsymbol{R}_B = \boldsymbol{R}_{rpy}(\phi,\theta,0) \tag{4.70}$$

通过腰连杆的姿态 $\boldsymbol{R}_B$ 和用编码器求得的各关节的角度，可以计算出各连杆参照自身坐标系的位置、姿态。利用这些信息和各连杆的物理参数，可以计算出整个机器人的重心位置（见 3.3.1 节）。另外，根据内置在脚尖连杆中的六轴传感器的信息，可以计算出各脚掌的 ZMP（见 3.2.2 节），在此基础上可以计算出双脚的 ZMP（见 3.2.3 节）。以这种方式得到的参照自身坐标系的重心位置向量 ${}^{self}\boldsymbol{c}$ 和 ZMP 的位置向量 ${}^{self}\boldsymbol{p}$ 如图 4.47 所示。

从自身坐标系中看到的重心位置 ${}^{self}\boldsymbol{c}$ 与腰连杆一起加减速，几乎没有移动，对了解机器人的步行状态没有帮助。因此，我们重新设定了一个以脚部

⊖ 见 2.2.1 节。

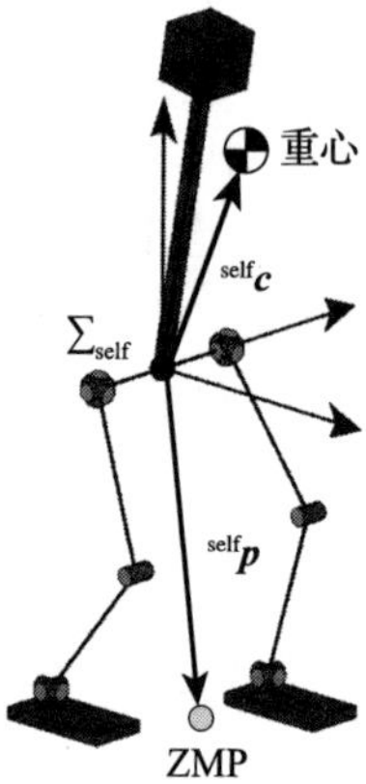

图 4.47 在自身坐标系中测量的重心位置向量和 ZMP 位置向量

为基准的坐标系，它在步行过程中不会相对于地面移动，将其称为地面坐标系。在双腿支撑期内，以各脚踝的地面投影的中点为原点来设置坐标轴，如图 4.48a 所示。z 轴垂直向上，x 轴与左右支撑腿的方向一致。在单腿支撑期内，以支撑腿脚踝中心投影在地面上的点为原点设置坐标轴，如图 4.48b 所示。z 轴垂直向上，x 轴与支撑腿的方向一致。只要脚部不在地面上打滑，这样设定的地面坐标系就会固定在地面上，成为惯性系统。

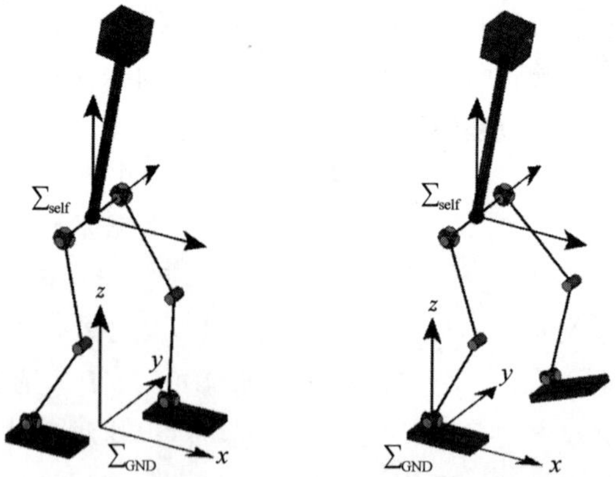

a）双腿支撑阶段　　b）单腿支撑阶段

图 4.48 地面坐标系，设定以落地脚为基准的坐标系

将从自身坐标系 Σ_{self} 看到的地面坐标系 Σ_{GND} 的位置和姿态设定为 $\boldsymbol{p}_{\text{GND}}$ 和 $\boldsymbol{R}_{\text{GND}}$，其同步变换矩阵可定义如下。

$$ {}^{\text{self}}\boldsymbol{T}_{\text{GND}} = \begin{bmatrix} \boldsymbol{R}_{\text{GND}} & \boldsymbol{p}_{\text{GND}} \\ 0\ 0\ 0 & 1 \end{bmatrix} \tag{4.71} $$

该逆矩阵表示从地面坐标系看到的自身坐标系。

$$ {}^{\text{GND}}\boldsymbol{T}_{\text{self}} = ({}^{\text{self}}\boldsymbol{T}_{\text{GND}})^{-1} = \begin{bmatrix} \boldsymbol{R}_{\text{GND}}^{\text{T}} & -\boldsymbol{R}_{\text{GND}}^{\text{T}}\boldsymbol{p}_{\text{GND}} \\ 0\ 0\ 0 & 1 \end{bmatrix} \tag{4.72} $$

因此，从地面坐标系看到的重心位置（x,y,z）由以下公式给出。

$$ \begin{bmatrix} {}^{\text{GND}}\boldsymbol{c} \\ 1 \end{bmatrix} = {}^{\text{GND}}\boldsymbol{T}_{\text{self}} \begin{bmatrix} {}^{\text{self}}\boldsymbol{c} \\ 1 \end{bmatrix} =: \begin{bmatrix} x \\ y \\ z \\ 1 \end{bmatrix} \tag{4.73} $$

从地面坐标系看到的 ZMP（p_x,p_y,p_z）同样可以通过以下公式得到。

$$ \begin{bmatrix} {}^{\text{GND}}\boldsymbol{p} \\ 1 \end{bmatrix} = {}^{\text{GND}}\boldsymbol{T}_{\text{self}} \begin{bmatrix} {}^{\text{self}}\boldsymbol{p} \\ 1 \end{bmatrix} =: \begin{bmatrix} p_x \\ p_y \\ p_z \\ 1 \end{bmatrix} \tag{4.74} $$

此外，通过对重心位置数据进行差分和过滤，还可计算出重心速度（v_x,v_y,v_z）。在落地和离地瞬间，地面坐标系发生切换，且重心位置出现不连续的跳跃，所以之后没有立即进行差分，而是利用了一个控制周期之前的重心速度。当地面坐标系的方向发生变化时，需要将坐标变换为新的地面坐标系。

4.5.2 重心和 ZMP 反馈

在 4.3 节和 4.4 节所述的步态模式生成中，重心和 ZMP 的规划轨迹是在世界坐标系中计算出来的，在用作反馈控制的目标值之前，这些轨迹会被转换为地面坐标系。转换为地面坐标系的规划轨迹的重心、重心速度、ZMP 在右上角使用符号 pg（模式发生器）进行标记。

$$ \text{转换为地面坐标系的重心} = [x^{pg}, y^{pg}, z^{pg}]^{\text{T}} \tag{4.75} $$

$$ \text{转换为地面坐标系的重心速度} = [v_x^{pg}, v_y^{pg}, v_z^{pg}]^{\text{T}} \tag{4.76} $$

$$ \text{转换为地面坐标系的 ZMP} = [p_x^{pg}, p_y^{pg}, p_z^{pg}]^{\text{T}} \tag{4.77} $$

在反馈控制中，对地面坐标系中的 x 和 y 分别进行了以下计算。

$$ p_x^d = p_x^{pg} - k_1(x - x^{pg}) - k_2(v_x - v_x^{pg}) - k_3(p_x - p_x^{pg}) \tag{4.78} $$

$$ p_y^d = p_y^{pg} - k_1(y - y^{pg}) - k_2(v_y - v_y^{pg}) - k_3(p_y - p_y^{pg}) \tag{4.79} $$

式中，p_x^d，p_y^d 表示机器人应该产生的目标 ZMP，右上角的标记符号 d（期望值）表示为目标值。k_1, k_2, k_3 是用于控制的反馈增益。

这种简单的计算是稳定控制的核心部分，反馈控制的结构如图 4.49 所示。从图中可以看出，如果测量数据和规划轨迹相匹配，则误差为 0，轨迹的 ZMP 被直接用作目标 ZMP。这相当于机器人正确按照步态模式步行的情况，在这种情况下一般存在非零误差，因此将其乘以反馈增益的量来修正规划轨迹的 ZMP，作为目标 ZMP。

机器人的动作会根据三个反馈增益 k_1、k_2、k_3 发生各种各样的变化。直接通过反复试验来调整这些值也并非不可能，但是如果设定了不恰当的值，机器人就会出现剧烈的振动和失控，导致自毁。4.6 节描述了一种基于理论来计算适当反馈增益的方法，该方法能够稳定地控制机器人。

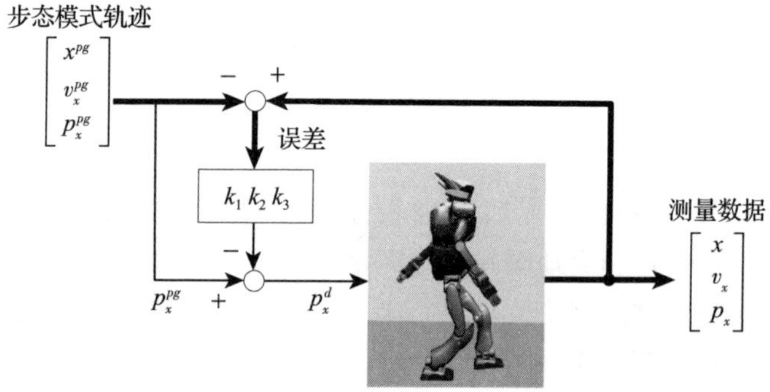

图 4.49 反馈控制的结构。只显示 x 分量，但对 y 分量也进行相同的控制

4.5.3 ZMP 分配

为了计算目标 ZMP，必须将其转换为脚尖处的力和力矩。这种计算被称为 ZMP 分配。

目标 ZMP 是指机器人应获得的总地面反作用力的压力中心。用地面坐标系表示的目标 ZMP $\boldsymbol{p}^d$ 和目标地面反作用力 $\boldsymbol{f}^d$ 由下式给出。

$$\boldsymbol{p}^d = \begin{bmatrix} p_x^d \\ p_y^d \\ 0 \end{bmatrix}, \boldsymbol{f}^d = M \begin{bmatrix} \ddot{x}^{pg} \\ \ddot{y}^{pg} \\ \ddot{z}^{pg} + g \end{bmatrix} \tag{4.80}$$

式中，M 是机器人的总质量，g 是重力加速度，$[\ddot{x}^{pg}, \ddot{y}^{pg}, \ddot{z}^{pg}]$ 是步态模式发生器的计划重心加速度，只要对式（4.76）进行数值微分计算即可得到。

以下展示了将这些目标值转换为脚尖处的力和力矩的 ZMP 分配计算方法，分别对应的是单腿支撑期和双腿支撑期。

1. 单腿支撑期的 ZMP 分配

图 4.50a 用灰色区域表示单腿支撑期的支撑多边形，显示了地面坐标系、目标 ZMP 和目标地面反作用力向量。要求出的是地面反作用力向量所产生的力矩（见图 4.50b），可以用下式计算。

$$\boldsymbol{\tau}^d = \begin{bmatrix} \tau_x^d \\ \tau_y^d \\ \tau_z^d \end{bmatrix} = \boldsymbol{p}^d \times \boldsymbol{f}^d \tag{4.81}$$

这里得到的力矩 τ_x^d 为支撑脚踝的目标侧倾力矩，τ_y^d 为目标俯仰力矩㊀。

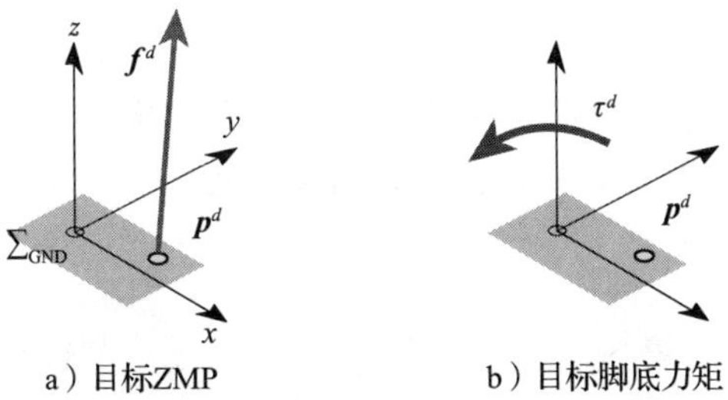

图 4.50 单腿支撑阶段的 ZMP 分配

2. 双腿支撑期的 ZMP 分配

图 4.51a 用灰色区域表示双腿支撑期的左脚和右脚，显示了地面坐标系、目标 ZMP 和目标地面反作用力向量。脚的原点是左、右脚踝关节向下到地面的垂足，位置向量是（$\boldsymbol{p}_R, \boldsymbol{p}_L$）。

我们的目标是将作用在目标 ZMP 上的地面反作用力向量 f^d 正确分配给图 4.51b 所示的左脚和右脚产生的力（$\boldsymbol{f}_R^d, \boldsymbol{f}_L^d$）和力矩（$\boldsymbol{\tau}_R^d, \boldsymbol{\tau}_L^d$）㊁。

总地面反作用力必须与左右脚产生的地面反作用力之和相匹配。

$$\boldsymbol{f}^d = \boldsymbol{f}_R^d + \boldsymbol{f}_L^d \tag{4.82}$$

因此，分配给左右脚的力可以用下式表示。

㊀ 这是地面周围的转矩，严格来说需要转换为脚踝周围的数值。通常情况下，直接使用也没有问题。

㊁ 这些变量都是控制的目标值，所以右上角都标有 d（期望值）。而左右脚的位置 $\boldsymbol{p}_R$，$\boldsymbol{p}_L$ 是给定的状态，所以未标注任何符号。

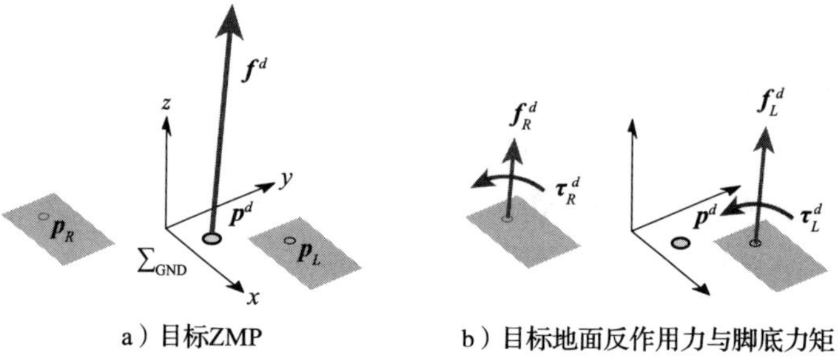

图 4.51 双腿支撑阶段的 ZMP 分配

$$\begin{cases} \boldsymbol{f}_R^d = \alpha \boldsymbol{f}^d \\ \boldsymbol{f}_L^d = (1-\alpha)\boldsymbol{f}^d \end{cases} \tag{4.83}$$

式中，α 是一个参数，取值在 0～1，$\alpha=0$ 对应于左腿支撑整个身体重量的状态，$\alpha=1$ 对应于右腿支撑整个身体重量的状态。参数 α 如图 4.52 所示，是根据目标 ZMP 与左右脚底的位置关系自动确定的。

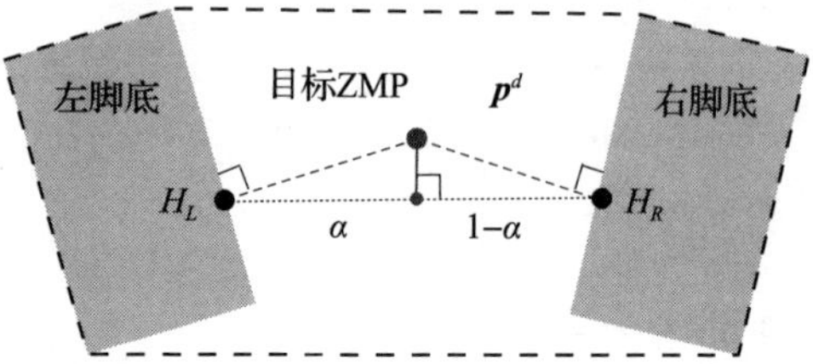

图 4.52 力分配参数 α 的计算方法。找到从目标 ZMP 到左右脚底最近的点，把连接这两点的线段称为 H_LH_R。从目标 ZMP 向下到 H_LH_R 作垂线的垂足到该线段两个端点的距离比率被定义为 $\alpha : 1-\alpha(0\leqslant\alpha\leqslant1)$

接下来考虑力矩[⊖]的分配。作用在 ZMP 上的总地面反作用力所产生的力矩必须与左右脚产生的总力矩一致。

$$\boldsymbol{p}^d \times \boldsymbol{f}^d = \boldsymbol{\tau}_R^d + \boldsymbol{\tau}_L^d + \boldsymbol{p}_R \times \boldsymbol{f}_R^d + \boldsymbol{p}_L \times \boldsymbol{f}_L^d \tag{4.84}$$

变换该公式后得到下式。

$$\begin{aligned} \boldsymbol{\tau}_R^d + \boldsymbol{\tau}_L^d &= \boldsymbol{\tau}^d \\ \boldsymbol{\tau}^d &:= \boldsymbol{p}^d \times \boldsymbol{f}^d - \boldsymbol{p}_R \times \boldsymbol{f}_R^d - \boldsymbol{p}_L \times \boldsymbol{f}_L^d \end{aligned} \tag{4.85}$$

⊖ 这是地面作用于机器人的力矩，所以准确地说是地面反作用力矩。

若要根据式（4.85）将力矩 τ^d 分配给左脚或右脚，需做如下特殊考虑。

如图 4.53a 所示，连接左右脚踝中心的方向为 y'轴，与之正交的方向为 x'轴。当双脚着地时，围绕 x'轴的脚踝力矩会与地面反作用力发生干扰。为避免这种情况，如果脚踝处产生的力矩 $\tau_{x'}$（τ_d 的 x'轴分量）为正（顺时针），则将其全部分配给左脚（见图 4.53b），如果为负（逆时针），则分配给右脚（见图 4.53c）。

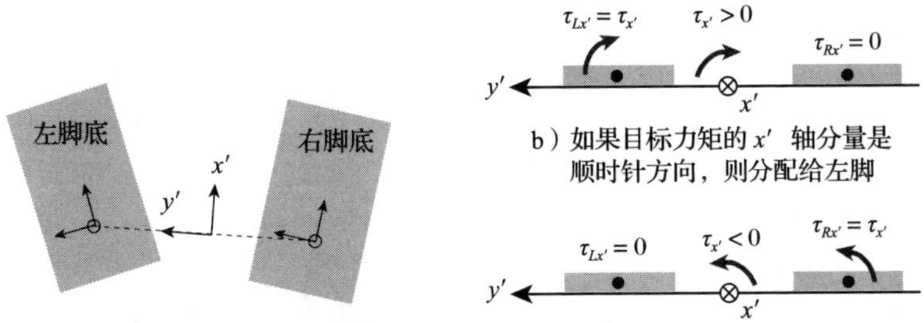

a）用于分配力矩的坐标系

b）如果目标力矩的 x' 轴分量是顺时针方向，则分配给左脚

c）如果目标力矩的 x' 轴分量是逆时针方向，则分配给右脚

图 4.53　双腿支撑期脚踝力矩的分配。x'是与左右脚踝连接线段正交的水平轴。根据围绕 x'轴的力矩的符号，将目标力矩分配到左脚或右脚

沿 y'轴方向的力矩使用与地面反作用力的分配式（4.83）相同的思路进行计算，公式如下。

$$\begin{cases}\tau_{Ry'}^d = \alpha\tau_{y'}^d \\ \tau_{Ly'}^d = (1-\alpha)\tau_{y'}^d\end{cases} \tag{4.86}$$

4.5.4　地面反作用力控制

这样得到的目标地面反作用力（$\boldsymbol{f}_R^d, \boldsymbol{f}_L^d$）和地面反作用力矩（$\boldsymbol{\tau}_R^d, \boldsymbol{\tau}_L^d$）必须在实际机器人的脚部产生。由于机器人（HRP-4C，HRP-2 改进型）的关节是位置控制的，不能直接产生目标力和力矩，所以利用脚部的力传感器测得的力和力矩进行反馈控制，进而实现这一目标。

当在固定于脚踝的坐标系中观察时，地面反作用力矩采用阻尼控制，分别使用脚踝的侧倾轴和俯仰轴执行器对其 x 分量和 y 分量进行控制[⊖]。所谓阻尼控制，是用位置控制型执行器来控制力矩（转矩）的方法之一，阻尼控

⊖　地面反作用力矩的 z 分量不受控制，因为其对 ZMP 的影响不大。

制系统如图 4.54 所示㊀。其基本构思是通过对力矩误差进行积分来旋转关节，关节的旋转量 δ 由下式给出。

$$\delta = \int (D^{-1}(\tau^d - \tau) - T^{-1}\delta)\mathrm{d}t \tag{4.87}$$

式中，参数 D 被称为阻尼增益，为位置控制型关节提供伪黏性。当目标转矩为 0 时，D 越小（D^{-1} 越大），关节移动对外力的反应就越轻。参数 T 是一个时间常数，用于将修正量拉回 0，T 越小（T^{-1} 越大），修正量 δ 降到 0 的速度就越快。

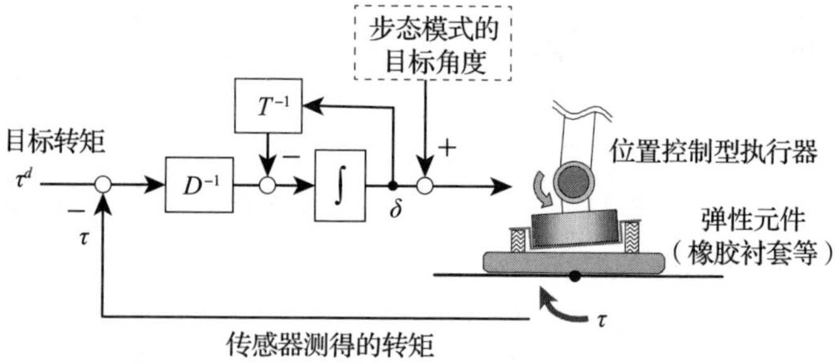

图 4.54　阻尼控制系统。根据误差积分量旋转关节，施加目标转矩

伺服电机的指令值等于步态模式的目标关节角度加上阻尼控制的修正量 δ。另外，为了使该控制发挥良好功能，在位置控制型执行器和环境之间最好放置如图 4.54 所示的弹性元件㊁。这就是本田技术研究所的 P2[129]、ASIMO 系列机器人，以及产综研的 HRP 系列机器人的脚趾中插入橡胶衬套的原因[165]。

地面反作用力的控制，是为了使左右地面反作用力的 z 分量之差与目标地面反作用力一致。左右地面反作用力之差及其目标值用下式定义。

$$df_z := f_{L_z} - f_{R_z} \tag{4.88}$$

$$df_z^d := f_{L_z}^d - f_{R_z}^d \tag{4.89}$$

在图 4.55 中，如果将左右脚裸高度之差设为 z_{ctrl}，则阻尼控制律由下式给出。

㊀ 也称为导纳控制（Admittance Control）。

㊁ 对于不存在弹性元件的机器人，阻尼增益 D 减小，当机器人与环境接触时就会出现剧烈的振荡现象。

$$z_{\mathrm{ctrl}}=\int(D_{fz}^{-1}(df_z^d-df_z)-T_{fz}^{-1}\delta)\mathrm{d}t \tag{4.90}$$

式中，D_{fz}、T_{fz} 是用于控制地面反作用力差的参数。

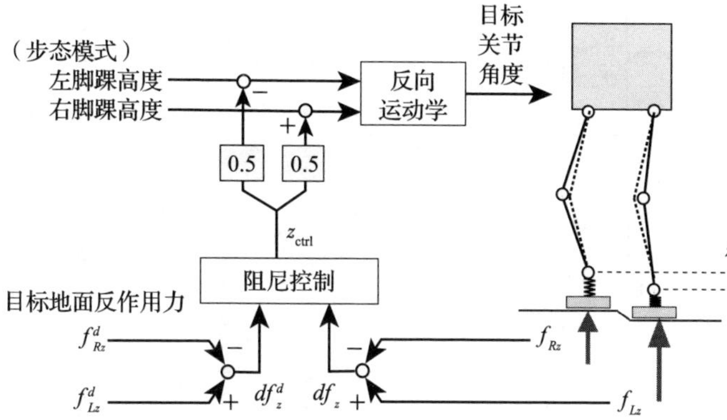

图 4.55 地面反作用力差控制系统。根据误差改变左右脚踝高度，从而控制目标地面反作用力差

4.5.5 稳定控制的实际情况

将以上的稳定控制系统安装到人形机器人 HRP-4C 中，让其在实验室的平坦地面上步行，期间获得的实验数据如图 4.56 所示 [79]。

图 4.56 中最上面的图描绘出了机器人着地时脚的位置，把重心（CoM）和 ZMP 绘制在 xy 水平面上。从这张图可以看出，机器人在 8 步内移动了 2 m的距离并稳定地停了下来。图 4.56 中间的图以时间为横轴，以前进方向的 x 轴为纵轴显示了相同的实验数据，表示步行期间数据随时间的变化。此处，除了重心和 ZMP 之外，图 4.56 还显示了左右脚踝的位置，以表明脚的运动。该图用垂直窄条带表示单双腿支撑期，以每步 0.7 s 的单腿支撑期和 0.1 s 的双腿支撑期来规划轨迹，但由于实际着地和离地时间与计划略有不同，所以双腿支撑期出现了偏差。图 4.56 中最下方的图以时间为横轴，左右方向的 y 轴为纵轴来显示相同的实验数据。可以看出，机器人在步行过程中稳定地左右摇摆运动，为了实现这一点对 ZMP 进行了微调。

在这种稳定控制中，目标 ZMP 是通过控制地面反作用力产生的，所以可以应对地面的轻微不平。图 4.57 显示了一个实验，在这个实验中，机器人在由 40 cm 方形面板并排组成的不平地面上步行，前进方向的倾斜度为 ±2.86°。机器人使用与平地相对应的步行模式，但通过地面反作用力控制，在调整其脚部以适应地面的凹凸不平和倾斜的同时，产生了实现目标 ZMP 所需的力和力矩，从而实现了稳定步行。

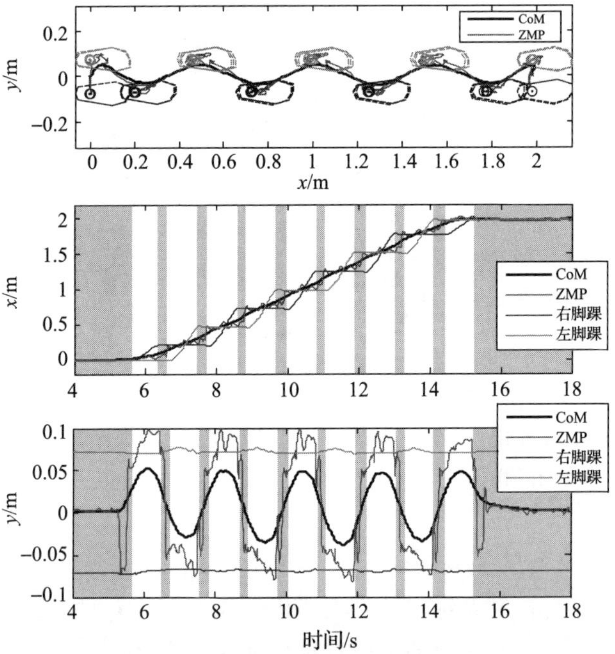

图 4.56　采用稳定控制的步行实验数据

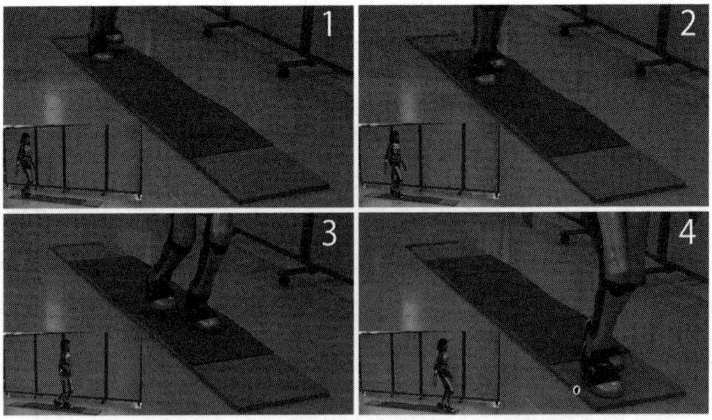

图 4.57　HRP-4C 在不平地面上的步行实验。通过 ZMP 分配和地面反作用力控制，即使存在非步态模式发生器所预想的凹凸或倾斜，也能实现步行（地面倾斜：±2.86°）

4.6　步态稳定控制理论

让我们再看一下上一节中描述的稳定控制系统的结构（见图 4.58）。“重心和 ZMP 反馈”输出的目标 ZMP 通过“ZMP 分配”和“地面反作用力控制”传递给机器人，而机器人状态则通过“重心和 ZMP 测量”作为“重心和 ZMP 测量值”输出。这里将“ZMP 分配”“地面反作用力控制”“机器人”“重心和 ZMP 测量”四个元素看作是一个大块，并把虚线围起来的部分称为“抽象化机器人”⊖。

也就是说，机器人稳定控制系统由三个部分组成，分别是“步态模式生成器”“重心和 ZMP 反馈”和“抽象化机器人”。其中，“重心和 ZMP 反馈”在稳定控制系统中起着基本作用。

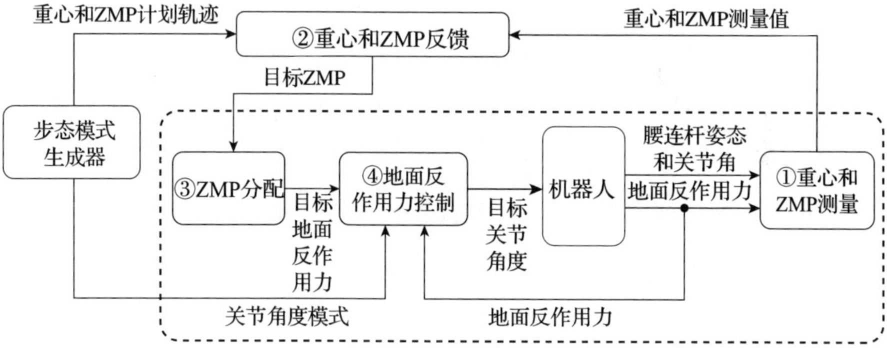

图 4.58　稳定控制系统的总体结构。将虚线包围的部分看作一个整体的“抽象化机器人”，可以看出重心、ZMP 反馈的核心作用

如 4.5.2 节所述，x 轴方向的相关计算式如下所示（y 轴方向也一样）。

$$p_x^d = p_x^{pg} - k_1(x - x^{pg}) - k_2(v_x - v_x^{pg}) - k_3(p_x - p_x^{pg})$$

式中，p_x^d 是目标 ZMP，(x, v_x, p_x) 是测得的重心位置、速度、ZMP，$(x^{pg}, v_x^{pg}, p_x^{pg})$ 是模式发生器产生的计划重心位置、速度、ZMP，(k_1, k_2, k_3) 是反馈增益。

这个简单的计算是如何做到步态稳定的呢？另外，反馈增益该如何设置？以下解释的理论和具体计算方法能够回答这些问题。

⊖ “ZMP 分配”“地面反作用力控制”“重心和 ZMP 测量”对机器人进行了抽象化，使其更容易处理。这与计算机操作系统中的设备驱动程序吸收外围设备的方式类似。

4.6.1 小车倒立摆模型

作为讨论的出发点，我们假设一个与机器人重心和 ZMP 相对应的倒立摆来表现抽象机器人的行为，如图 4.59 左图所示。由于 ZMP 可以根据指令值移动，所以用小车移动对其进行表示㊀。本书将其称为小车倒立摆模型㊁。

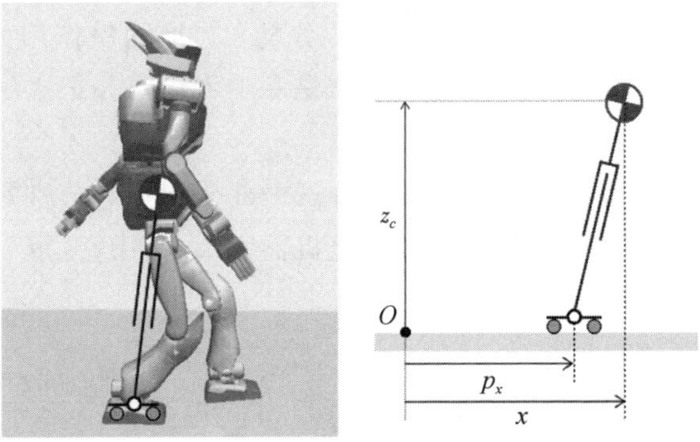

图 4.59 小车倒立摆模型。用一个坐在小车上的倒立摆来表示双足行走机器人。小车的位置与 ZMP 相对应，可以在支撑多边形范围内自由移动

如果重心始终被控制在一个恒定高度，机器人 x 轴方向的动力学可以用下式表示（y 轴方向也可以建立同样的公式），如图 4.59 右图所示。

$$\ddot{x}=\omega^2(x-p_x) \tag{4.91}$$

$$\omega := \sqrt{g/z_c} \tag{4.92}$$

ω 是一个单位为 s^{-1} 的参数，该单位是时间的倒数，由重力加速度和重心高度决定㊂。为了推导这个公式，考虑本章开头推导出的线性倒立摆动力学公式（4.4），用落脚点 p_x^* 进行表示。

$$\ddot{x}=\omega^2(x-p_x^*)$$

当机器人行走时，脚部触地为点状接触，每一步的支撑腿交换都是瞬间发生的，p_x^* 表示每一步的落脚点，即 ZMP。在步行过程中，p_x^* 在单腿支撑期间保持恒定值，每一步呈阶梯状变化。对于一个脚有一定大小且存在两

㊀ 在单腿支撑期间，小车的中心（ZMP）可以在脚跟到脚尖的范围内移动（见图 4.64）。注意，小车的长度没有意义。

㊁ 同一模型已在图 4.33 中出现，与步态模式生成中的台面/小车模型存在互补关系。

㊂ 本章中使用 $z_c=0.9$ m，$\omega=3.30$ s^{-1}。

腿支撑期的步行机器人来说，ZMP 在支撑多边形中连续移动。将机器人视为一个线性倒立摆，它在无限小的单腿支撑期内反复更换支撑腿以满足落脚点 $p_x^* = p_x$，则可以得到式（4.91）[⊖]。下文中使用该模型说明双足行走稳定控制的基础概念。

4.6.2 线性倒立摆的自由运动

考虑将小车倒立摆模型的 ZMP 固定在原点的情况（$p_x = 0$），这时式（4.91）变为下面的形式。

$$\ddot{x} = \omega^2 x \tag{4.93}$$

这与 4.2.2 节中处理的问题相同，在此从系统控制理论的角度进行讨论。将重心速度 v_x 作为独立变量引入。重心位置的时间导数是速度，速度的时间导数是加速度，所以以下两个公式成立。

$$\begin{cases} \dot{x} = v_x \\ \dot{v}_x = \omega^2 x \end{cases}$$

这两个微分方程式可用向量和矩阵归纳为下式，这是用系统控制理论方法表示的线性倒立摆动力学。

$$\begin{bmatrix} \dot{x} \\ \dot{v}_x \end{bmatrix} = \begin{bmatrix} 0 & 1 \\ \omega^2 & 0 \end{bmatrix} \begin{bmatrix} x \\ v_x \end{bmatrix} \tag{4.94}$$

向量 $[x, v_x]^{\mathrm{T}}$ 表示倒立摆重心在某一瞬间的位置和速度，向量 $[\dot{x}, \dot{v}_x]^{\mathrm{T}}$ 表示其变化率。在系统控制理论中，把表示对象瞬时状态的向量称为状态向量（State Vector），例如 $[x, v_x]^{\mathrm{T}}$，以下将讨论它们是如何随时间变化的。

式（4.94）的含义可以用如下方式表示。

$$\begin{bmatrix} x \\ v_x \end{bmatrix} \xrightarrow[\text{线性映射}]{\begin{bmatrix} 0 & 1 \\ \omega^2 & 0 \end{bmatrix}} \begin{bmatrix} \dot{x} \\ \dot{v}_x \end{bmatrix}$$

重要的一点是，状态向量通过矩阵 $\begin{bmatrix} 0 & 1 \\ \omega^2 & 0 \end{bmatrix}$ 表示的线性映射与其时间变化率相结合。

状态向量是二维的，线性倒立摆的相图如图 4.60 所示。在此，将横轴

⊖ 将 ZMP 用于步行机器人的想法是水户部等人最先提出的[142]。另外，杉原等人最先建立了如图 4.59 所示的人形机器人模型[143]。

取重心位置，纵轴取重心速度构成的平面称为相位面（Phase Plane），在各点上用箭头表示状态向量变化方向的图被称为相图（Phase Portrait）。

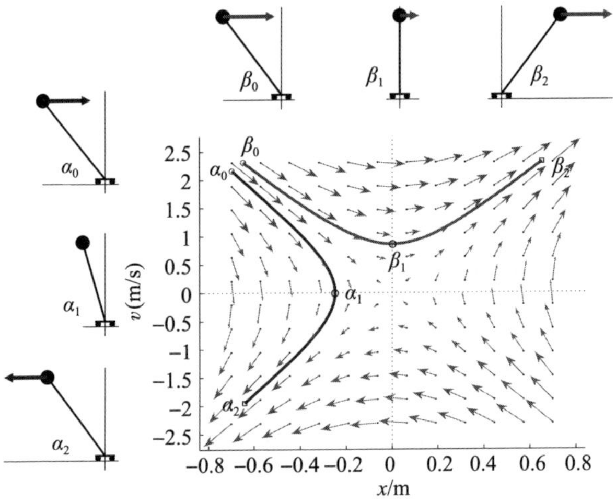

图 4.60 线形倒立摆的相图。用箭头表示相位面上重心位置和速度在一小段时间后是如何变化的

为了使相图更容易理解，箭头的长度和粗细与变化的大小成正比。例如，在原点附近，重心的位置和速度几乎没有变化，所以箭头又短又细，但是随着远离原点，速度和加速度增大，箭头变粗变长。箭头组作为一个整体显示了一个特征模式，即从图的左上角和右下角向原点移动，并从原点向右上角和左下角移动。

在图 4.60 中，粗曲线所示轨迹 $\alpha(\alpha_0\alpha_1\alpha_2)$ 显示了重心的运动，它在点 α_0 处有一个向右的初速度，经过速度为 0 的点 α_1 后，回到原来的方向。与此相对应的倒立摆如相图的左侧所示。

另一条曲线 $\beta(\beta_0\beta_1\beta_2)$ 表示从与 α_0 非常接近的状态 β_0 出发，跨越原点正上方的 β_1 然后向右倒下的运动。与此相对应的倒立摆如相图上方所示。

尽管这两条轨迹从非常接近的初始状态开始，却描绘出完全不同的轨迹。如何仅从初始条件来判断这一结果呢？

观察相图中箭头的流动，可知 2 条直线将相位面分割为相互不相交的四个区域。图 4.61 中将分割相位面的直线明确表示为 l_1 和 l_2。由于初始状态 α_0 和 β_0 分别属于不同相位面区域，因此表现完全不同。将 l_1 和 l_2 这样分割相位面的直线称为分界线（Separatrix）。

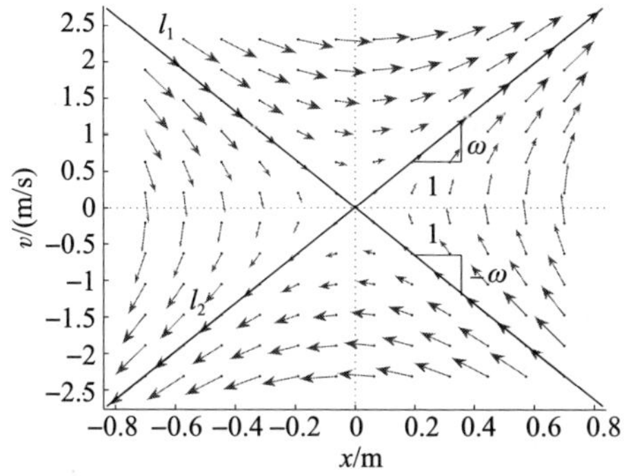

图 4.61 线性倒立摆的相位面被 2 条分界线 l_1 和 l_2 分割成四个不同性质的区域

现在观察图 4.61，就会发现在分界线 l_1 上，箭头朝向原点呈一条直线排列。同样地，在分界线 l_2 上，箭头朝着远离原点的方向呈一条直线排列。利用这个性质，可以求出 2 条分界线的方程式。

为了使箭头在相位面上排成一条直线，表示状态变化率的向量 $[\dot{x}, \dot{v}_x]^{\mathrm{T}}$ 和状态向量 $[x, v_x]^{\mathrm{T}}$ 必须成比例关系。也就是说，存在某个比例常数 λ，使下式成立。

$$\dot{\boldsymbol{x}} = \lambda \boldsymbol{x} \tag{4.95}$$

为了简化表述，重新定义了状态向量 $[x, v_x]^{\mathrm{T}}$ 及其变化率 $\dot{\boldsymbol{x}} := [\dot{x}, \dot{v}_x]^{\mathrm{T}}$。使用该表述改写线性倒立摆的动力学公式（4.94），如下式所示。

$$\dot{\boldsymbol{x}} = \boldsymbol{A}\boldsymbol{x} \tag{4.96}$$

$$\boldsymbol{A} := \begin{bmatrix} 0 & 1 \\ \omega^2 & 0 \end{bmatrix} \tag{4.97}$$

将式（4.95）和式（4.96）合并为一个 $\lambda\boldsymbol{x} = \boldsymbol{A}\boldsymbol{x}$ 进行整理，得到下式。

$$(\boldsymbol{A} - \lambda\boldsymbol{E})\boldsymbol{x} = \boldsymbol{0} \tag{4.98}$$

式中，$\boldsymbol{E}$ 是一个 2×2 的单位矩阵。

该公式可以使用逆矩阵进行如下变换：

$$\boldsymbol{x} = (\boldsymbol{A} - \lambda\boldsymbol{E})^{-1}\boldsymbol{0}$$

但是，如果该公式成立，那么就只能得到 $[x, v_x] = [0, 0]$ 的解。所以，矩阵（$\boldsymbol{A} - \lambda\boldsymbol{E}$）的逆矩阵是不存在的！因此，行列式必须为 0。

$$\det(\boldsymbol{A} - \lambda\boldsymbol{E}) = 0 \tag{4.99}$$

式（4.99）称为特征方程（Characteristic Equation）。如果把行列式展开计算，就可得到 λ 的具体值。

$$\lambda^2-\omega^2=0$$

$$\lambda=\pm\omega \tag{4.100}$$

将如上所述得到的 λ 称为矩阵 $\boldsymbol{A}$ 的特征值（Eigen Value）。让我们再看一下式（4.95），看看它的物理意义。

$$\dot{\boldsymbol{x}}=\lambda\boldsymbol{x}$$

该微分方程表示分界线上的状态是如何随时间发生变化的，解如下式所示。

$$\boldsymbol{x}(t)=\boldsymbol{x}(0)\mathrm{e}^{\lambda t} \tag{4.101}$$

由该公式可知，对于分界线上的非零初始状态 $x(0)$，如果特征值 $\lambda>0$，则解会发散到无穷大（或负无穷大），反之，如果 $\lambda<0$，则其解收敛为 0。也就是说，可以根据特征值的符号判断系统是稳定还是不稳定。

那么，像我们得到的 $\lambda=\pm\omega$ 那样，既有正特征值又有负特征值的系统的稳定性该如何考虑呢？答案是，只要有一个正特征值，系统就是不稳定的。因为正特征值就像炸弹或恶性传染性病毒一样，即使只有一个，也会无限大地发散，导致系统失败。可以说，双足行走的控制就是如何处理这个棘手的“炸弹”问题。

矩阵的特征值是决定系统稳定性的重要参数。在下面的讨论中，我们将定义一个函数，从给定的矩阵中求出特征值。

$$\mathrm{eig}\,\boldsymbol{X}=\{\lambda_1,\lambda_2,\cdots,\lambda_n\} \tag{4.102}$$

这里引入的函数 eig 从给定的 $n\times n$ 矩阵 $\boldsymbol{X}$ 中求出 n 个特征值，并一次性执行特征方程及其根的计算［见式（4.99）和式（4.100）］[㊀]。特征值一般为复数，所有特征值的实数部分必须是负数，系统才会稳定。

试着求出分界线的方程。稳定的特征值 $\lambda=-\omega$ 与分界线 l_1 相对应，将其代入式（4.98）中可得

$$\begin{bmatrix}\omega & 1\\ \omega^2 & \omega\end{bmatrix}\begin{bmatrix}x\\ v_x\end{bmatrix}=\begin{bmatrix}0\\ 0\end{bmatrix} \tag{4.103}$$

将满足此条件的状态向量 $[1,-\omega]^{\mathrm{T}}$ 称为特征向量[㊁]。另外，通过展开该公式可得到下式[㊂]：

$$v_x=-\omega x \tag{4.104}$$

㊀ 函数 eig 是 Matlab 和 Octave 中的一个标准内置函数。

㊁ 由公式可知，$[\alpha,-\alpha\omega]$ 乘以一个合适的非零标量 α 也是一个特征向量。

㊂ 得到两个方程，但这两个方程相同。

这是与稳定的特征值$-\omega$相对应的分界线的方程，其中特征向量表示其方向。

同样地，将不稳定的特征值$\lambda=\omega$代入式（4.98）中可得到特征向量$[1,\omega]^{\mathrm{T}}$及方向与之重合的分界线l_2的公式。

$$v_x = \omega x \tag{4.105}$$

4.6.3 通过ZMP反馈控制实现稳定

用系统控制理论的方法改写带有ZMP输入的小车倒立摆模型公式（4.91），如下式所示。

$$\begin{bmatrix} \dot{x} \\ \dot{v}_x \end{bmatrix} = \begin{bmatrix} 0 & 1 \\ \omega^2 & 0 \end{bmatrix} \begin{bmatrix} x \\ v_x \end{bmatrix} + \begin{bmatrix} 0 \\ -\omega^2 \end{bmatrix} p_x \tag{4.106}$$

其简化形式如下。

$$\dot{\boldsymbol{x}} = \boldsymbol{A}\boldsymbol{x} + \boldsymbol{B}p_x \tag{4.107}$$

除了新引入的$\boldsymbol{B}$以外，其他都使用上一节中出现的符号。

给该系统添加以下公式的反馈控制。

$$p_x = -k_1 x - k_2 v_x \tag{4.108}$$

该控制律由反馈k_1（第1项，与原点的位置误差成比例）和反馈k_2（第2项，与重心速度成比例）组成，其简化形式如下。

$$p_x = -\boldsymbol{K}\boldsymbol{x} \tag{4.109}$$

式中，定义$\boldsymbol{K}=[k_1,k_2]$。

将反馈控制律（4.109）代入系统方程（4.107）中，整理如下。

$$\dot{\boldsymbol{x}} = \boldsymbol{A}\boldsymbol{x} - \boldsymbol{B}\boldsymbol{K}\boldsymbol{x}$$

$$\dot{\boldsymbol{x}} = (\boldsymbol{A} - \boldsymbol{B}\boldsymbol{K})\boldsymbol{x} \tag{4.110}$$

这就是反馈控制下的系统方程式，其行为由矩阵（$\boldsymbol{A}-\boldsymbol{B}\boldsymbol{K}$）决定。

作为具体的反馈参数，我们给出以下数值。

$$k_1 = -1.2,\ k_2 = -0.25$$

该反馈增益中的特征值计算如下。

$$\mathrm{eig}(\boldsymbol{A} - \boldsymbol{B}\boldsymbol{K}) = -1.36 \pm 0.57\mathrm{i}$$

由于两个特征值的实数部分为负，因此可以确认系统是稳定的。另外，由于特征值具有虚数部分，因此预示着系统将表现出轻微的振荡行为，具体来说，相对于原点会发生若干偏差（过冲）。

图4.62是基于式（4.110）绘制的反馈下的小车倒立摆的相图。相对于

图 4.61，远离原点的箭头已经消失了。

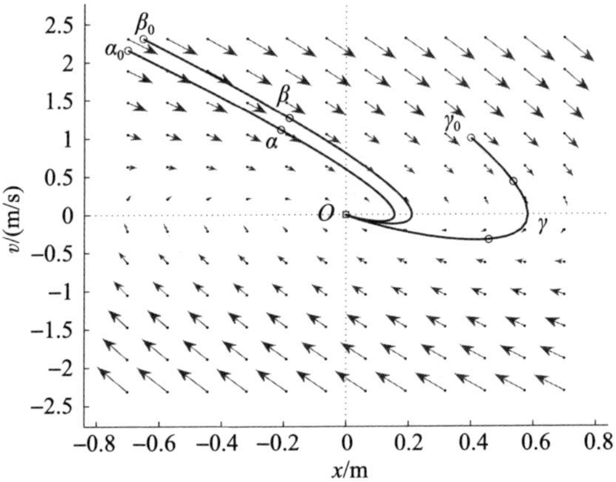

图 4.62　基于线性反馈（$k_1=-1.2, k_2=0.25$）的小车倒立摆相图。通过控制，从相位面的任何地方开始都会向原点收敛。用三种不同的初始状态 α_0、β_0、γ_0 向原点收敛的轨迹来表示该情况

观察图 4.62 中箭头方向和大小所表示的流动轨迹，可以看出，无论从相位面的哪个位置开始，都是顺时针旋转并接近原点。从非常相似的状态开始的轨迹不会相互偏离，最终到达原点，这就是稳定线性系统的特征。即使在远离原点的方向上存在初始条件 γ_0 等初始速度，轨迹也会画出一个大椭圆而向原点收敛。

图 4.62 中的轨迹 β 对应的重心和 ZMP 的时间响应曲线和对应的小车倒立摆如图 4.63 所示。为了抵消重心的巨大初始速度，ZMP 在重心之前移动，并在 0.8 s 左右达到最大值。在 1.8 s 左右，重心和 ZMP 几乎重合，然后两者都慢慢向原点移动。图 4.63 中的上图显示的是对应时间的小车倒立摆，重心位置和 ZMP 分别通过倒立摆和小车进行表示。

图 4.63 中的下图是以相同方法绘制的轨迹 γ 的重心和 ZMP 的时间响应图。0.7 m 或更大数值被用作 ZMP 的输入，但这样的 ZMP 在现实双足机器人中是无法实现的，除非其向前迈步[⊖]。在下一节中，我们将讨论考虑了 ZMP 限制范围的控制。

⊖ 图 4.63 中的下图对应的运动是机器人站在原点的状态下，身体向前方倾斜 20°以上，并且有倒下的动量，仅靠脚踝的力量勉强站立。

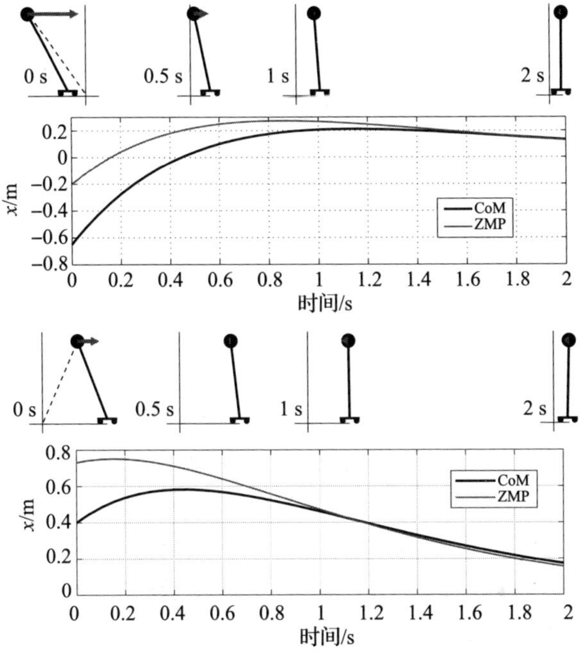

图 4.63 基于线性反馈（$k_1=1.2, k_2=0.25$），即图 4.62 中的轨迹 β 对应的重心和 ZMP 的时间响应曲线和对应的小车倒立摆。上图初始状态（x, v_x）=（−0.65，2.31）与图 4.62 中的 β_0 相同，下图初始状态（x, v_x）=（0.4，1.0）与图 4.62 中的 γ_0 相同

4.6.4 饱和 ZMP 反馈控制

如图 4.64 所示，作为地面反作用力压力中心的 ZMP 不能离开支撑多边形（见第 3 章）。

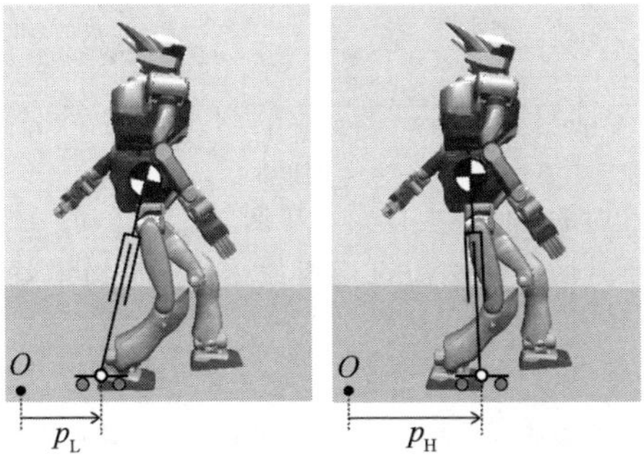

图 4.64 ZMP 位置对应的小车只能在支撑多边形的范围内移动

假设该约束条件给出了如下所示的 ZMP 最小值 p_L 和最大值 p_H ㊀。

$$p_L = -0.2\ \mathrm{m},\ p_H = +0.2\ \mathrm{m}$$

引入以下控制律，以确保用于控制的 ZMP 不超过上限值。

$$p = sat(-k_1 x - k_2 v_x, p_L, p_H) \tag{4.111}$$

函数 $sat()$ 是一个饱和函数㊁，定义如下，输出一个数值，将第 1 个参数限制在第 2 个参数和第 3 个参数指定的范围内。

$$sat(p, p_L, p_H) = \begin{cases} p_L & (p < p_L) \\ p & (p_L \leqslant p \leqslant p_H) \\ p_H & (p > p_H) \end{cases} \tag{4.112}$$

图 4.65 是根据式（4.111）控制的小车倒立摆的模拟实验得到的 ZMP 饱和时的时间响应以及小车倒立摆的运动。ZMP 最初在支撑范围内，但在 0.42 s 时达到支撑范围的上限，之后饱和，继续取恒定值。因此，重心速度无法得到抑制，重心向 $+\infty$ 发散。用虚线表示了在相同初始条件下没有饱和时的 ZMP 和重心轨迹。这表明，如果支撑多边形在前进方向上再大一点，重心就能被拉回原点。

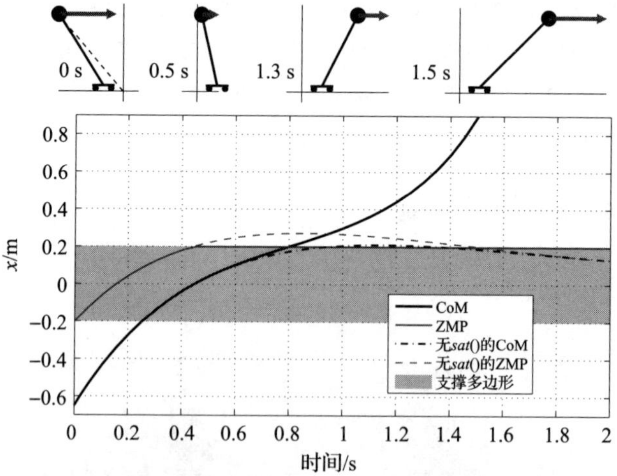

图 4.65 ZMP 饱和时的时间响应以及小车倒立摆的运动。图 4.63 中下图所示的不饱和时的时间响应也用虚线表示。反馈增益均为 $k_1 = -1.2$，$k_2 = -0.25$

㊀ 这仍然相当于一个拥有 40 cm 长巨大脚掌的机器人！正如下文所看到的，即使这样，控制理论上稳定的运动范围也会变得非常小。

㊁ 函数 $sat()$ 是英文单词 saturate 的缩写，意思是饱和。

为了理解 ZMP 饱和的影响，考虑一个轴线垂直于相位面的空间，用三维图对 ZMP 不饱和情况和饱和情况分别进行表示（见图 4.66）。

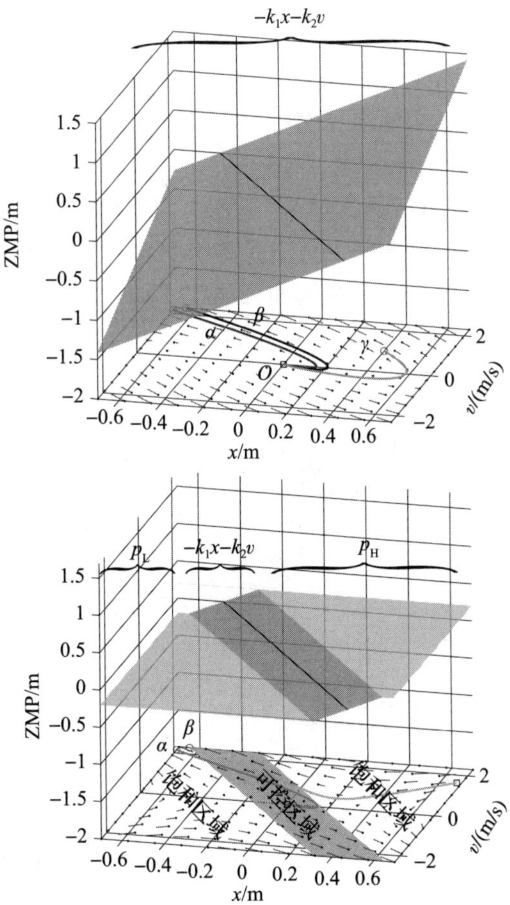

图 4.66　上图是基于不饱和反馈的 ZMP，下图是基于饱和反馈的 ZMP。将控制发挥作用的可控区域投影到相位面上，并用阴影表示

不饱和的线性反馈律（4.108）导致图 4.66 中上图所示的倾斜平面出现，现将其重述如下。轨迹上各点 z 方向的高度表示用于控制的 ZMP。

$$p = -k_1 x - k_2 v_x$$

相反，饱和的线性反馈律（4.111）限制了 ZMP 的上限和下限，现将其重述如下。

$$p = sat(-k_1 x - k_2 v_x, p_L, p_H)$$

可将该公式直观表示出来，如图 4.66 中的下图所示。线性反馈只在“斜面”区域内起作用，即 ZMP 在最小值 p_L 和最大值 p_H 范围内，如果超过这个范围，无论重心状态如何，ZMP 都保持恒定值不变。线性反馈发挥作用的范围称为可控区域，投影到相位面上的话，就会变成如图所示的带状区域（用阴影表示）。另外，相位面中不属于可控区域的部分被称为饱和区域。从该图可以看出，通过在反馈控制中加入 ZMP 的上下限，可控区域会惊人地缩小。

基于式（4.111）的相图如图 4.67 所示。阴影带表示的是反馈控制发挥作用的可控区域，其右上方和左下方是饱和区域，在饱和区域里 ZMP 达到极限而控制不发挥作用。由于在饱和区域里 ZMP 是一个恒定值，所以其相图形式是一个 ZMP 固定在原点的倒立摆的自由运动（见图 4.60），通过 p_L 或 p_H 对其进行平移。

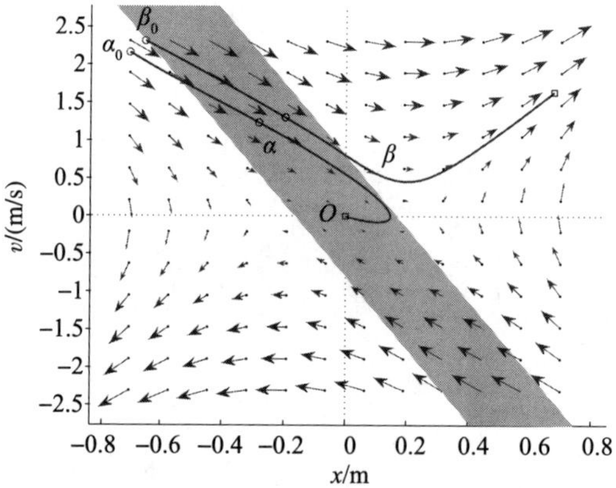

图 4.67　基于式（4.111）的相图（阴影区为可控区域）

由图 4.67 可知从初始状态 α_0 开始的轨迹立即进入可控区域，最后收敛于原点 O；从初始状态 β_0 开始的轨迹一旦进入可控区域，就会立即转入饱和区域并发散到 $+\infty$。

也就是说，在这个例子中，即使进入了可控区域，也不能保证重心向原点收敛，在相位面中能够稳定的区域非常狭窄。另外，双足机器人的腿部与重心高度相比较小，其不规则行为会带来严重的后果，例如，在轨迹 β 中，控制作用了一会之后就又发散了。

4.6.5 最佳重心-ZMP调节器

可控区域因 ZMP 饱和而明显变窄，即使 ZMP 进入可控区域，之后也会发散，这对于双足行走的稳定控制来说是一个非常严重的问题。

为了解决这一问题，重新考虑相位面的结构。图 4.68 为便于观察，只显示了可控区域和饱和区域中的分界线。左图是与相图 4.67 相对应的相位面的结构。相位面的可控区域（阴影区）夹在因 ZMP 的饱和而出现的两个饱和区域之间。

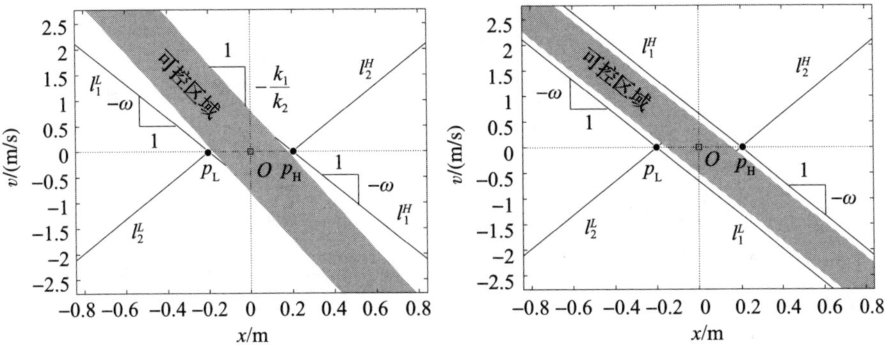

图 4.68　在反馈中加入饱和函数时的相位面结构

饱和区域中倒立摆的动力学用下式表示。

$$\ddot{x}=\omega^2(x-p_L) \tag{4.113}$$

$$\ddot{x}=\omega^2(x-p_H) \tag{4.114}$$

这些是将原点移动到 p_L，p_H 的线性倒立摆，各自的分界线用 l_1^L、l_2^L、l_1^H、l_2^H 进行表示。

求出可控区域的斜率。当 ZMP 达到上限，并与最大值 p_H 一致时，下式成立。

$$p_H=-k_1x-k_2v_x$$

这是可控区域的边缘，经变换后可得到下式。

$$v_x=-\frac{k_1}{k_2}\left(x+\frac{p_H}{k_1}\right)$$

因此，构成可控区域边缘的直线的斜率为 $-k_1/k_2$。

一般情况下，相位面为图 4.68 中左图所示的结构，现在考虑可控区域和分界线的斜率重合的特殊情况（见图 4.68 右图），如果可控区域与分界线

l_1^L、l_1^H 的斜率重合，则下式必须成立。

$$\text{可控区域的斜率} = \text{分界线 } l_1^L\text{、}l_1^H \text{ 的斜率}$$

$$-\frac{k_1}{k_2} = -\omega$$

反馈增益必须满足下式。

$$k_2 = k_1/\omega \tag{4.115}$$

也就是说，反馈律如下式所示。

$$p = \text{sat}\left(-k_1 x - \frac{k_1}{\omega}v_x, p_L, p_H\right)$$

在这种控制下，线性倒立摆的相图如图 4.69 所示（设 $k_1 = -1.2$）。可以看出，可控区域内的流动和饱和区域内的流动得到了很好的控制。将以这种方式设置反馈增益的稳定控制称为最佳重心-ZMP 调节器[144]。通过最佳重心-ZMP 调节器可以得到以下两种效果⊖：

（1）从可控区域内部出发的轨迹，在不离开可控区域的情况下向原点收敛。

（2）从可控区域和分界线 l_1^L、l_1^H 之间的区域出发的轨迹一定会进入可控区域，然后收敛到原点。

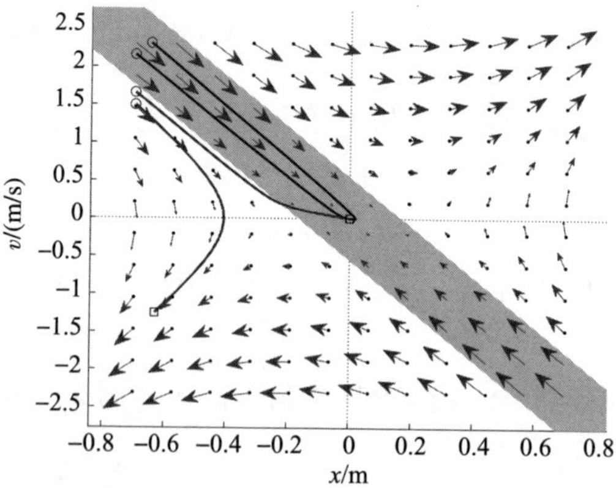

图 4.69 最佳重心-ZMP 调节器的相图（$k_1 = -1.2$，$k_2 = k_1/\omega$）

最后分析最佳重心-ZMP 调节器下的系统特征值。以下是根据满足式（4.115）的反馈增益求出的。

⊖ 由于图 4.69 中最左侧轨迹已经无法稳定，所以必须将腿迈出以改变支撑多边形。这种情况将在 4.6.7 节和 4.6.8 节中进行说明。最佳重心-ZMP 调节器是在不改变当前支撑多边形的情况下稳定机器人的一个很好的方法。

$$\boldsymbol{K}_{best} = \left[k_1, \frac{k_1}{\omega} \right]$$

$$\text{eig}(\boldsymbol{A} - \boldsymbol{B}\boldsymbol{K}_{best}) = -\omega, \omega(1 + k_1)$$

也就是说，最佳重心-ZMP 调节器所具有的特征值之一是线形倒立摆原本具有的稳定特征值 $-\omega$。

反过来说，最佳重心-ZMP 调节器也可以通过将 $-\omega$ 指定为特征值来实现，该方法最初是在杉原知道的论文中提出的[144]。下一节中将对具有指定特征值的反馈增益的计算方法进行说明。

4.6.6 利用极点配置法计算增益

到目前为止，我们一直假设可以直接控制小车倒立摆模型的 ZMP。然而，现实并非如此。正如 4.5 节所说明的那样，在实际机器人控制系统中，只有在目标 ZMP 给定后，通过 ZMP 分配和地面反作用力控制来修改机器人的腿部运动，才能实现所希望的 ZMP。因此，目标 ZMP 和传感器测得的实际 ZMP 并不相同，如果指定前者，则其在后者中的反应会有一定延迟。这一特性由以下微分方程表示。

$$\dot{p}_x = -\omega_p(p_x - p_x^d) \tag{4.116}$$

式中，p_x 是实际 ZMP，p_x^d 是目标 ZMP。$\omega_p \text{s}^{-1}$ 是表示 ZMP 响应速度的参数，值越大意味着 ZMP 响应越快越正确[⊖]。目标 ZMP 的阶梯式变化情况如图 4.70 所示。信号以这种方式从输入传递到输出的控制系统称为一阶延迟系统。

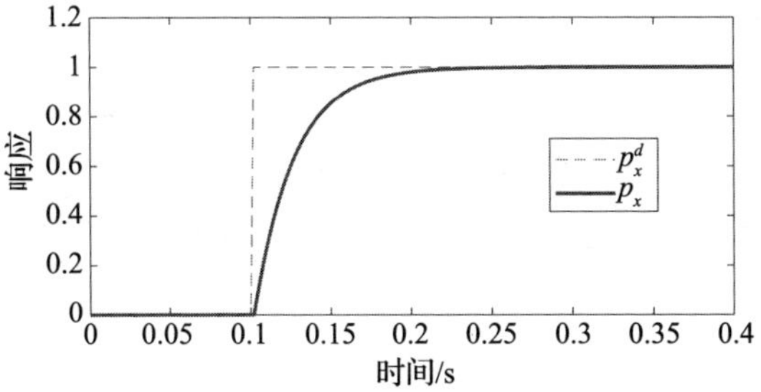

图 4.70 目标 ZMP 与实际 ZMP（一阶延迟 $\omega_p = 25\ \text{s}^{-1}$）

⊖ ω_p 可以根据机器人的实验数据来确定，也可以通过重复步行实验来找到一个能得到良好控制结果的数值。在第 4.5.5 节所示的 HRP-4C 步行实验中，使用 $\omega_p = 50\ \text{s}^{-1}$。

通过在小车倒立摆模型中加入一阶延迟系统，可以对实际机器人进行适当建模。系统的输入是目标 ZMP，通过一阶延迟系统变成实际 ZMP。系统的输出是重心位置、重心速度和 ZMP。整体结构如图 4.71 所示，这就是本节开头所示的表示“抽象化机器人”（见图 4.58）动态特性的系统模型。

如果将该系统的状态定义为 $[x, v_x, p_x]^T$，则状态方程可以写为：

$$\begin{bmatrix} \dot{x} \\ \dot{v}_x \\ \dot{p}_x \end{bmatrix} = \begin{bmatrix} 0 & 1 & 0 \\ \omega^2 & 0 & -\omega^2 \\ 0 & 0 & -\omega_p \end{bmatrix} \begin{bmatrix} x \\ v_x \\ p_x \end{bmatrix} + \begin{bmatrix} 0 \\ 0 \\ \omega_p \end{bmatrix} p_x^d \tag{4.117}$$

该方程的第 1 行和第 2 行表示小车倒立摆的特性，第 3 行表示 ZMP 的一阶延迟特性。

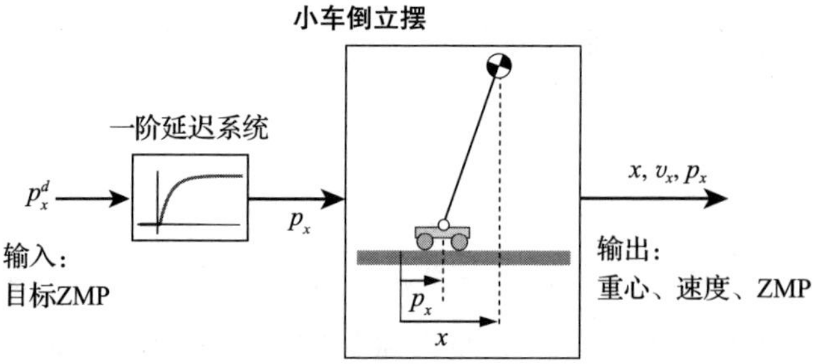

图 4.71　一阶延迟系统和小车倒立摆

稳定该系统的控制律由以下公式给出。

$$p_x^d = -k_1 x - k_2 v_x - k_3 p_x \tag{4.118}$$

第 3 项的 k_3 是 ZMP 相关的增益。在该控制中，通过反馈机器人的重心位置、重心速度和 ZMP 信息来稳定整个系统。

为了观察添加反馈后的整体特性，将反馈律（4.118）代入式（4.117）并进行整理，得到下式。

$$\begin{bmatrix} \dot{x} \\ \dot{v}_x \\ \dot{p}_x \end{bmatrix} = \begin{bmatrix} 0 & 1 & 0 \\ \omega^2 & 0 & -\omega^2 \\ -\omega_p k_1 & -\omega_p k_2 & -\omega_p(1+k_3) \end{bmatrix} \begin{bmatrix} x \\ v_x \\ p_x \end{bmatrix} \tag{4.119}$$

将右边的 3×3 矩阵设为 $\boldsymbol{X}$。为了使该系统稳定，特征值 eig $\boldsymbol{X}$ 的实数部分必须为负。为了求出特征值，只要计算如下的特征方程即可（见 4.6.2 节）。

$$\det(\boldsymbol{X}-\lambda\boldsymbol{E})=0$$

式中，$\boldsymbol{E}$ 是一个 3×3 的单位矩阵。实际计算得出的方程如下。

$$\lambda^3+\omega_p(k_3+1)\lambda^2-\omega^2(\omega_p k_2+1)\lambda-\omega^2\omega_p(k_1+k_3+1)=0 \tag{4.120}$$

如果对 λ 求解，就可以得到特征值，这需要用到一个三次方程求解公式。

因此，反过来考虑三次式 $(\lambda+\omega)(\lambda+\alpha)(\lambda+\beta)=0$ 中的 λ，事先指定三个稳定的特征值 $(-\omega,-\alpha,-\beta)$。将 $-\omega$ 指定为特征值之一的原因是为了实现前文所述的最佳重心-ZMP 调节器。为了实现一个稳定的控制系统，将其余特征值的参数设为 α，$\beta>0$[㊀]。将该公式展开后可得到，

$$\lambda^3+(\omega+\alpha+\beta)\lambda^2+(\omega\alpha+\omega\beta+\alpha\beta)\lambda+\omega\alpha\beta=0 \tag{4.121}$$

在式（4.120）和式（4.121）中，如果 λ^2、λ^1、λ^0 的系数全部一致，则指定的特征值已经实现。

$$\begin{cases}\omega_p(k_3+1)=\omega+\alpha+\beta & (\lambda^2\text{ 的系数})\\ -\omega^2(\omega_p k_2+1)=\omega\alpha+\omega\beta+\alpha\beta & (\lambda^1\text{ 的系数})\\ -\omega^2\omega_p(k_1+k_3+1)=\omega\alpha\beta & (\lambda^0\text{ 的系数})\end{cases} \tag{4.122}$$

求解之后就可以得到所需反馈增益。

$$\begin{cases}k_1=-(\omega\alpha+\omega\beta+\alpha\beta)/(\omega\omega_p)-\omega/\omega_p\\ k_2=-(\omega\alpha+\omega\beta+\alpha\beta)/(\omega^2\omega_p)-1/\omega_p\\ k_3=(\omega+\alpha+\beta)/\omega_p-1\end{cases} \tag{4.123}$$

如上所述，基于指定的特征值计算反馈增益的方法被称为极点配置法[㊁]。

图 4.72 显示了最终重心-ZMP 反馈系统的结构。式中，$\boldsymbol{K}_{best}:=[k_1,k_2,k_3]$ 是通过极点配置法得到的最佳重心-ZMP 调节器的增益。根据步态模式的计划轨迹和实际机器人的重心位置、重心速度和 ZMP 对状态误差进行计算，并通过乘以反馈增益 $\boldsymbol{K}_{best}$ 计算 ZMP 的修正量。把这一修正量添加到计划轨迹的 ZMP 中，通过饱和函数[㊂]得到目标 ZMP。

㊀ 在 HRP-4C 的稳定控制系统中，令 $\alpha=\omega$，$\beta=14$，即将三个特征值设为 $(-\omega,-\omega,-14)$ 时，可以实现良好控制。

㊁ 闭环系统中矩阵的特征值称为极点（Pole）。准确地说，极点是指经拉普拉斯变换得到的传递函数的分母多项式为 0 的根，通常都将其认为是相同的。

㊂ 饱和函数的上限值和下限值由对应于机器人行走中的支撑多边形，因此随着时间的推移而变化。

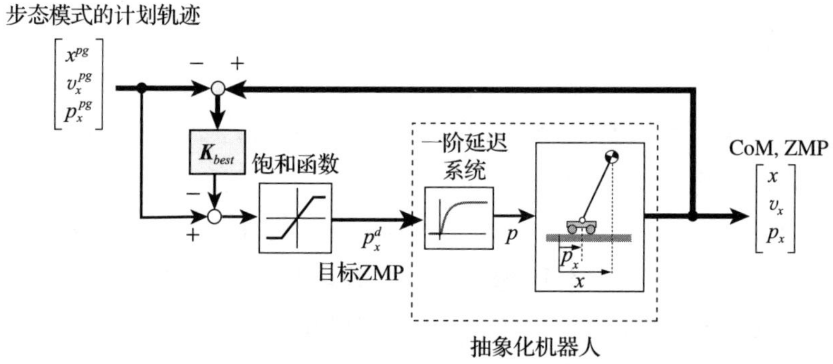

图 4.72 最终重心-ZMP 反馈系统的结构

4.6.7 DCM 和捕获点

DCM 和捕获点是近年来在步行机器人控制中被广泛使用的概念。再看一下 4.6.2 节中讨论的线性倒立摆的相图，某一瞬时的重心状态（x, v_x）由相位面上的一点表示（见图 4.73）。

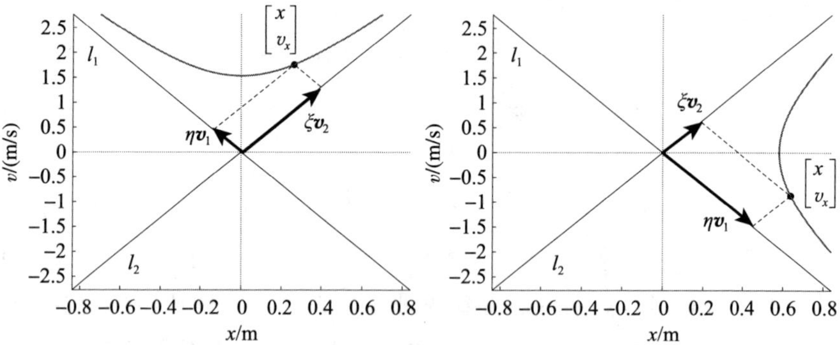

图 4.73 将重心状态（x, v_x）投影到分界线上，用变量（η, ξ）表示

将重心位置和速度投影到分界线上，考虑用另外变量（η, ξ）进行表示。如果将与分界线 l_1、l_2 方向一致的特征向量分别设为 v_1、v_2，则以下关系式成立：

$$\begin{bmatrix} x \\ v_x \end{bmatrix} = \eta \boldsymbol{v}_1 + \xi \boldsymbol{v}_2 = [\boldsymbol{v}_1 \quad \boldsymbol{v}_2] \begin{bmatrix} \eta \\ \xi \end{bmatrix} \tag{4.124}$$

如果对该公式进行变换，就可得到投影到分界线上的重心状态。

$$\begin{bmatrix}\eta\\\xi\end{bmatrix}=[\boldsymbol{v}_1\quad\boldsymbol{v}_2]^{-1}\begin{bmatrix}x\\v_x\end{bmatrix}=\begin{bmatrix}1&-1/\omega\\1&1/\omega\end{bmatrix}\begin{bmatrix}x\\v_x\end{bmatrix}\tag{4.125}$$

式中，$v_1=[0.5,-0.5\omega]^{\mathrm{T}}$，$v_2=[0.5,0.5\omega]^{\mathrm{T}}$⊖。

从式（4.124）和式（4.125）可以看出，状态（x,v_x）与其在分界线上的投影（η,ξ）是一一对应的。因此，使用（η,ξ）作为倒立摆在某一瞬间的状态变量是没有问题的。

然后将式（4.124）代入线性倒立摆的状态方程（4.94）中，得到与新状态变量相关的动力学。

$$\begin{bmatrix}\dot{x}\\\dot{v}_x\end{bmatrix}=\boldsymbol{A}\begin{bmatrix}x\\v_x\end{bmatrix}$$

$$[\boldsymbol{v}_1\quad\boldsymbol{v}_2]\begin{bmatrix}\dot{\eta}\\\dot{\xi}\end{bmatrix}=\boldsymbol{A}[\boldsymbol{v}_1\quad\boldsymbol{v}_2]\begin{bmatrix}\eta\\\xi\end{bmatrix}$$

$$\begin{bmatrix}\dot{\eta}\\\dot{\xi}\end{bmatrix}=[\boldsymbol{v}_1\quad\boldsymbol{v}_2]^{-1}A[\boldsymbol{v}_1\quad\boldsymbol{v}_2]\begin{bmatrix}\eta\\\xi\end{bmatrix}$$

具体计算右边的矩阵可得到以下公式。

$$\begin{bmatrix}\dot{\eta}\\\dot{\xi}\end{bmatrix}=\begin{bmatrix}-\omega&0\\0&\omega\end{bmatrix}\begin{bmatrix}\eta\\\xi\end{bmatrix}\tag{4.126}$$

这表示两个独立的微分方程，其解如下所示。

$$\begin{cases}\eta(t)=\eta(0)\mathrm{e}^{-\omega t}\\\xi(t)=\xi(0)\mathrm{e}^{\omega t}\end{cases}\tag{4.127}$$

式中，$\eta(0)$、$\xi(0)$ 是时间为 0 时的数值。从这些公式可以看出，在任意初始条件下，$\eta(t)$ 经过充分时间后收敛为 0，而 $\xi(t)$ 发散为∞或$-\infty$。因此，状态变量 η 称为 CCM（Convergent Component of Motion，收敛分量），ξ 称为 DCM（Divergent Component of Motion，发散分量）[89]。

线性倒立摆的所有位置和速度都可表示为 CCM 和 DCM 的线性组合，如式（4.124）所示。换句话说，倒立摆的运动由自然收敛为 0 的 CCM 分量和如果放任不管就会发散到无穷大且无法挽回的 DCM 分量组成。因此，本

⊖ 特征向量可以和任意标量相乘。4.6.2 节末尾得到的特征向量为 $[1,-\omega]^{\mathrm{T}}$，将 $[1,-\omega]^{\mathrm{T}}$ 乘以 0.5，就可以得到一个简单形式的逆矩阵。

田技研的竹中等人提出的运动生成和控制方法只关注 DCM 分量，并将其应用于 ASIMO。

重新写出 DCM 与重心位置、速度之间的关系式（4.125）。

$$\xi = x + \frac{v_x}{\omega} \tag{4.128}$$

由该公式可知，DCM 具有位置维度。现在，假设在某时刻 t_1 将 ZMP 移动到与该瞬间 DCM 对应的地面上的点 $x_{capture}$。

$$x_{capture} = \xi(t_1) = x(t_1) + \frac{v_x(t_1)}{\omega}$$

如果将 ZMP 的位置保持在该点上，重心速度就会收敛到 0（见图 4.74）。这是因为，以 $x_{capture}$ 为原点来考虑重心状态，可以得到

$$\begin{bmatrix} x(t_1) - x_{capture} \\ v_x(t_1) \end{bmatrix} = \begin{bmatrix} -\dfrac{v_x(t_1)}{\omega} \\ v_x(t_1) \end{bmatrix}$$

原因是其位于稳定段线 $v_x = -\omega x$ 上。因此，DCM 表示“只要迈步到该位置就能自然停止的点”，Pratt 等人将其命名为捕获点（Capture Point）[36]。

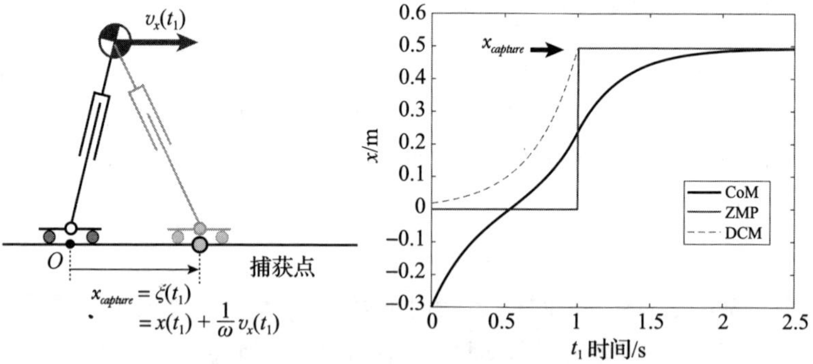

图 4.74 捕获点是指只要迈步到该位置就能站稳的点

那么鉴于 DCM 具有位置维度，来研究一下该点的行为。对 DCM 的定义方程（4.128）进行一次时间微分，并在这里代入线性倒立摆方程 $\ddot{x} = \omega^2(x - p_x)$ 进行变换。

$$\begin{aligned} \dot{\xi} &= \dot{x} + \frac{1}{\omega}\ddot{x} \\ &= v_x + \omega(x - p_x) \end{aligned}$$

$$= \omega\left(x + \frac{v_x}{\omega} - p_x\right)$$

由于最后一个公式的右边表现出与 DCM 定义方程相同的形式，所以将其替换为 DCM，可以得到下式。

$$\dot{\xi} = \omega(\xi - p_x) \tag{4.129}$$

该公式显示了 DCM 如何随 ZMP 变化，可知可以通过 ZMP 直接控制 DCM。

而且，DCM 和重心之间又有什么关系呢？改写 DCM 定义方程（4.128），得到如下微分方程。

$$\dot{x} = -\omega(x - \xi) \tag{4.130}$$

该公式是一阶延迟系统，由于 ω 带负号，表示重心自然跟随 DCM，有轻微延迟㊀。

综上所述，可以改写小车倒立摆模型的动力学，如图 4.75 中的上图所示[32]。

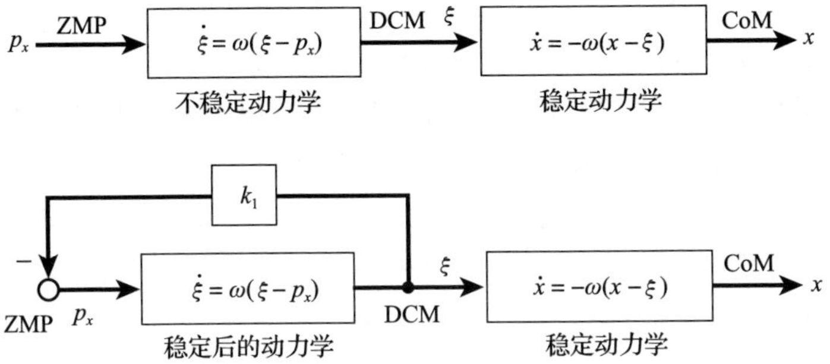

图 4.75　小车倒立摆模型的动力学。上图通过 DCM 可以将不稳定动力学转变为稳定动力学，下图说明只有 DCM 的不稳定动力学通过反馈稳定

DCM 的特性是总是试图远离 ZMP，如果放任不管就会发散。为了实现稳定，试着加入下式所示的反馈。

$$p_x = -k_1\xi \tag{4.131}$$

将其代入式（4.129），得到闭环动力学。

㊀　式（4.116）与此方程形式相同，所表示的是目标 ZMP 和实际 ZMP 之间的关系。

$$\dot{\xi} = \omega(1 + k_1)\xi$$

当反馈增益满足 $k_1 < -1$ 时，该微分方程是稳定的，此时图 4.75 中下图所示的系统整体稳定。此处将反馈公式（4.131）代入 DCM 定义方程（4.128），可得

$$p_x = -k_1 x - \frac{k_1}{\omega} v_x = -\boldsymbol{K}_{best} \begin{bmatrix} x \\ v_x \end{bmatrix}$$

式中，$\boldsymbol{K}_{best}$ 是 4.6.5 节中讨论的最佳重心-ZMP 增益。也就是说，将 DCM 作为状态变量使用，可以自动获得最佳重心-ZMP 调节器。

因此，DCM 是倒立摆的状态向量在对应于不稳定特征值的特征向量上的投影，是双足行走控制的一个有用概念。在文献［17］中，Witt 研究了利用与 DCM 相同的概念来稳定踏步运动的方法，本田技研的机器人控制很早之前就开始采用了该方法[166]。2006 年，Pratt 等人提出将捕获点作为避免跌倒的迈步位置指标[36]，这引发了许多研究人员对 DCM 概念的关注。因此，很多论文在 DCM 概念的基础上使用了“捕获点”。另一方面，Hof 等人在 2005 年从生物力学的角度出发，推导出了与 DCM 相同的公式作为人体平衡控制指标，并将其命名为 XcoM（外推重心位置）[7]。文献［7］用数据展示了真实的人类 XcoM（DCM），表明 DCM 也可用于人类站立控制。

最近，有人提出了可捕获性[85]，扩展了捕获点的概念，并讨论了通过多个步骤而不是仅通过一个步骤停止的可能性。另外，也有人提出了利用 DCM 来改善在不平地形上踏步的稳定控制系统[60]，以及通过将 DCM 概念扩展到三维，实时生成在三维不平地形上踏步的方法[31]。

4.6.8 其他步态稳定控制方法

到目前为止介绍的稳定控制方法只是作者们在实验中使用的方法。在下文中，我们将介绍为了双足机器人的稳定而提出的各种方法。

1. 通过改变落脚点进行控制

正如在捕获点的讨论中所看到的那样，改变落脚点是稳定步态的有效手段。在这方面已有先例，文献［125,136］中的高跷型机器人 BIPER-3 和文献［68］中的步行机器人等通过改变落脚点实现了主动稳定。浦田等人通过预测控制改进了轨迹生成，并进一步优化了步行周期和步距，开发出了一种控制方法，即使机器人被外界强烈踢打，也能通过走几步防止跌倒[38]。最近，上冈等人正在开发一种控制方法，即使从侧面用力推动处于步行或跑步

中的机器人，机器人也能通过结合跳跃动作和落脚点变化来保持平衡[43]。

2. **通过重心加速度进行 ZMP 控制**

步态稳定控制也可以基于台面/小车模型而不是倒立摆模型来设计。将台面/小车模型中产生的 ZMP 看作是通过具有时间常数 ω_s^{-1} 的一阶延迟系统的传感器输出 p_s。

$$p = x - \frac{z_c}{g}\ddot{x}$$

$$\dot{p}_s = -\omega_s(p_s - p)$$

将小车加速度 $\ddot{x}$ 看作系统输入。

$$\frac{\mathrm{d}}{\mathrm{d}t}\begin{bmatrix} p_s \\ x \\ \dot{x} \end{bmatrix} = \begin{bmatrix} -\omega_s & \omega_s & 0 \\ 0 & 0 & 1 \\ 0 & 0 & 0 \end{bmatrix}\begin{bmatrix} p_s \\ x \\ \dot{x} \end{bmatrix} + \begin{bmatrix} -\omega_s z_c/g \\ 0 \\ 1 \end{bmatrix}\ddot{x} \tag{4.132}$$

用来稳定系统的控制律作为下式的状态反馈给出。

$$\ddot{x} = -k_1 p_s - k_2 x - k_3 \dot{x} \tag{4.133}$$

可以通过极点配置法或最优控制理论来确定反馈增益 k_1、k_2、k_3。该控制律是由长阪、稻叶、井上提出的，用作躯干位置顺应性控制[158]㊀。将该控制应用于具有位置控制型关节轴的步行机器人，可有效吸收腿部的落地冲击，表现出较高稳定性能。

另外，冈田、古田、富山等人提出了一种通过主动改变控制周期来控制重心加速度，进而补偿 ZMP 误差的方法，并将该方法用于稳定双足机器人 MK.3 和人形机器人 morph3[96,110]。

3. **通过髋关节控制上半身姿态**

步行机器人在步行时最好保持上半身姿态垂直。最简单的方法是根据传感器测得的姿态㊁来控制髋关节的旋转角度，使上半身始终保持垂直。由于髋关节周围的转矩是由脚尖端与地面之间的摩擦产生的，所以即使在不能产生脚部转矩的情况下也可以控制姿态。该控制已被用于 Raibert 的跳跃式步行机器人[68]、熊谷等人的步行机器人[124]。

㊀ 长阪用与此处所示内容完全不同的方法推导出了控制律。文献［104］中尝试对躯干位置顺应性控制进行了其他控制论解释。

㊁ 分为两种情况，一种是根据上半身安装的加速度传感器和陀螺仪（角速度传感器），用卡尔曼滤波器等推定绝对姿态[9,153]，另一种是使用像光纤陀螺仪（Fiber Optic Gyro，FOG）那样的高精度传感器直接测量绝对姿态。

4. 模型 ZMP 控制

广濑、竹中等人提出了模型 ZMP 控制（目标 ZMP 控制）作为维持上半身姿态的控制方法，其作用如下：

> “当真实机器人的上半身比模型的上半身前倾时，目标上半身位置的加速比理想的上半身轨迹更强。因此，目标惯性力的大小发生变化，目标 ZMP 从原来的目标 ZMP 向后移动，从而恢复了真实机器人的姿态。”[129]

用台面/小车模型来考察模型 ZMP 控制的物理意义。假设台面支点可以自由旋转，用台面的倾斜度 θ 来表示上半身的倾斜度。小车的加速度 $\ddot{x}$ 就是上身的加速度（见图 4.76）。

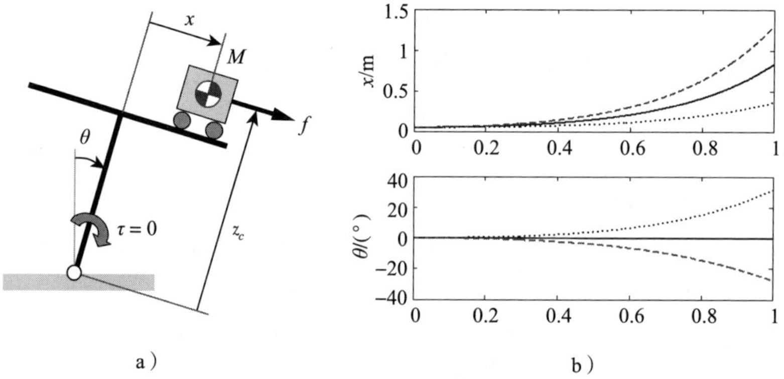

图 4.76 图 a 为支点自由旋转的台面/小车模型。顺时针旋转时 θ 为正。图 b 说明了小车加速度与台面倾斜度之间的关系。实线：适当加速时台面保持水平（$\ddot{\theta}=0$）。虚线：加速大时台面“上升”（$\ddot{\theta}<0$）。点状虚线：加速小时台面“下沉”（$\ddot{\theta}>0$）。模型 ZMP 控制利用了这种现象

用拉格朗日法求解运动方程，得到如下公式。

$$\begin{cases}(x^2+z_c^2)\ddot{\theta}+\ddot{x}z_c-g(z_c\sin\theta+x\cos\theta)+2x\dot{x}\dot{\theta}=\tau/M\\ \ddot{x}+\ddot{z}_c-\dot{\theta}^2x+g\sin\theta=f/M\end{cases} \tag{4.134}$$

式中，τ 是地面作用于台面的转矩，f 是使小车相对于台面加速的作用力。将第一行的运动方程用 $\theta\approx0$ 进行线性化处理，并将 $\tau=0$ 代入其中得到下式。

$$(x^2+z_c^2)\ddot{\theta}=gz_c\theta+gx-z_c\ddot{x} \tag{4.135}$$

接下来，将小车位置的目标值 x_d 设定为通过下式所示的动力学产生。

$$\ddot{x}_d = \frac{g}{z_c}(x_d - p_d) \tag{4.136}$$

式中，p_d 为目标 ZMP。定性地，把目标 ZMP 设定在后方（$p_d<0$）可以得到较大的加速度，把目标 ZMP 设定在前方（$p_d>0$）可以得到较小的加速度。并且由于式（4.136）只是用来制作指令信号的模型，所以可以自由地把目标 ZMP 设定在支撑多边形之外。

考虑根据目标值驱动小车位置的情况。在式（4.135）中设 $x=x_d$，代入式（4.136）后可得到下式：

$$\ddot{\theta} = \frac{g}{x_d^2 + z_c^2}(z_c\theta + p_d) \tag{4.137}$$

由该公式可知，可以通过目标 ZMP 的位置 p_d 控制台面的倾斜度 θ，其比例常数由小车位置和重力加速度决定。

利用这一性质，本田技研将一种恢复上半身姿态的控制方法用于双足机器人。在这种方法中，为了恢复上半身的前倾/后倾，步行速度会在计划轨迹的基础上增加/减少，因此有必要通过修正计划轨迹来修正步行速度。

5. 通过关节的反向传动控制冲击吸收

在关节轴上安装力传感器，可以根据力的大小来改变位置目标值，以设置虚拟弹簧-阻尼器特性。高西淳夫的研究就是利用这一点来吸收空闲腿落地时的振动[139]。另外，当机器人的关节减速比很低时（1/1～1/50 左右），电机在环境外力的作用下会发生反向传动，因此关节轴的位置控制系统直接起到弹簧-阻尼器系统的作用㊀。古庄纯次等人的健脚 1 号有效利用了这一特性进行步态控制[141,168]。另外，空尾、村上、大西的“基于干扰观测器的无力传感器的阻抗控制系统”也对支撑腿切换过程中的冲击吸收进行了实验[123]。

6. 基于关节转矩控制实现稳定

可以将步行机器人看作是一个以各关节转矩 $\boldsymbol{u}$ 为输入，以各连杆的状态为输出的多输入、多输出系统。将汇总了所有连杆倾斜度和速度的向量设为 $\boldsymbol{x}$，将 $\boldsymbol{u}$ 到 $\boldsymbol{x}$ 的运动方程线性化，就可以利用最佳调节器理论计算出状态反馈增益。

$$\boldsymbol{u} = -\boldsymbol{K}\boldsymbol{x}$$

㊀ 故意将用于控制关节角的 PID 增益设置得较低。P 增益等于弹簧常数，D 增益等于阻尼常数。

式中，$\boldsymbol{K}$ 是状态反馈增益，如果关节的数量为 N，则为 $N \times 2N$ 的巨大矩阵。使用这种方法实现机器人稳定的例子包括，美多勉的 CW-2[172]、吉野的双足机器人[174]。特别是后者，以 3 km/h 的步行速度成功走过了 6 mm 的不平地面。

山本提出了一种“黏弹性分配控制”，将重心相关的稳定控制律转换为虚拟的黏弹性，然后分解到关节空间[130]。实验表明，通过将这种方法应用于电动静液作动器（EHA）驱动的人形机器人 Hydra，即使在外界干扰导致其躯干姿态发生较大变化的情况下，也能保持稳定步行[52]。

4.7 实现双足行走的各种方法

最后，我们将对其他实现双足行走的方法示例（不同于本章所述方法）进行介绍。

4.7.1 被动步行

被动步行（Passive Dynamic Walk）是指只利用重力下缓坡的步行方式。这种玩具早已为人所知，1990 年，加拿大的 McGeer 详细分析了其动力学，通过模拟和实验表明，即使是膝部自由弯曲的机器也可以实现被动步行，而且无须任何动力源和控制装置，就可以实现酷似人类步行的步行动作[86,87]。如果在 McGeer 机器上安装一个小型作动器，使其在平地上行走，就能成为一个效率很高的双足机器人。考虑到飞机的开发是从滑翔机开始的，这也是一条合理的道路，因此吸引了全世界研究人员的注意，许多研究正在进行中[76,149,152]。

4.7.2 非线性振荡器、CPG

我们可以认为不通过分析方式规划步行运动，而是通过某种反馈在系统和环境之间维持稳定的非线性振荡，从而产生步行运动。

文献 [67] 利用基于耦合范德波尔方程的非线性振荡器（具有稳定极限循环）来实现双足行走，成功地让高跷型机器人 BIPMAN2 完成了单步跨步动作。

多贺等人模拟了非线性振荡器（中枢模式发生器，CPG）在模仿人体肌肉骨骼系统的二维模型中的分散性分布，以产生稳健、稳定的步行和行动运动来抵御干扰[84]。

长谷等人将分层结构的 CPG 应用于更加精密的三维模型进行模拟试验，

结果显示与多贺等人的报告一样，能够实现稳定的步行和行走[45,161]。报告显示，通过爬山搜索适当的评价函数来调整启发式构建的步行控制系统的参数，可以得到与人类特征非常接近的步行动作。

细田等人开发了由气动人工肌肉驱动的双足机器人和人形机器人，并通过在实验中启发式地寻找控制律实现了步行[132]。

4.7.3 学习、进化计算

如果让机器人具备学习功能，是否就能让其自身学会步行呢？铜谷在实验室中使一个简单的三连杆步行机器人进行动作，以其移动距离为评价函数，通过随机数生成和爬山法学习步行运动[112]。结果，步行机器人自己获得了制作者意想不到的跳跃步态和滚动步态。de Garis 利用神经网络作为反馈系统，通过遗传算法调整其权重函数，模拟了双足行走的进化[18]。

作为使用强化学习的例子，MIT 试制了一种在三维被动步行机器上安装 4 个执行器，在线学习其驱动模式的系统。据报告，该机器人从初始状态开始 20 min 左右，就可以获得与任意地面状态相对应的最佳步态模式[74]。

CHAPTER 5

第 5 章

人形机器人全身运动模式的建立

本章将对人形机器人全身运动模式的具有代表性的生成方法进行说明。

5.1 建立全身运动模式

为了使人形机器人 HRP-2 从站立状态实现向下弯腰并从地面上提起行李（见图 5.1），然后拿着行李前进 1 m，该如何生成 HRP-2 的全身运动模式（如图 5.2 所示 HRP-2 全身运动模式的主要关节角度时间序列）呢？读者可能已经对如何做到这一点有了想法。

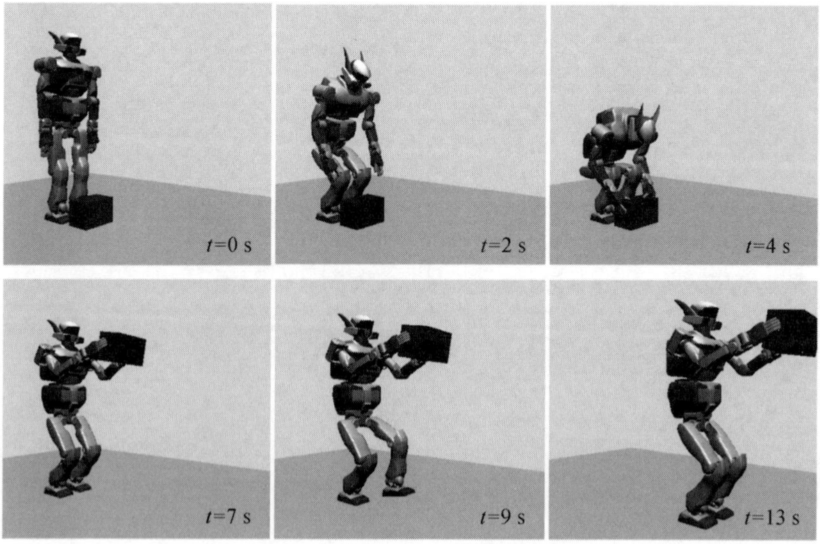

图 5.1 HRP-2 执行的简单工作

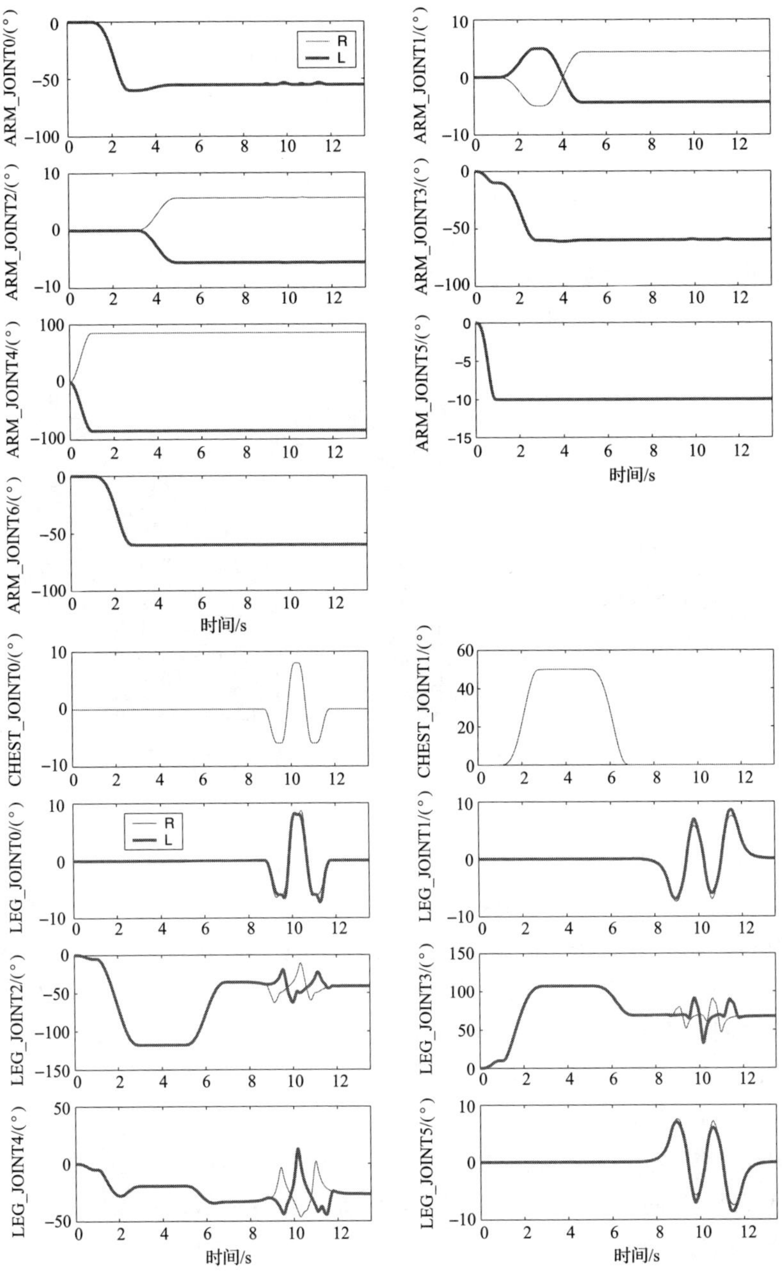

图 5.2　HRP-2 全身运动模式的主要关节角度时间序列。7 s 以内对应提箱运动，7～13 s 对应步行运动

HRP-2 在拿起箱子的时候能否使用与目前工厂中广泛采用的六轴工业机器人机械手一样的方法呢？以六轴工业机器人机械手为例，通过使用如图 5.3 所示的示教器，可以对安装在前端的焊接/涂装/夹持工具设定多组初始位置和姿态、最终位置和姿态，以及中间的位置和姿态，通过对这些数据组进行插补操作，可生成全身运动模式。这是因为六轴工业机器人机械手具有的关节数与使三维物体在目标位置上采取目标姿态所需的最小自由度数量（6）相同，所以只需确定工具的位置和姿态的 6 个自由度，就可以通过反运动学计算出所有关节的目标角度（见第 2 章）。

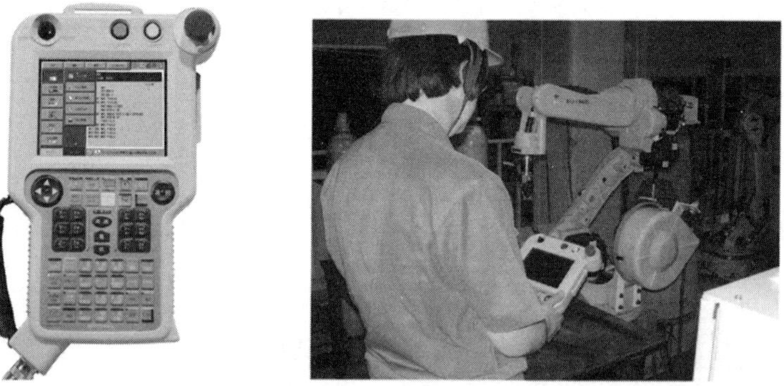

图 5.3　示教器（左）和动作教学情况（右）

（图片来源：安川电机）

但是，像人形机器人这样拥有多个关节自由度的机器人，即使确定了一个指尖的位置和姿态，也不能统一确定所有关节的目标角度。根据以下事实可以很容易理解这一点：当人形机器人握住门把手并保持指尖位置和姿态固定时，它仍然可以站立或弯腰。而且，与工业机器人机械手不同，人形机器人没有被固定在地面上，所以不仅要确保初始位置和姿态、中间位置和姿态、最终位置和姿态的稳定性（平衡），还需要在整个插值运动中保持 ZMP 轨迹在支撑腿多边形内。

因此，许多方法都是先生成一个粗略的全身运动模式，然后进行修正直到满足 ZMP 等的动态稳定条件。图 5.4⊖是从生成人形机器人全身运动模式到机器人执行的流程图。

⊖ 如果 B 是完美的，就不一定需要 C。有的人形机器人不具备 C。但是，很难事先完美地获得机器人和环境的所有物理参数，包括地面状态，因此要找到完美的 B 是不现实的。

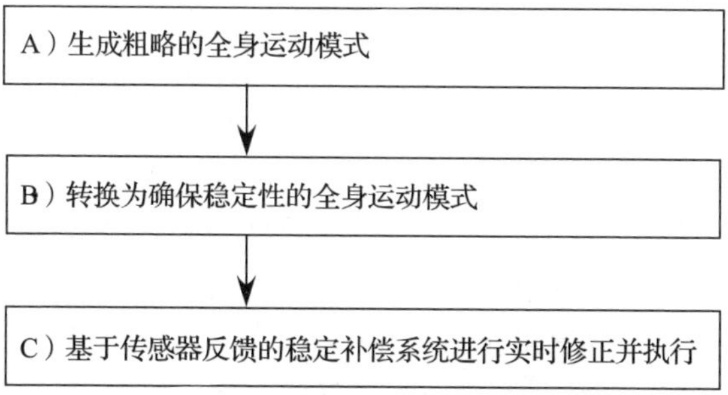

图 5.4　从生成人形机器人全身运动模式到机器人执行的流程图

5.2　生成粗略的全身运动模式的方法

5.2.1　动作捕获法

人形机器人具有与人相似的形态，通常使用动作捕获㊀来生成人的运动模式。图 5.5 显示了捕获津轻民谣舞者的动作进而生成人的运动模式的示例[81]。但是，由于人和人形机器人的身体特性不同，所以通过动作捕获生成人的全身运动模式并不能直接应用于机器人。

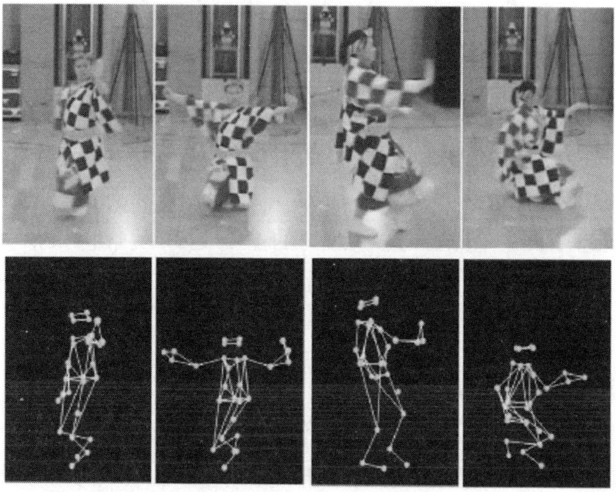

图 5.5　通过运动捕获津轻民谣舞者的动作生成人的运动模式的示例[81]

㊀ 通过多个相机或安装在受试者身体上的传感器测量受试者的动作，然后将测量数据导入计算机的过程，或者实现此过程的装置。

5.2.2 GUI 法

在 CG（Computer Graphics）动画中，人和拟人化了的动物、机器人等执行着各种各样的动作。CG 动画制作工具也是制作人形机器人全身运动模式的有效工具。为了有效生成人形机器人的每个关节角度而开发的 GUI（用户图形界面）称为固定/拖动接口[138]。

固定/拖动接口的示意图如图 5.6 所示，将 CG 界面上人形机器人身体的几个连杆固定（钉住）在空间中，用户移动（拖动）该状态下未被固定的连杆。使用固定/拖动接口，在满足关节可动范围限制等基础上，可以生成外观自然㊀的全身运动模式。

图 5.6　固定/拖动接口的示意图

（图片来源：东京大学，中村-山根研究室）

图 5.7 展示了利用固定/拖动接口生成全身动作的示例。固定两脚尖、两脚后跟和左手，并将右手上下拖动约 4 s 生成全身动作模式，相应的动作是从地面上捡起东西。但是，这样得到的全身运动模式仅仅满足了运动学上的限制条件，由于没有考虑 ZMP 等动态限制条件，所以如果直接应用于人形机器人，就会有跌倒的危险。

5.2.3 快速高阶空间搜索法

使用动作捕获法或 GUI 法很直观但很耗时，因为人产生的是全身运动。但当使用 RRT 搜索[34]这种快速高阶空间搜索法时，即使对于人形机器人这样的多自由度系统，也可以生成不受障碍物干扰的全身运动模式，如把手伸到桌子下面等[35]。

㊀ 严格来说，就是求出使得各关节速度的平方和为最小的解。

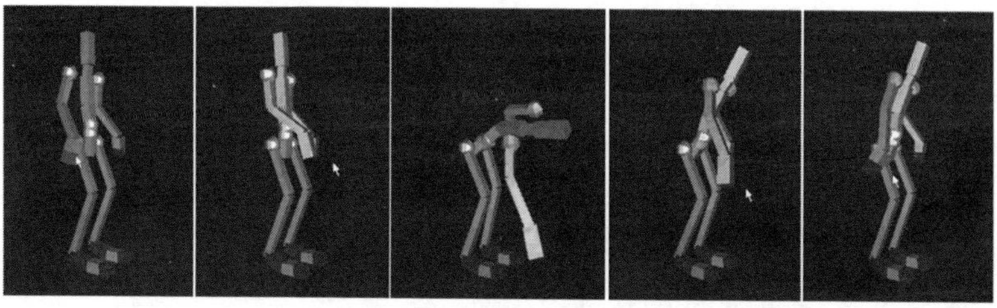

图 5.7 利用固定/拖动接口生成全身动作的示例
（图片来源：东京大学，中村-山根研究室）

通过给出人形机器人和环境的三维模型、机器人的初始姿态和最终姿态，该方法可以在不到 6 s 的时间内自动生成一个把手伸到椅子下面的全身运动模式，如图 5.8 所示。该方法基于求出对机器人初始和最终姿态起到补充作用的多个静态稳定的机器人姿态，并将其平滑地连接起来，但无法生成确保动态稳定性的全身运动模式。

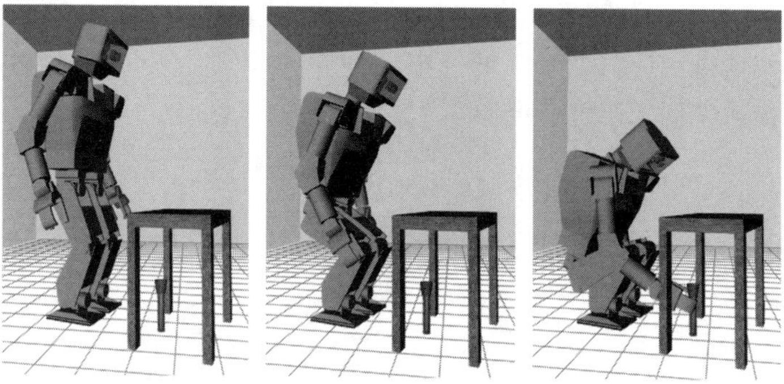

图 5.8 利用 RRT 搜索法生成全身动作以便将手伸到椅子下方的示例
（图片来源：James Kuffner，日本产业技术综合研究所 CMU/数字人体研究中心机器人研究所）

5.3 转换为确保稳定性的全身运动模式的方法

根据 5.2 节的方法得到的是人形机器人粗略的全身运动模式，但不能保证动态稳定性，有必要将它们转化为确保稳定性的全身运动模式。第 4 章提到的预见控制的动力学滤波器也是一种转换为确保稳定性的全身运动模式的方法。

5.3.1　动力学滤波器

山根（k. Yamane）提出的动力学滤波器是将物理上无法实现的全身运动模式转换为可实现的全身运动模式的滤波器[55,57]。这种滤波器由控制器和优化器等构成，如图 5.9 所示。控制器根据物理上无法实现的全身运动模式 θ_G^{ref}，以及模拟器上机器人的当前状态 $\theta_G,\dot{\theta}_G$，通过局部反馈回路和全局反馈回路计算目标关节加速度 $\ddot{\theta}_G^d$。优化器在满足给定的约束和接触条件（地面摩擦力、地面反作用力的方向等）的基础上，求出使目标关节加速度和当前关节加速度之差最小的人形机器人的关节加速度 $\ddot{\theta}_G$。

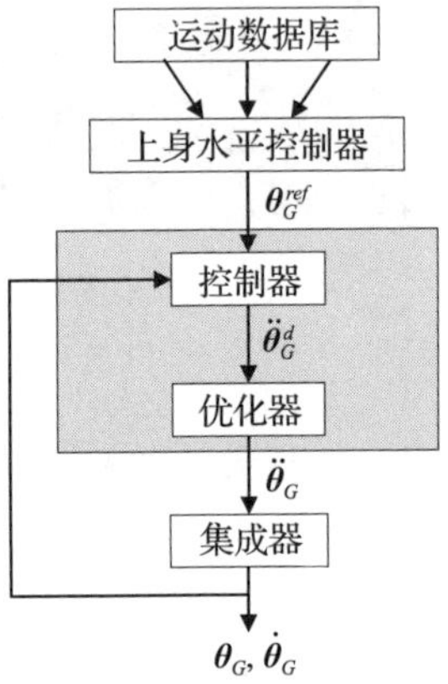

图 5.9　动力学滤波器的构成[57]

图 5.10 显示了使用动作捕获法生成的机器人动作（上一排）以及使用动力学滤波器过滤后的动作（下一排）。可以看出，在下一排的动作中，脚与地面的接触得到了改善，更加真实。

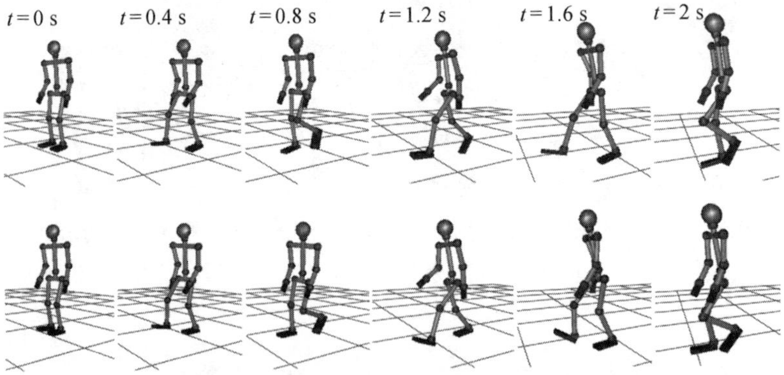

图 5.10　使用动作捕获法和动力学滤波器生成的机器人动作对比

（图片来源：东京大学，中村-山根研究室）

5.3.2　自动平衡器

自动平衡器使用二次规划法的优化问题来求解每个时间点的关节角，以便将输入的全身运动模式转换为稳定的全身运动模式[99]。由于该方法以保持静态稳定状态为基础，因此不适合步行等动态稳定状态占支配地位的运动，但它是在支撑多边形不发生变化的情况下转换全身运动模式的有效方法，例如，当人形机器人停下来做动作时㊀。自动平衡器通过以下控制方法进行平衡补偿。

（1）将重心位置约束在通过支撑多边形定点的垂直轴上。

（2）将这个定点周围产生的惯性力引起的力矩限制在一定允许范围内。

设置力矩的公差范围时有两个限制条件，一个是将 ZMP 保持在支撑多边形内部，另一个是限制力矩产生的角动量，使其在某一时间内达到零。这种平衡补偿可以归结为一个二次规划问题，在这个问题中，在对重心位置、发生力矩做出限制的条件下，输出一个尽可能接近输入的全身运动模式。自动平衡器是以每个控制循环求解的形式来实现的。

图 5.11 显示了通过自动平衡器将图 5.8 所示的全身运动模式转换为稳定的全身运动模式，并由人形机器人 H6 执行的例子[35]。

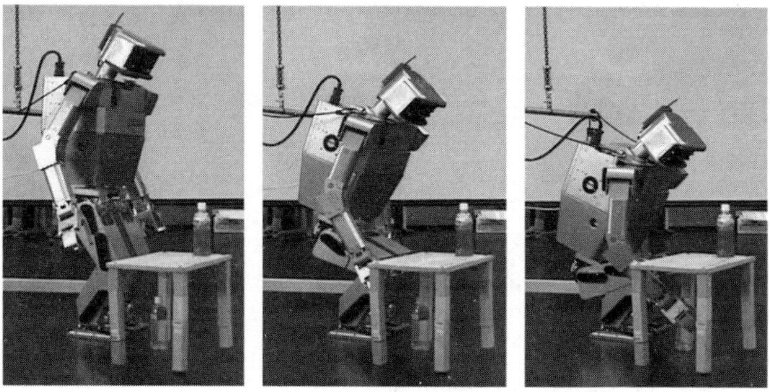

图 5.11 使用自动平衡器的转换示例

（图片来源：东京大学信息系统工学研究室）

5.3.3 躯干补偿轨迹计算算法

躯干补偿轨迹计算算法是根据任意下肢轨迹、ZMP 轨迹以及指尖轨迹，计算出能够将 ZMP 和偏航轴力矩控制在目标范围内的躯干补偿轨迹，并将这些轨迹作为全身运动模式赋予人形机器人[137]。

㊀ 应用该方法也可以实现步行，但仅限于静态移动重心的缓慢静态步行[77]。

图5.12所示是该算法的流程图。假设人形机器人的腰部高度不变，上肢近似建模的上身手臂在水平面内旋转，对躯干近似建模的上身质点作为不在Z轴方向（重力方向）运动的物体进行线形化以及非干涉化处理。将目标ZMP中的3轴力矩方程进行傅里叶级数展开（FFT），进而通过反傅里叶级数展开（反FFT），可以求出躯干补偿轨迹的近似解。将该近似解代入严密模型的公式中，求出目标ZMP处产生的力矩误差，然后将结果累加，再次计算近似解。反复进行该操作直到误差收敛到容许值以下，以获得躯干补偿轨迹的精确解。

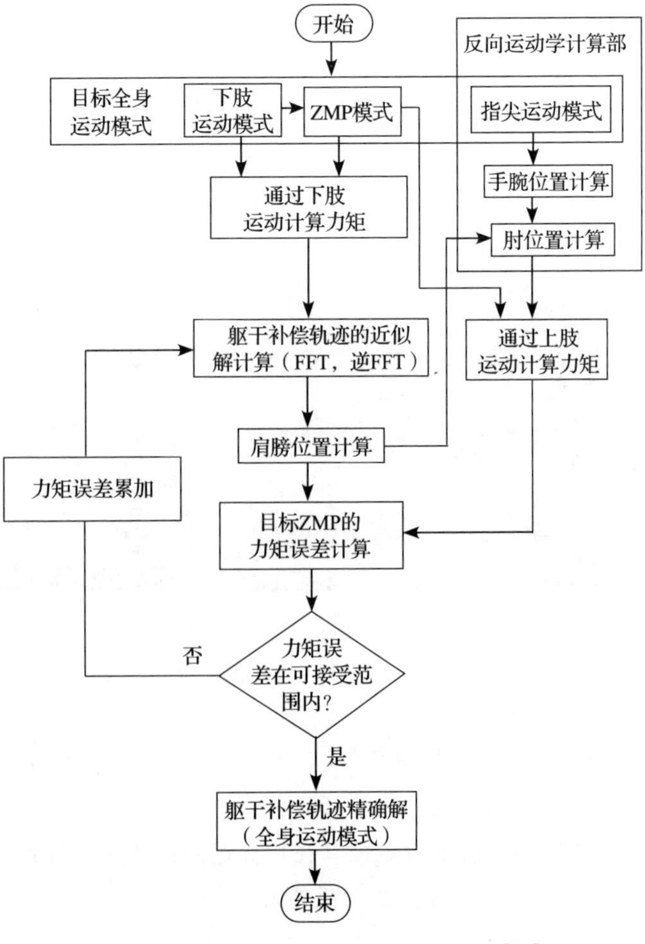

图5.12　躯干补偿轨迹计算算法流程图[137]

虽然这种算法可以获得精度很高的精确解，但需要非常多的迭代计算。因此，我们设计了一种方法，通过一边进行迭代计算，一边推定用于计算第 n 个近似解的累积力矩误差的极限值，将迭代计算次数减少到原来方法的 1/100 左右。

此外，该算法也可应用于非平稳（非周期性）动作，方法是在一系列运动前后加入足够长的（一般在几秒左右）停止期，使整个运动模式成为单一的运动模式。躯干补偿轨迹计算算法被用于生成人形机器人 WABIAN 的动作，如图 5.13 所示[39]。

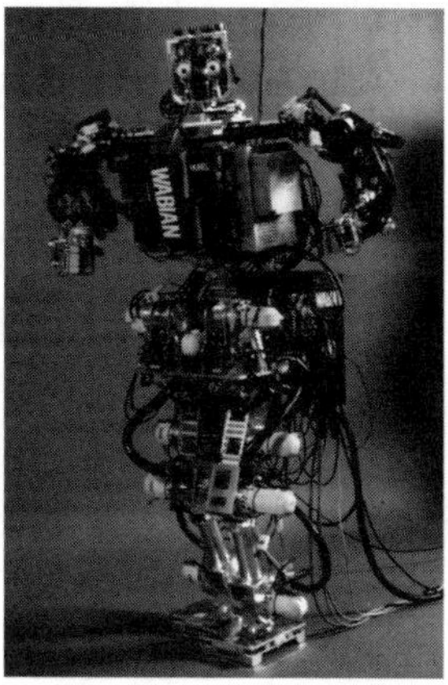

图 5.13　人形机器人 WABIAN
（图片来源：早稻田大学高西淳夫研究室）

5.4　具有多点接触的人形机器人全身运动的生成

到目前为止所介绍的全身动作只涉及与环境的接触，主要是只在脚和地面之间。考虑到人形机器人的应用，可以设想脚接触以外的接触，例如用手支撑身体通过狭窄空间，或者用一只手支撑身体，用另一只手执行作业等。本节将对有多个接触的全身运动的生成进行概述。这一方法的基本构想是：运动规划中应该避免的环境干涉，可以被积极利用来扩大活动范围。此处所述的方法包括运动规划和控制：规划到达目的位置之前接触状态的转换，然后通过控制维持动态稳定性，同时从某种接触状态过滤到下一状态。

5.4.1　多点接触动作规划

多点接触动作规划方法与常规的步态模式生成方法不同，到目前为止，很多研究者都致力于该研究，并已应用于人形机器人[21,22,28]。本节中规划器的作用是生成一个从初始状态到目标状态的有限迁移序列，同时改变机器人身体适当部位与环境之间的接触状态。图 5.14 显示了多点接触动作规划器的结构。使用最佳优先规划器（BFP）搜索可能的接触点组合，姿态生成器（Posture Generator）生成机器人的全身姿态，在满足机器人的几何和运动学限制的同时，以及根据 3.6 节所示的 CWC 等多点接触稳定性规范，实现所规划的接触状态。最后，机器人输出可能实现的全身姿态和接触状态迁移序列。此外，多点接触动作规划还提供了一个框架，用于解决涉及多个机器人和物体的更普遍的问题[13]。该框架允许对腿部运动和物体操作进行共同描述，并允许采用共同的方法来规划这些运动。

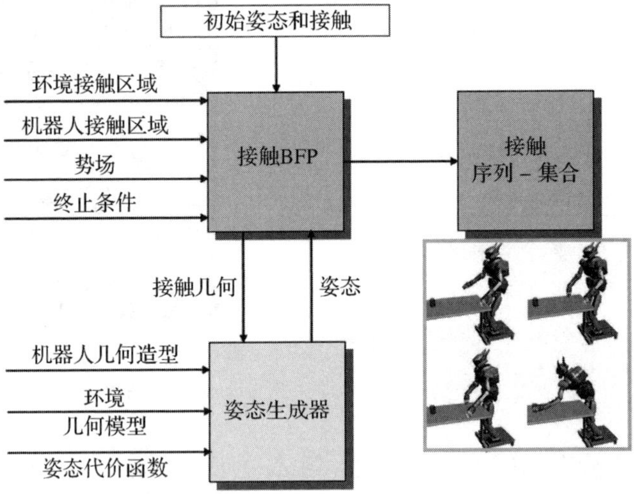

图 5.14　多点接触动作规划器的结构[22]

规划器的输出是静态稳定的接触状态序列，这是通过准静态动作实现的。为了生成动态稳定动作，有人提出了一种基于全局轨迹优化的方法[58]。在该方法中，使用 B 样条曲线作为参数来表示关节轨迹，将有无限解的规划问题转换为有限维度后应用优化方法。具体来说，使用关节转矩的总和和执行时间作为评价函数，求解以关节转矩的上限和动态稳定性为制约条件的非线性优化问题。其结果是生成了比准静态动作更快的动态多点接触动作（见图 5.15）。另外，有隅等人也得出了一个类似的优化方法，通过使用类似于举重动作的动态动作举起 20 kg 以上的重物[8]。

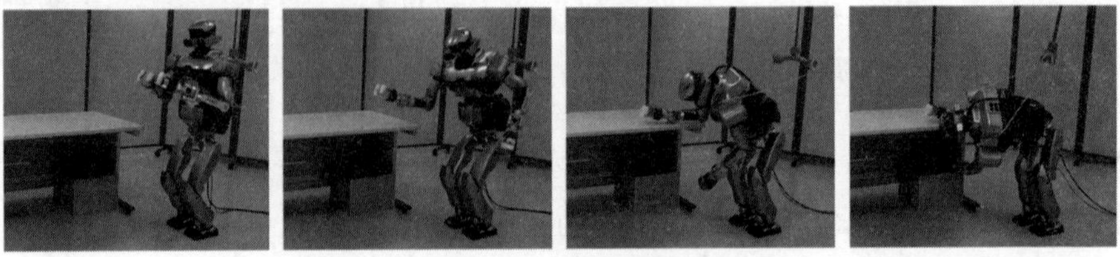

图 5.15　全局轨迹优化产生的动态多点接触动作[58]

多点接触动作规划器的有效性得到了实验验证。然而，在实际工作环境中，由于建模误差和意想不到的干扰，简单地重现事先计算的关节轨迹将不足以执行预期动作，最坏情况下机器人可能会跌倒。在下一节中，将对用于执行所规划的多点接触动作的控制器进行说明。

5.4.2 实现多点接触动作的控制

Sentis 等人利用工作空间中的控制框架，将根据优先级实现目标动作的方法应用于人形机器人，提出了在多点接触的约束条件下控制全身动作的方法[75]。通过转矩控制来控制产生的内力，进而实现重心位置的控制和双手握住物体等。玄等人基于被动性，提出了无须直接测量接触力也能使动作适应未知干扰的控制方法[30]。实验表明，在使用转矩控制型机器人时，即使受到较大干扰，机器人也能保持稳定性。

作为另一种方法，也有人提出了基于线性二次规划法的多点接触动作实时控制方法[12,91]。为了应对复杂的动作，还加入了转矩控制、无滑移的摩擦、避免自我干扰等限制条件。在该研究中构建了一个控制器，以目标接触状态为输入，利用传感器信息构建反馈回路，并以 100 Hz 为周期输出控制指令。图 5.16 显示了人形机器人通过多点接触爬梯的实验情况。

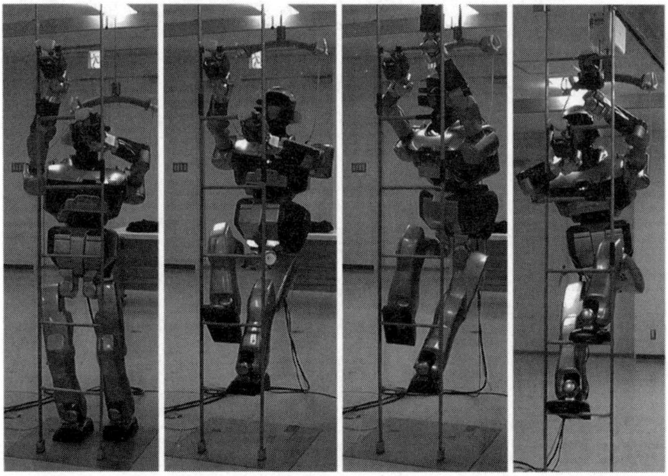

图 5.16　HRP-2 通过多点爬梯的实验情况。通过二次规划法的控制来执行计划好的多点接触全身动作，机器人的手和脚交替运动，成功爬上了 3 个梯级[91]

5.5 人形机器人全身运动的远程操作法

对于让人形机器人跳舞、演奏乐器等情况，如果能有足够的时间进行准备，可以离线生成全身运动模式。但是，让人形机器人在新地方或全新环境中执行某项工作时，有必要在线（实时）生成全身运动模式。

遗憾的是，目前机器人在这种情况下能够表现出来的环境意识和行动规划能力远远不及我们人类。因此，远程操作是一种在与环境意识和行动规划有关的领域内积极利用人类智慧的方法。

在对人形机器人进行远程操作期间，图5.4中的操作流程没有变化。A）生成粗略的全身运动模式，B）转换为确保稳定性的全身运动模式，C）通过基于传感器反馈的稳定补偿系统进行实时修正并执行。然而，主要区别是整个过程必须实时进行。大致来说，远程操作人员很难实时创建人形机器人的全身运动模式。因此，在远程操作人形机器人的情况下，对上述A）、B）进行重新配置：A）生成身体一部分的运动模式，B）在此基础上生成确保了稳定性的全身运动模式，C）通过基于传感器反馈的稳定补偿系统进行实时修正并执行。

A）提出了“采用操作点切换的全身运动远程指令法”，作为生成身体一部分运动模式的方法。B）提出了“采用分解动量控制的全身运动模式生成法”，基于此方法生成确保稳定性的全身运动模式。关于C）基于传感器反馈的稳定补偿系统进行实时修正并执行，请参照第4章的步行稳定控制系统。

5.5.1 采用操作点切换的全身运动远程操作法

由于人形机器人具有很多关节自由度，如果想要实时给出全部关节运动模式，必须使用动作捕获系统等大型设备。而且，如上所述，由于人类和人形机器人的身体特性不同，所以不能直接使用动作捕获得到的全身运动模式。

在此，让我们考虑一下平时是如何全身活动的。人在根据工作切换“意识集中部位”的同时，“有意识地”活动该部位。同时，为了确保稳定性和提高意识集中部位的可操作性，其余的“无意识部位”会“无意识地”活动。

例如，当拿起桌子上的瓶子时，我们将意识集中在惯用手上。当坐在椅子上时，我们将意识集中在腰部（臀部），并试图使我们的躯干下沉。踢球时，我们将意识集中在惯用脚上（见图 5.17）。

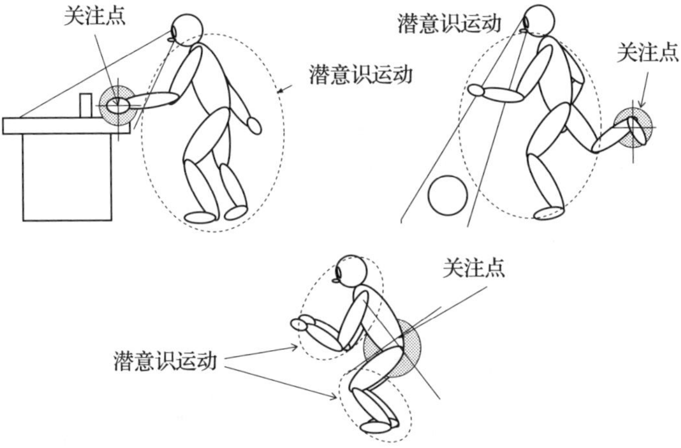

图 5.17　人根据工作切换意识集中部位

这个“意识集中部位”的自由度是有限的，一个人有可能利用操纵杆这样的简易装置，以在线方式向该部位输入有意识的运动。对于身体其他部分的“无意识”动作，通过将其嵌入机器人的动作控制系统中，可用作确保稳定性的全身运动模式的生成器，使人能够发出保持平衡的动作指令，无须意识到人与机器人之间在几何学、动力学上的差异。基于这一想法设计出了操作点切换方法[65]。

作为示例，本节对使用 2 个操纵杆生成人形机器人全身运动模式的方法的实现进行了说明。在图 5.18 中，操纵杆的 8 个按钮被分配给 8 个身体部位（头部、左右手、左右手腕、躯干、左右脚）以及三种参考坐标系（世界坐标系、躯干坐标系和操作点坐标系）。通过按下相应按钮和移动操纵杆，操作人员可以为人形机器人的身体部位在期望坐标系中生成一个由目标平移/旋转速度组成的运动模式。

5.5.2　通过分解动量控制生成确保稳定性的全身运动模式的方法

分解动量控制是指在已知人形机器人正确物理参数的情况下，给出整体动量和角动量的变化方式，并依次计算出实现这一变化的关节速度，从而生成人形机器人整体运动的方法[113]。

使用空间内具有 6 个自由度的躯干连杆和与之连接的 4 个开放连杆机构

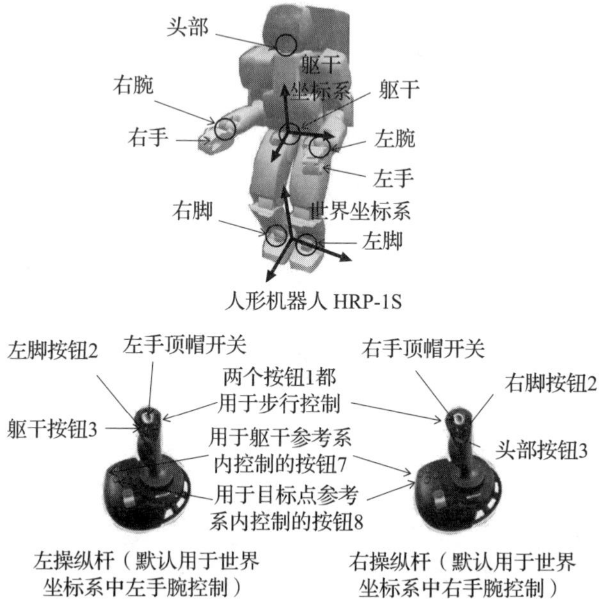

图 5.18 在人形机器人的身体部位和操作坐标系上分配操纵杆按钮的例子

对人形机器人建模，如图 5.19 所示。

此时，当由固定在地面上的世界坐标系 Σ_W 表示的，固定在四肢前端的操作点坐标系 Σ_i 的目标速度 v_i^{ref}、目标角速度 ω_i^{ref}，以及固定在腰部的躯干坐标系 Σ_B 的速度 v_B^{trg}、角速度 ω_B^{trg} 被赋值时，第 i 个肢体的总关节目标速度 $\dot{\theta}_i^{ref}$ 可通过下式求出。

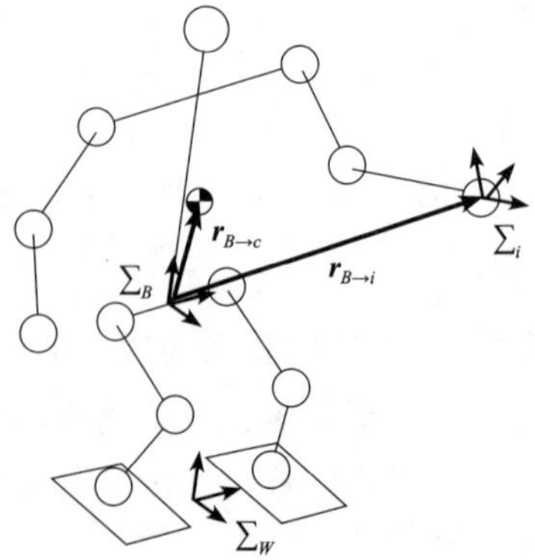

图 5.19 人形机器人模型

$$\dot{\boldsymbol{\theta}}_i^{ref} = \boldsymbol{J}_i^{-1}\left\{\begin{bmatrix}\boldsymbol{v}_i^{ref}\\ \boldsymbol{\omega}_i^{ref}\end{bmatrix} - \begin{pmatrix}\boldsymbol{E} & -\hat{\boldsymbol{r}}_{B\to i}\\ 0 & \boldsymbol{E}\end{pmatrix}\begin{bmatrix}\boldsymbol{v}_B^{trg}\\ \boldsymbol{\omega}_B^{trg}\end{bmatrix}\right\} \tag{5.1}$$

式中，$\boldsymbol{J}_i^{-1}$ 表示第 i 个肢体的雅可比行列式的一般化逆矩阵，$\boldsymbol{E}$ 表示 3×3 的单位矩阵，$\boldsymbol{r}_{B\to i}$ 表示从躯干坐标系原点到操作点坐标系 Σ_i 原点的位置向量，符号 ^ 表示与外积等同的应变对称矩阵。

在式（5.1）中，$\boldsymbol{v}_i^{ref}$，$\boldsymbol{\omega}_i^{ref}$ 由远程操作设备发出的指令决定。例如，如果想要平移人形机器人的右手指尖，操作人员通过操作远程操作设备上的一个操纵杆，就能将右手指尖的平移速度 $\boldsymbol{v}_1^{ref}$ 的值改为正数。此时，右手指尖角速度 $\boldsymbol{\omega}_1^{ref}$ 的值全部设为 0，同时其他肢体的 $\boldsymbol{v}_i^{ref}$，$\boldsymbol{\omega}_i^{ref}$ 值也全部设为 0，其位置、姿态在世界坐标系中固定不变[⊖]。

另外，如果使用分解动量控制方法，$\boldsymbol{v}_B^{trg}$，$\boldsymbol{\omega}_B^{trg}$ 由人形机器人整体的目标平移动量 $\mathcal{P}^{ref}$、目标角动量 $\mathcal{L}^{ref}$（机器人的重心周围），以及机器人自主功能或远程操作设备发出的指令决定。因此 $\boldsymbol{v}_B^{trg}$，$\boldsymbol{\omega}_B^{trg}$ 可以通过下式求出。

$$\begin{bmatrix}\boldsymbol{v}_B^{trg}\\ \boldsymbol{\omega}_B^{trg}\end{bmatrix} = \boldsymbol{A}^{\dagger}\boldsymbol{S}\left\{\begin{bmatrix}\mathcal{P}^{ref}\\ \mathcal{L}^{ref}\end{bmatrix} - \sum_{i=1}^{4}\begin{pmatrix}\boldsymbol{M}_i\\ \boldsymbol{H}_i\end{pmatrix}\boldsymbol{J}_i^{-1}\begin{bmatrix}\boldsymbol{v}_i^{ref}\\ \boldsymbol{\omega}_i^{ref}\end{bmatrix}\right\} + (\boldsymbol{E}_6 - \boldsymbol{A}^{\dagger}\boldsymbol{A})\begin{bmatrix}\boldsymbol{v}_B^{ref}\\ \boldsymbol{\omega}_B^{ref}\end{bmatrix} \tag{5.2}$$

式中，

$$\boldsymbol{A} \equiv \boldsymbol{S}\left\{\begin{pmatrix}M\boldsymbol{E} & -M\hat{\boldsymbol{r}}_{B\to c}\\ 0 & \boldsymbol{I}\end{pmatrix} - \sum_{i=1}^{4}\begin{pmatrix}\boldsymbol{M}_i\\ \boldsymbol{H}_i\end{pmatrix}\boldsymbol{J}_i^{-1}\begin{pmatrix}\boldsymbol{E} & -\hat{\boldsymbol{r}}_{B\to i}\\ 0 & \boldsymbol{E}\end{pmatrix}\right\}$$

$\boldsymbol{M}_i$、$\boldsymbol{H}_i$ 是惯性矩阵，表示第 i 个肢体的关节速度对总动量和总角动量的影响，M 表示机器人的总质量，$\boldsymbol{I}$ 表示重心周围的惯性张量，$\boldsymbol{r}_{B\to c}$ 表示躯干坐标系 Σ_B 原点到重心的位置向量，$\boldsymbol{E}_6$ 表示 6×6 的单位矩阵，符号 † 表示伪逆矩阵。另外，$\boldsymbol{S}$ 表示 $n\times 6$ 的选择矩阵（$0\leqslant n\leqslant 6$），如下式所示，以提取要控制的动量分量。

$$\boldsymbol{S} \equiv \begin{bmatrix}\boldsymbol{e}_{S_1} & \cdots & \boldsymbol{e}_{S_n}\end{bmatrix}^{\mathrm{T}}$$

⊖ 在分解动量控制的坐标系中，非远程操作的手臂的运动可能没有明确给出，可以通过运动来满足目标动量，但是操作人员很难预测其运动，所以在很多情况下，非远程操作的手臂的目标速度、加速度都被设为 0。

式中，e_{S_i} 是一个 6×1 的列向量[1]，其中，所选择的动量分量对应的要素设为 1，其他设为 0。

在式（5.2）中，v_i^{ref}、ω_i^{ref} 由操作人员发出的运动指令决定。$\mathcal{P}^{ref}$、$\mathcal{L}^{ref}$、v_B^{ref}、ω_B^{ref} 可以作为机器人的自主功能嵌入。例如，$\mathcal{P}^{ref}$、$\mathcal{L}^{ref}$ 可以用于维持机器人的平衡。如果将坐标系 Σ_F 定义为与世界坐标系 Σ_W 平行且固定在支撑多边形中心的坐标系，则总平移动量 $\mathcal{P}$ 与通过坐标系 Σ_F 表示的重心平移速度 $\dot{r}_{F\to c}$ 具有如下关系：

$$\mathcal{P} = M\dot{r}_{F\to c} \tag{5.3}$$

因此，根据下式设置目标平移动量 $\mathcal{P}^{ref}$，就可以将重心位置 $r_{F\to c}$ 移动到支撑多边形内部设置的适当目标重心位置 $r_{F\to c}^{ref}$ 处。

$$\mathcal{P}^{ref} = Mk(r_{F\to c}^{ref} - r_{F\to c}) \tag{5.4}$$

式中，k 表示适当的增益常数。通过将式（5.4）作为机器人的自主功能嵌入，操作人员可以命令机器人执行维持平衡的动作，无须意识到人与机器人之间在几何学、动力学上的差异[2]。

5.5.3　在人形机器人 HRP-2 上实验

将上述人形机器人的全身远程操作系统用作人形机器人 HRP-2 的控制系统并安装，如图 5.20 所示。该控制系统主要由三个子系统组成，即“输入设备服务器”“全身运动生成器”和“稳定器”。

基于采用操作点切换的全身运动远程指令法，输入设备服务器为人形机器人身体一部分生成运动模式。该系统安装在远程操作侧的 Linux PC 上，并根据两个三自由度操纵杆上按钮和操纵杆的状态，生成由躯干坐标系 Σ_B 和操作点坐标系 Σ_i 的目标速度、角速度组成的运动模式。

全身运动模式生成器是在机器人体内的主 PC 上实现了一种基于分解动量控制确保稳定性的全身运动模式生成方法。由此创建的全身运动模式，通过 I/O 板向各轴伺服驱动器发出指令。

---

[1] 注意，在控制所有动量分量时，由于 $A^{\dagger}$ 的零空间消失，v_B^{ref}、ω_B^{ref} 不能由式（5.1）和式（5.2）控制。

[2] 请注意，严格来说，仅凭式（5.4）只能保证人形机器人的重心位置停留在支撑多边形内部。但是，在式（5.4）的基础上，通过将目标角动量 $\mathcal{L}^{ref}$（机器人重心周围）设为 0，或者将躯干坐标系的目标加速度 $\dot{v}_B^{ref}$、$\dot{\omega}_B^{ref}$ 设为足够小的值，可以在不妨碍实际使用的范围内维持人形机器人的动态平衡。

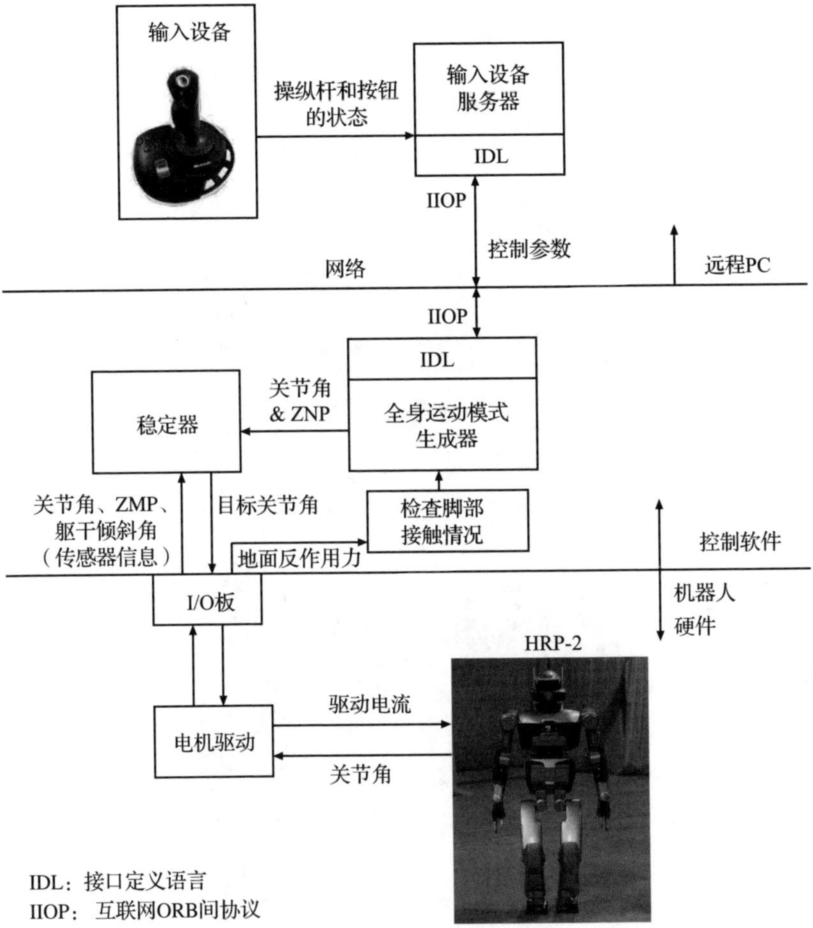

图 5.20 人形机器人的全身远程操作系统，机器人和输入设备使用 CORBA（一种分布式对象技术标准）进行连接

稳定器相当于基于传感器反馈的稳定补偿系统。

图 5.21 显示了使用人形机器人 HRP-2 进行远程操作实验的一部分，在该实验中，人形机器人从桌子上捡起每次放置在不同位置的空罐并扔进垃圾桶。

具体操作流程如下：

(1) 人形机器人 HRP-2 开始时站在离桌子约 3 m 的地方。

(2) 远程操作人员首先使用操纵杆远程操作 HRP-2 的头部，以寻找桌子和空罐。

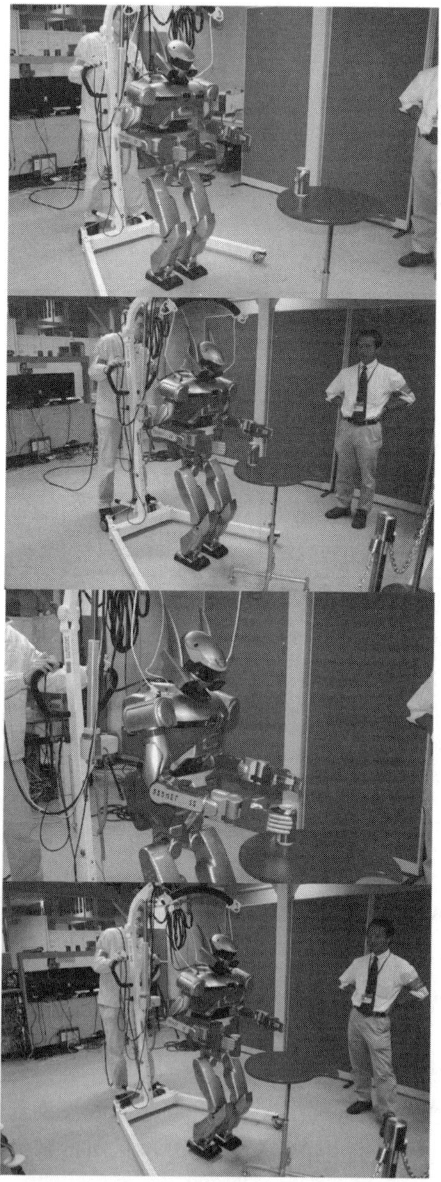

图 5.21　远程操作实验

（3）发现空罐后，远程操作人员会通过操纵杆指示步行方向和速度，使人形机器人走到一个合适的位置。

（4）机器人停下来，通过其三维视觉功能[98]识别空罐，测量其位置。

（5）根据测得的空罐位置数据，规划机器人的指尖轨迹，使其自主抓取空罐。

（6）通过远程操作抬起空罐，确认其抓握情况。

（7）再次开始行走，一直走到垃圾桶前，扔掉空罐。这一部分都是通过远程操作完成的。

在这个过程中，有几次空罐抓得太紧，仅仅张开手是不会掉进垃圾桶的，但是通过远程操作人员控制甩手，成功地把空罐扔出去了。这种高级错误纠正功能的能力是使用远程操作的优点。

5.6 人形机器人向后跌倒时的减震动作

所有没有固定在地上的物体都有可能跌倒。如图 5.22 所示。像人形机器人这样重心位置高、脚掌支撑面积小的物体，由于能够确保静态稳定性的极限倾斜角较小，因此跌倒的可能性也就越大。

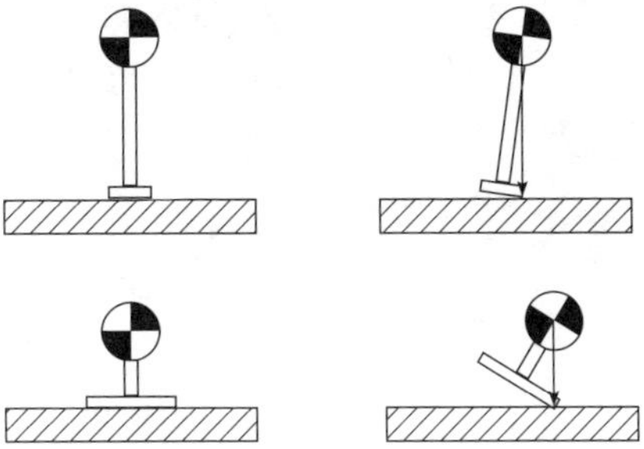

图 5.22　重心高度和支撑区域大小不同导致的最大静态稳定倾斜角差异

到目前为止，本书一直集中于说明如何在不跌倒的情况下使人形机器人动作。但是，就像我们人类也会跌倒一样，现实中完全防止人形机器人跌倒是不可能的。因此，当人形机器人跌倒时，为了防止其因冲击而受到无法继续行动的伤害，减震动作是非常重要的。接下来以 HRP-2P 为例介绍其减震动作[164]。

HRP-2P 是作为 HRP-2 的原型模型开发的人形机器人，其身高 158 cm、体重 58 kg（见图 5.23）[122]。HRP-2P 的臀部安装有缓冲垫㊀。因此，在向后跌倒时，希望以尽可能慢的速度从臀部向地面碰撞。将跌倒状态分为以下

㊀ 在后述的跌倒实验中，为了提高躯干的缓冲性能，在 HRP-2P 的背部添加了缓冲材料。

五种状态，为每种跌倒状态生成适当的动作。

（1）下蹲状态。初始跌倒状态，此时机器人的重心偏离支撑多边形，以至于稳定控制系统无法恢复。机器人停止其他运动控制系统（包括稳定控制系统），然后弯曲膝盖，弯腰，弯曲颈部、躯干和手臂关节，使臀部与地面相撞。

（2）伸展状态1。随着跌倒的进行，当机器人落地的脚跟到臀部的连接直线与地面之间形成的角度 θ（见图5.24）变小到一定程度时，机器人伸展膝盖降低臀部着地速度，确保从臀部着地。

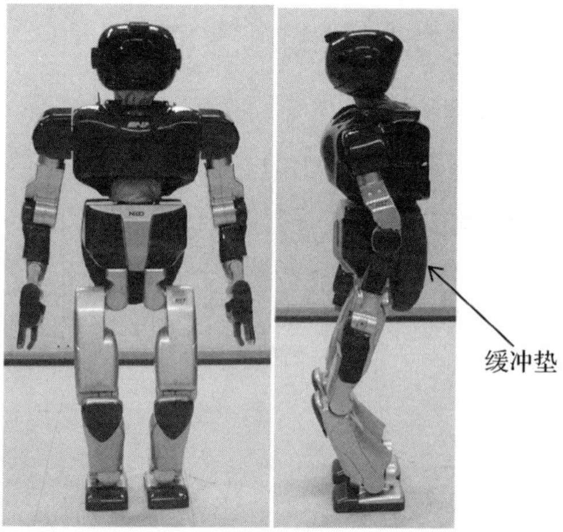

图5.23　人形机器人 HRP-2P

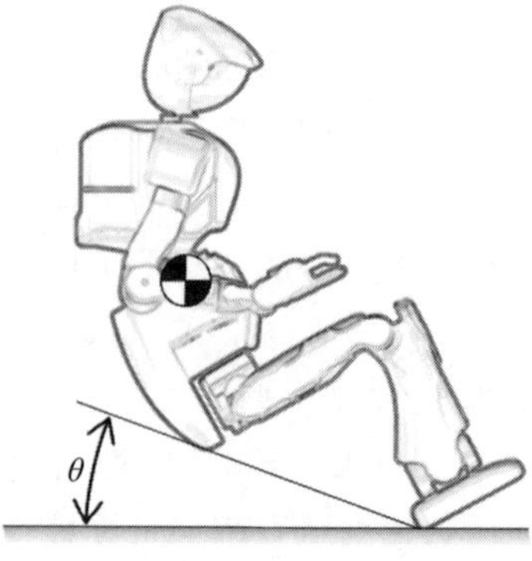

图5.24　跌倒角度 θ 的定义

（3）着地状态。随着跌倒进一步加剧和角度 θ 变小，机器人放松所有的关节，为着地时的冲击做准备。

（4）伸展状态 2。从着地瞬间开始经过一段时间后，机器人将腿伸出，以防止向后滚得太远而使头部撞到地板。

（5）结束状态。从着地开始经过足够长的时间后，判断为已经达到静态稳定状态，伸展全身所有关节，转移到下一节中说明的起身动作初始状态。

通过这样的减震动作，HRP-2P 即使向后跌倒，也能成功再次起身，如图 5.25 所示。下一节将介绍该起身动作。

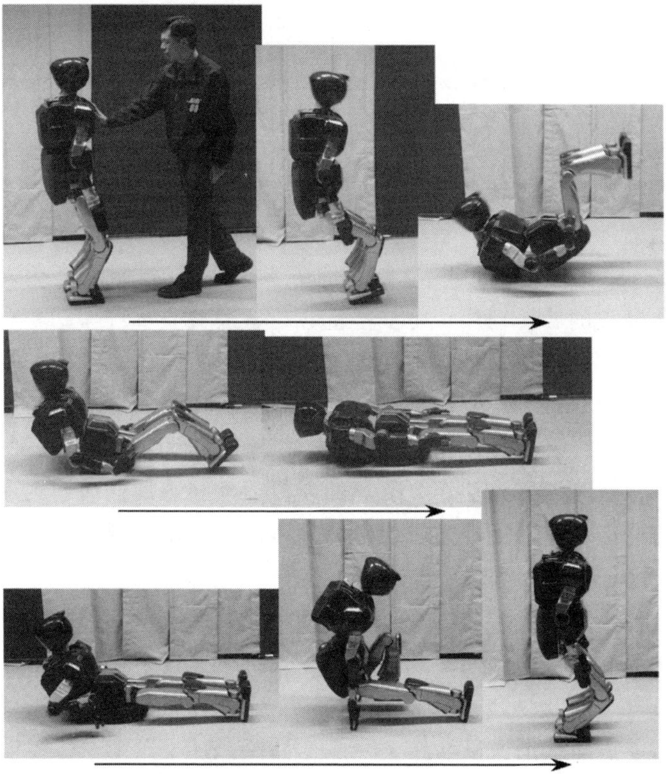

图 5.25　跌倒、起身实验

5.7　人形机器人的跌倒恢复动作

如果人形机器人在跌倒时没有受到过度损坏，那么下一个需要进行的动作是从跌倒状态恢复过来。为此，在保持平衡的同时或有意打破平衡之后，需要进行从仰卧或俯卧状态⊖转换到站立状态的动作[121]。因此，着眼于接触状态，将跌倒恢复动作划分为数个部分动作（见图 5.26）。

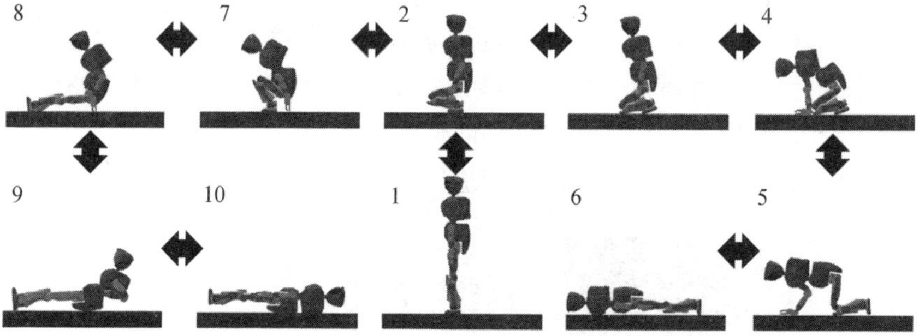

图 5.26 跌倒恢复动作的状态转换图

对于在这些状态间转换的动作，除了动作 2→3 以及动作 3→2 以外，所有运动都是静态运动，其中重心投影点始终包含在支撑多边形内。

动作 2→3 和动作 3→2 由于踝关节可动范围的限制，必须进行动态运动，如围绕脚尖的旋转动作，也就是重心位置脱离支撑腿多边形的运动。例如，在动作 3→2 中，动作 3 是身体由膝盖和脚趾支撑的状态，动作 2 是用脚掌支撑身体的状态，若要从动作 3 转换到动作 2，需要对两腿的髋关节俯仰轴施加限制输入，使整个身体围绕脚尖向后旋转。一旦检测到旋转发生，就开始进行从瞬时姿态到动作 2 姿态的插值运动。与此同时，为了防止由于着地产生的冲击和向后惯性力造成整个身体向后跌倒，通过躯干位置顺应性控制[158]来稳定动作。

将以这种方式生成的跌倒恢复动作应用于人形机器人 HRP-2P。俯卧状态和仰卧状态的起身动作如图 5.27 所示。图中的“$t=$”分别表示经过的时间（s）。在图 5.25 所示的跌倒、起身实验中，机器人做完减震动作后，从该仰卧状态进行了跌倒恢复动作。

另外，通过反向追溯图 5.26 中的状态转换图，机器人也可以自己躺下，如图 5.28 所示。如果机器人能以这种方式躺下并起身的话，不仅可以从跌倒中恢复过来，还可以大幅度扩大可工作的姿态变化（例如钻到车下）。

⊖ 前一节中只对向后跌倒中的减震动作进行了说明，但向前跌倒中减震动作也是必不可少的，此时俯卧状态是向前跌倒的最终状态。

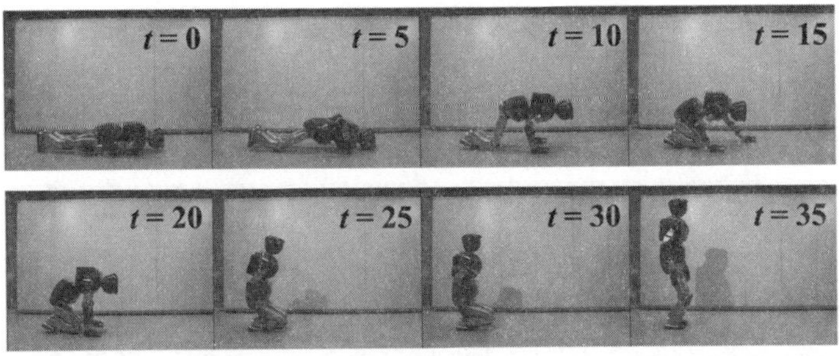

a）从俯卧状态开始

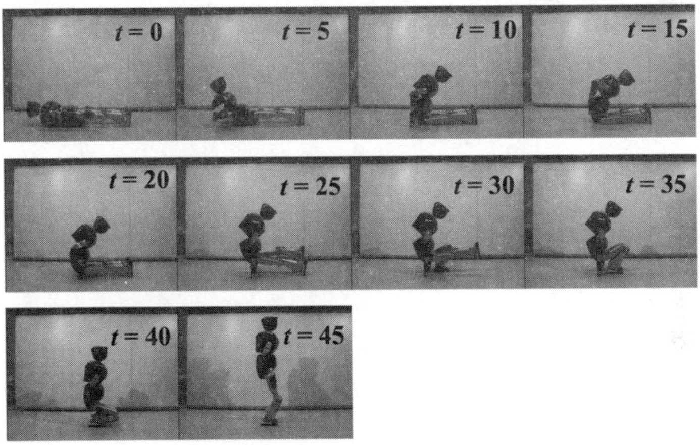

b）从仰卧状态开始

图 5.27　HRP-2P 起身动作

a）转换为俯卧状态

图 5.28　HRP-2P 的躺下动作

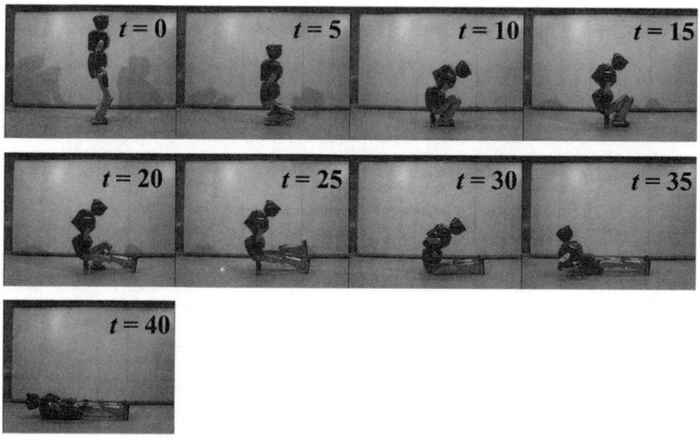

b）转换为仰卧状态

图 5.28 （续）

CHAPTER 6

第 6 章

动力学仿真

在图 6.1 中，人形机器人跌倒时以何种速度撞击地面和产生何种冲击是非常重要的信息。如果运用动力学仿真，即使实际不使机器人跌倒也可以预测这些信息。因此，在开发冲击更小的跌倒方法和更不易破损的硬件方面，动力学仿真是极其有用的工具。

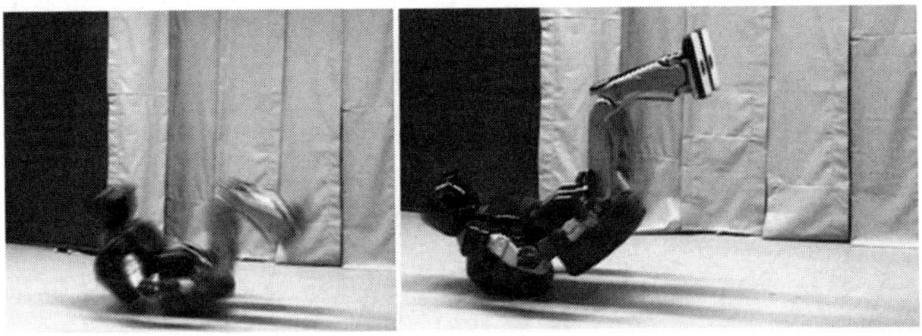

图 6.1 人形机器人 HRP-2P 的跌倒冲击实验[44]

本章目的在于帮助读者理解动力学仿真的理论和具体方法。首先，导出在无重力空间自由旋转的物体的运动，并进行模拟实验。其次，对理论进行扩展，使其能够处理平移运动，进而导入重力和与环境接触时产生的外力，以掌握三维中的刚体运动。本章模拟了一个“陀螺”运动。进而，对多个物体连接运动的情况，即机器人的仿真实验进行讨论。最后会概述 Featherstone 提出的高速仿真计算法。

6.1 刚体旋转运动的动力学

本节将研究刚体围绕其重心的旋转运动的动力学，并说明以此为基础的仿真方法。在此，假设刚体的重心是静止的，与世界坐标系的原点一致。

6.1.1　欧拉运动方程

简单复习一下第 3 章中的动力学基础知识。物体动量 $\mathcal{P}$ 随外部施加作用力 $\boldsymbol{f}$ 的变化而变化。如果将动量的定义式 $\mathcal{P}=m\dot{\boldsymbol{p}}$ 代入其中，就可以得到牛顿运动方程。

$$\boldsymbol{f}=\frac{\mathrm{d}}{\mathrm{d}t}\mathcal{P} \quad \Rightarrow \quad \boldsymbol{f}=m\ddot{\boldsymbol{p}}$$

与此相同，物体的角动量 $\mathcal{L}$ 随外部施加力矩 $\boldsymbol{\tau}$ 的变化而变化。

$$\boldsymbol{\tau}=\frac{\mathrm{d}}{\mathrm{d}t}\mathcal{L} \tag{6.1}$$

刚体的角动量可以用角速度向量 $\boldsymbol{\omega}$ 和世界坐标系中的惯性张量 $\boldsymbol{I}$ 计算得出。

$$\mathcal{L}=\boldsymbol{I}\boldsymbol{\omega} \tag{6.2}$$

可以将世界坐标系中的惯性张量设为基准姿态中的惯性张量 $\bar{\boldsymbol{I}}$。

$$\boldsymbol{I}=\boldsymbol{R}\bar{\boldsymbol{I}}\boldsymbol{R}^{\mathrm{T}} \tag{6.3}$$

式中，$\boldsymbol{R}$ 是表示刚体姿态的旋转矩阵。以上是对第 3 章内容的复习。

在此基础上求出刚体旋转的运动方程式。在式（6.1）中代入式（6.2）和式（6.3），

$$\begin{aligned}\boldsymbol{\tau}&=\frac{\mathrm{d}}{\mathrm{d}t}(\boldsymbol{R}\bar{\boldsymbol{I}}\boldsymbol{R}^{\mathrm{T}}\boldsymbol{\omega})\\&=\dot{\boldsymbol{R}}\bar{\boldsymbol{I}}\boldsymbol{R}^{\mathrm{T}}\boldsymbol{\omega}+\boldsymbol{R}\bar{\boldsymbol{I}}\dot{\boldsymbol{R}}^{\mathrm{T}}\boldsymbol{\omega}+\boldsymbol{R}\bar{\boldsymbol{I}}\boldsymbol{R}^{\mathrm{T}}\dot{\boldsymbol{\omega}}\end{aligned}$$

在这里代入第 2 章导出的旋转运动基本公式 $\dot{\boldsymbol{R}}=\hat{\omega}\boldsymbol{R}$，得到

$$\boldsymbol{\tau}=\boldsymbol{\omega}\times(\boldsymbol{R}\bar{\boldsymbol{I}}\boldsymbol{R}^{\mathrm{T}}\boldsymbol{\omega})+(\boldsymbol{R}\bar{\boldsymbol{I}}\boldsymbol{R}^{\mathrm{T}})\dot{\boldsymbol{\omega}}$$

进一步使用式（6.3）改写惯性张量，得到以下运动方程，称为欧拉运动方程。

$$\boldsymbol{\tau}=\boldsymbol{I}\dot{\boldsymbol{\omega}}+\boldsymbol{\omega}\times\boldsymbol{I}\boldsymbol{\omega} \tag{6.4}$$

6.1.2　旋转运动的仿真

欧拉运动方程与牛顿运动方程式相比稍微复杂一些。为了解其性质，让我们进行简单的仿真实验。

考虑 0.1m×0.4m×0.9m 的长方体在宇宙空间中不受外力作用而围绕其重心旋转的情况。角速度 $\boldsymbol{\omega}$ 随时间的变化由式（6.4）（欧拉运动方程）给出，姿态 $\boldsymbol{R}$ 随时间的变化由第 2 章式（2.32）给出。

$$\dot{\boldsymbol{\omega}}=-\boldsymbol{I}^{-1}(\boldsymbol{\omega}\times\boldsymbol{I}\boldsymbol{\omega}) \tag{6.5}$$

$$\dot{\boldsymbol{R}} = \hat{\boldsymbol{\omega}} \boldsymbol{R} \tag{6.6}$$

为了对这些微分方程式进行数值积分，假设短时间 Δt 内，角加速度 $\dot{\boldsymbol{\omega}}$ 和角速度 $\boldsymbol{\omega}$ 为恒定值，进行如下计算。

$$\begin{cases} \boldsymbol{\omega}(t+\Delta t) = \boldsymbol{\omega}(t) + \dot{\boldsymbol{\omega}}\Delta t \\ \boldsymbol{R}(t+\Delta t) = e^{\hat{\omega}\Delta t}\boldsymbol{R}(t) \end{cases}$$

图 6.2 显示了仿真结果。可以看出，尽管没有受到外力作用，该长方体仍在进行复杂的旋转运动。图 6.3 显示了此时的角速度和角动量。可以看出，随着旋转运动的进行，角速度从其初始值 $\omega=[1\ 1\ 1]^{\mathrm{T}}$ rad/s 开始不断变化（见图 6.3 中的上图）。观察此时的角动量，发现与初始值保持不变（见图 6.3 中的下图）。也就是说，角动量守恒，这表明该模拟实验是正确的。

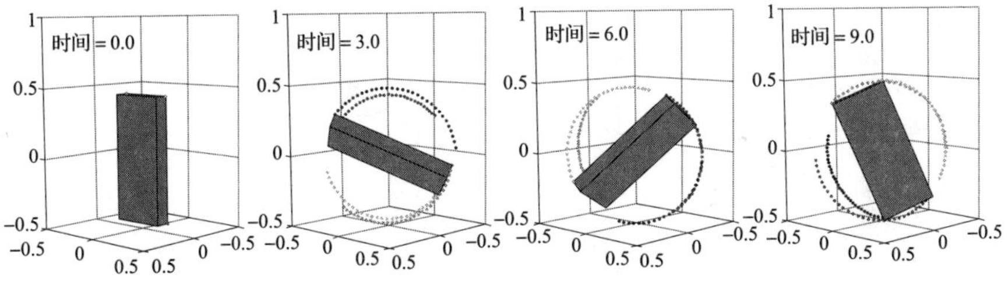

图 6.2　无重力空间中自由旋转的长方体的仿真结果，自由三维旋转运动一般没有恒定旋转轴

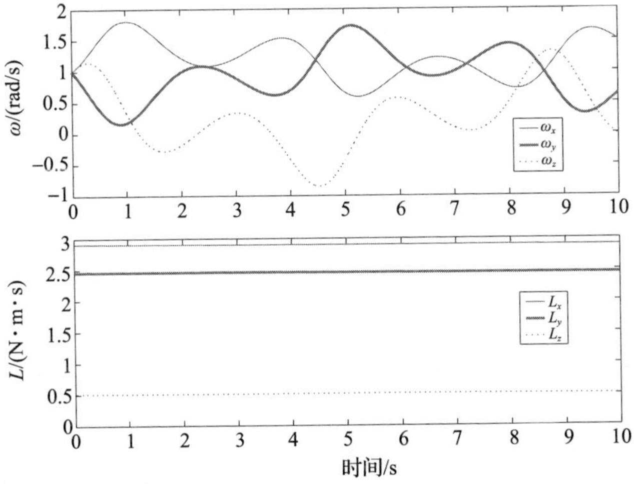

图 6.3　在无重力空间中自由旋转的长方体的角速度和角动量，角速度随时间变化，而角动量一直保持恒定值

漂浮在无重力空间中的刚体通常没有固定的旋转轴，而是进行复杂的旋转运动[⊖]。其原因如式（6.5）所示，即使外力为 0，角加速度也不为 0。角加速度是由于伴随旋转的惯性张量的变化，即质量配置的变化而产生的。

用于该模拟的程序如图 6.4 和图 6.5 所示。

```
function L = EulerDynamics(j)
global uLINK
I = uLINK(j).R * uLINK(j).I * uLINK(j).R';     % 惯性张量
L = I * uLINK(j).w;                            % 角动量
uLINK(j).dw  = I ¥ (-cross(uLINK(j).w, L));    % 欧拉运动方程
```

图 6.4　EulerDynamics.m，欧拉运动方程的计算

```
global uLINK
lx  = 0.1; ly  = 0.4; lz  = 0.9;          % 长、宽、高 （m）
mass = 36.0;                              % 质量 （kg）
MakeRigidBody(1, [lx ly lz], mass);       % 创建长方体数据

uLINK.p = [0.0, 0.0, 0]';  % 初始位置 （m）
uLINK.R = eye(3);          % 初始姿态
uLINK.w = [1, 1, 1]';      % 初始角速度 （rad/s）
Dtime   = 0.02;            % 积分步骤 （s）
EndTime = 5.0;             % 结束时间 （s）
time  = 0:Dtime:EndTime;
figure
AX=[-0.5 0.5]; AY=[-0.5 0.5]; AZ=[-0.5 1.0];  % 3D 显示范围
for n = 1:length(time)
    L = EulerDynamics(1);    % 欧拉运动方程
    uLINK(1).R = Rodrigues(uLINK(1).w, Dtime) * uLINK(1).R; % Rodrigues
    uLINK(1).w = uLINK(1).w + Dtime * uLINK(1).dw;         % 欧拉法
    ShowObject;                  % 绘制物体
end
```

图 6.5　无重力空间中围绕重心的旋转运动模拟程序。辅助函数 MakeRigidBody 和 ShowObject 请参见 6.6.2 节

6.2　空间速度向量

本节描述了刚体速度的表示方法。

⊖　将来，在宇宙垃圾（空间碎片）的回收工作中，物体的这种性质会成为一个问题。

6.2.1 空间速度向量的定义

在机器人学中，有以下 2 种方法用来表示刚体的平移速度。

（1）基准点的速度。在刚体上设定适当的基准点（例如关节轴中心或重心），将从世界坐标系看过去的基准点速度 $\boldsymbol{v}_1$ 视为刚体的平移速度。如果基准点的位置向量为 $\boldsymbol{p}_1$，则刚体上任意点 $\boldsymbol{p}$ 的速度可以用下式表示。

$$\boldsymbol{v}(\boldsymbol{p}) = \boldsymbol{v}_1 + \boldsymbol{\omega} \times (\boldsymbol{p} - \boldsymbol{p}_1)$$

（2）空间速度。将下式定义的向量视为刚体的平移速度[23]。

$$\boldsymbol{v}_o = \boldsymbol{v}_1 - \boldsymbol{\omega} \times \boldsymbol{p}_1 \tag{6.7}$$

在图 6.6 中，计算 $\boldsymbol{v}_O$ 时，刚体上任何一点都具有相同的值。因此，$\boldsymbol{v}_O$ 可以看作是刚体固有的平移速度分量。从世界坐标系来看，位于位置 $\boldsymbol{p}$ 的刚体上的任意一点的速度可以用式（6.8）表示。

$$\boldsymbol{v}(\boldsymbol{p}) = \boldsymbol{v}_O + \boldsymbol{\omega} \times \boldsymbol{p} \tag{6.8}$$

将（$\boldsymbol{v}_O$,$\boldsymbol{\omega}$）纵向排列的六维向量称为刚体的空间速度（Spatial Velocity）[23,71]。

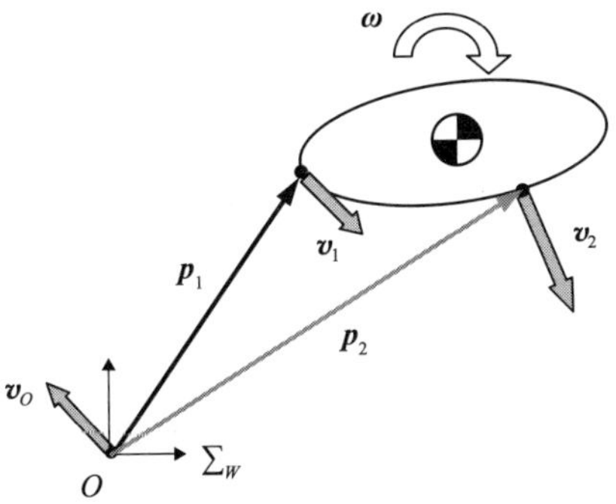

图 6.6 空间速度的定义：$\boldsymbol{v}_O = \boldsymbol{v}_1 - \boldsymbol{\omega} \times \boldsymbol{p}_1$。刚体上取另一个点 $\boldsymbol{p}_2$ 计算出的 $\boldsymbol{v}_O = \boldsymbol{v}_2 - \boldsymbol{\omega} \times \boldsymbol{p}_2$ 也具有完全相同的值。在二维运动情况下，当把大玻璃板粘在运动刚体上时，玻璃板在原点的速度相当于 $\boldsymbol{v}_O$

通常，刚体的平移速度用（1）的方法进行表示。在第 2 章中就是以本地坐标系的原点为基准点，用（1）的方法来表示平移速度。

使用（2）中的空间速度便于处理加速度，这引出了本章最后的 Featherstone 高速正向动力学计算方法。因此，本章通过（2）的方法来表示刚体的运动。但是，对空间速度进行积分以计算出刚体的位置和姿态稍微有些麻烦。这在下一节中进行说明。

6.2.2 空间速度向量的积分

为了使用空间速度进行模拟，需要计算刚体在给定的空间速度下其位置和姿态是如何变化的。如下所示，用矩阵改写式（6.8）。

$$\begin{bmatrix} \dot{\boldsymbol{p}} \\ 0 \end{bmatrix} = \begin{bmatrix} \hat{\boldsymbol{\omega}} & \boldsymbol{v}_O \\ 0\ 0\ 0 & 0 \end{bmatrix} \begin{bmatrix} \boldsymbol{p} \\ 1 \end{bmatrix} = \Xi \begin{bmatrix} \boldsymbol{p} \\ 1 \end{bmatrix} \tag{6.9}$$

此处新的 4×4 矩阵 Ξ 定义如下。

$$\Xi \equiv \begin{bmatrix} \hat{\boldsymbol{\omega}} & \boldsymbol{v}_O \\ 0\ 0\ 0 & 0 \end{bmatrix}$$

在 Ξ 恒定的情况下，该微分方程式的解可以用以下形式来表示。

$$\begin{bmatrix} \boldsymbol{p}(t) \\ 1 \end{bmatrix} = e^{\Xi t} \begin{bmatrix} \boldsymbol{p}(0) \\ 1 \end{bmatrix} \tag{6.10}$$

用无穷级数来表示 $e^{\Xi t}$。

$$e^{\Xi t} = \boldsymbol{E} + \Xi t + \frac{(\Xi t)^2}{2!} + \frac{(\Xi t)^3}{3!} + \cdots \tag{6.11}$$

将空间速度向量进行归一化处理，使角速度向量的范数为 1。

$$\boldsymbol{\omega}_n = \boldsymbol{\omega} / \|\boldsymbol{\omega}\|$$

$$\boldsymbol{v}_{on} = \boldsymbol{v}_o / \|\boldsymbol{\omega}\|$$

$$t' = \|\boldsymbol{\omega}\| t$$

使用以上公式得到下式[⊖]。

$$e^{\Xi t} = \begin{bmatrix} e^{\hat{\omega}_n t'} & (\boldsymbol{E} - e^{\hat{\omega}_n t'})(\boldsymbol{\omega}_n \times \boldsymbol{v}_{on}) + \boldsymbol{\omega}_n \boldsymbol{\omega}_n^{\mathrm{T}} \boldsymbol{v}_{on} t' \\ 0\ 0\ 0 & 1 \end{bmatrix} \tag{6.12}$$

当角速度向量 $\boldsymbol{\omega}$ 为 0 时，由于不能进行归一化，所以不能使用上式。对于这种不旋转的平移运动，应用下式。

$$e^{\Xi t} = \begin{bmatrix} \boldsymbol{E} & \boldsymbol{v}_o t \\ 0\ 0\ 0 & 1 \end{bmatrix} \tag{6.13}$$

假设刚体在时间 t 的位置和姿态为（$\boldsymbol{p}(t), \boldsymbol{R}(t)$），空间速度为 Ξ，则短时间 Δt 之后的位置和姿态由下式给出。

⊖ 具体推导见文献［71］（39～42 页）。

$$\begin{bmatrix} \boldsymbol{R}(t+\Delta t) & \boldsymbol{p}(t+\Delta t) \\ 0\ 0\ 0 & 1 \end{bmatrix} = \mathrm{e}^{\Xi \Delta t} \begin{bmatrix} \boldsymbol{R}(t) & \boldsymbol{p}(t) \\ 0\ 0\ 0 & 1 \end{bmatrix} \tag{6.14}$$

式（6.12）、式（6.13）、式（6.14）的程序如图 6.7 所示。引入了新变量 uLINK. vo 以表示空间速度 v_o。

```
function [p2, R2] = SE3exp(j, dt)
global uLINK
norm_w = norm(uLINK(j).w);
if norm_w < eps
    p2 = uLINK(j).p + dt * uLINK(j).vo;
    R2 = uLINK(j).R;
else
    th = norm_w*dt;
    wn = uLINK(j).w/norm_w; % normarized vector
    vo = uLINK(j).vo/norm_w;
    rot= Rodrigues(wn, th);
    p2 = rot * uLINK(j).p +(eye(3)-rot)*cross(wn, vo) + wn * wn' * vo * th;
    R2 = rot * uLINK(j).R;
end
```

图 6.7　SE3exp. m，根据空间速度向量更新位置和姿态

利用图 6.7 的程序，计算在恒定空间速度向量下的运动结果如图 6.8 所示。具有恒定空间速度向量的刚体一般会遵循这样的螺旋状轨迹。

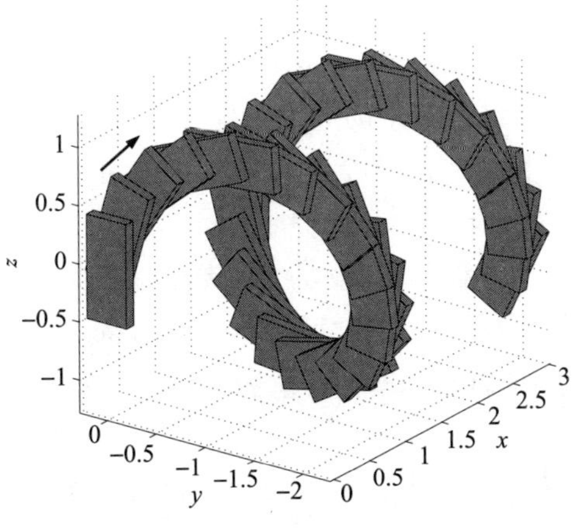

图 6.8　以 0.3 s 为单位，显示了恒定空间速度向量 $\boldsymbol{v}_o=[0.3\ 0\ 1]^{\mathrm{T}}$ m/s，$\boldsymbol{\omega}=[1\ 0\ 0]^{\mathrm{T}}$ rad/s 下 10 s 的刚体运动。具有恒定空间速度向量的刚体进行螺旋运动

6.3 刚体平移和旋转运动的动力学

本节将对三维空间中自由运动刚体的动力学和模拟方法进行说明。

6.3.1 牛顿-欧拉方程

众所周知，一个刚体的动力学可分为重心平移运动和围绕重心的旋转运动。因此，刚体在三维空间中的运动方程可由与重心相关的牛顿运动方程和与旋转相关的欧拉运动方程给出。两个方程的组合称为牛顿-欧拉方程(Newton-Euler Equation)。

$$\boldsymbol{f}=m\ddot{\boldsymbol{c}} \tag{6.15}$$

$$\boldsymbol{\tau}^{(c)}=\boldsymbol{I}\dot{\boldsymbol{\omega}}+\boldsymbol{\omega}\times\boldsymbol{I}\boldsymbol{\omega} \tag{6.16}$$

式中，$\boldsymbol{f}$ 是作用于重心的平移力，m 是刚体质量，$\boldsymbol{c}$ 是世界坐标系中表示的重心位置。$\boldsymbol{\tau}^{(c)}$ 是作用于刚体重心的力矩，$\boldsymbol{I}$、$\boldsymbol{\omega}$ 是世界坐标系表示的重心周围的惯性张量和角速度向量。

6.3.2 使用空间速度时的动力学

将牛顿-欧拉方程改写成使用空间速度的形式。刚体空间速度的平移分量由式（6.7）中的定义和重心速度求出，公式如下。

$$\boldsymbol{v}_o=\dot{\boldsymbol{c}}-\boldsymbol{\omega}\times\boldsymbol{c} \tag{6.17}$$

若进行微分处理，可以得到

$$\dot{\boldsymbol{v}}_o=\ddot{\boldsymbol{c}}-\dot{\boldsymbol{\omega}}\times\boldsymbol{c}-\boldsymbol{\omega}\times\dot{\boldsymbol{c}} \tag{6.18}$$

将该加速度和角加速度结合起来的 6 维向量 $[\dot{\boldsymbol{v}}_o^{\mathrm{T}},\dot{\boldsymbol{\omega}}^{\mathrm{T}}]^{\mathrm{T}}$ 称为空间加速度。

根据式（6.18）和式（6.17），重心的加速度由下式给出。

$$\ddot{\boldsymbol{c}}=\dot{\boldsymbol{v}}_o-\boldsymbol{c}\times\dot{\boldsymbol{\omega}}+\boldsymbol{\omega}\times(\boldsymbol{v}_o+\boldsymbol{\omega}\times\boldsymbol{c}) \tag{6.19}$$

将其代入牛顿运动方程（6.15），可得到空间速度向量的平移运动方程。

$$\boldsymbol{f}=m[\dot{\boldsymbol{v}}_o-\boldsymbol{c}\times\dot{\boldsymbol{\omega}}+\boldsymbol{\omega}\times(\boldsymbol{v}_o+\boldsymbol{\omega}\times\boldsymbol{c})] \tag{6.20}$$

作用于重心的力 $\boldsymbol{f}$ 和围绕重心的力矩 $\boldsymbol{\tau}^{(c)}$ 围绕世界坐标系原点产生的力矩为

$$\boldsymbol{\tau}=\boldsymbol{\tau}^{(c)}+\boldsymbol{c}\times\boldsymbol{f} \tag{6.21}$$

在式（6.21）中代入欧拉运动方程（6.16）和平移运动方程（6.20），可得到空间速度向量的旋转运动方程。

$$\boldsymbol{\tau}=\boldsymbol{I}\dot{\boldsymbol{\omega}}+\boldsymbol{\omega}\times\boldsymbol{I}\boldsymbol{\omega}+m\boldsymbol{c}\times[\dot{\boldsymbol{v}}_o-\boldsymbol{c}\times\dot{\boldsymbol{\omega}}+\boldsymbol{\omega}\times(\boldsymbol{v}_o+\boldsymbol{\omega}\times\boldsymbol{c})] \tag{6.22}$$

式（6.20）和式（6.22）可以整理为以下形式。这就是基于空间速度向量的刚体运动方程。

$$\begin{bmatrix} \boldsymbol{f} \\ \boldsymbol{\tau} \end{bmatrix} = \boldsymbol{I}^S \begin{bmatrix} \dot{\boldsymbol{v}}_o \\ \dot{\boldsymbol{\omega}} \end{bmatrix} + \begin{bmatrix} \hat{\boldsymbol{\omega}} & \boldsymbol{0} \\ \hat{\boldsymbol{v}}_o & \hat{\boldsymbol{\omega}} \end{bmatrix} \boldsymbol{I}^S \begin{bmatrix} \boldsymbol{v}_o \\ \boldsymbol{\omega} \end{bmatrix} \tag{6.23}$$

式中，$\boldsymbol{I}^S$是如下定义的 6×6 对称矩阵，称为空间惯性矩阵。

$$\boldsymbol{I}^S \equiv \begin{bmatrix} m\boldsymbol{E} & m\hat{\boldsymbol{c}}^{\mathrm{T}} \\ m\hat{\boldsymbol{c}} & m\hat{\boldsymbol{c}}\hat{\boldsymbol{c}}^{\mathrm{T}} + \boldsymbol{I} \end{bmatrix} \tag{6.24}$$

空间惯性矩阵、空间速度向量和刚体的动量、角动量之间存在以下关系。

$$\begin{bmatrix} \mathcal{P} \\ \mathcal{L} \end{bmatrix} = \boldsymbol{I}^S \begin{bmatrix} \boldsymbol{v}_o \\ \boldsymbol{\omega} \end{bmatrix} \tag{6.25}$$

6.3.3 基于空间速度的刚体运动模拟

如果使用基于空间速度向量的刚体运动方程（6.23），则给定力和力矩（$\boldsymbol{f},\boldsymbol{\tau}$）所产生的空间加速度由下式求出。

$$\begin{bmatrix} \dot{\boldsymbol{v}}_o \\ \dot{\boldsymbol{\omega}} \end{bmatrix} = (\boldsymbol{I}^S)^{-1} \left(\begin{bmatrix} \boldsymbol{f} \\ \boldsymbol{\tau} \end{bmatrix} - \begin{bmatrix} \hat{\boldsymbol{\omega}} & \boldsymbol{0} \\ \hat{\boldsymbol{v}}_o & \hat{\boldsymbol{\omega}} \end{bmatrix} \boldsymbol{I}^S \begin{bmatrix} \boldsymbol{v}_o \\ \boldsymbol{\omega} \end{bmatrix} \right) \tag{6.26}$$

基于该方程，对在无重力空间中自由旋转飞行的刚体（$\boldsymbol{f}=\boldsymbol{\tau}=0$）进行模拟的结果如图 6.9 所示。物体围绕其重心进行与 6.1.2 节所述一样的自由旋转运动，同时进行匀速直线运动。

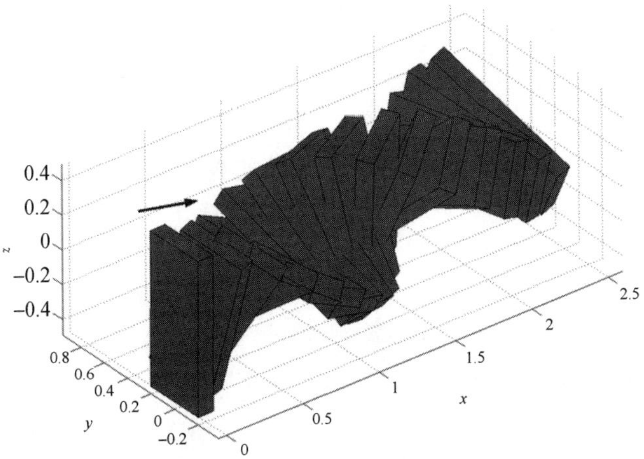

图 6.9 无重力空间中的刚体运动模拟。给出的初始条件为 $v_o=[0.5\ 0.1\ 0]^{\mathrm{T}}$m/s，$\omega=[1\ 0\ 1]^{\mathrm{T}}$rad/s，在外力为 0 的情况下进行了 5 s 动力学模拟（每 0.3 s 显示一次）

图 6.10 显示了此时的空间速度 v_o 和平移动量 P。即使重心速度是恒定的，由于旋转的缘故，v_o 时刻变化。但平移动量维持恒定值，反映了匀速直线运动。

像这样只处理单一刚体的话，直接使用式（6.15）和式（6.16）（牛顿-欧拉方程）就可以简单地进行模拟。空间速度向量的好处只有在进行 6.4 节中的刚性连杆系统计算时才会出现，此处暂不做说明。

本模拟中使用的程序的一部分［对应式（6.26）］如图 6.11 所示。引入了新变量 uLINK. dvo 来表示空间加速度 $\dot{\boldsymbol{v}}_o$。

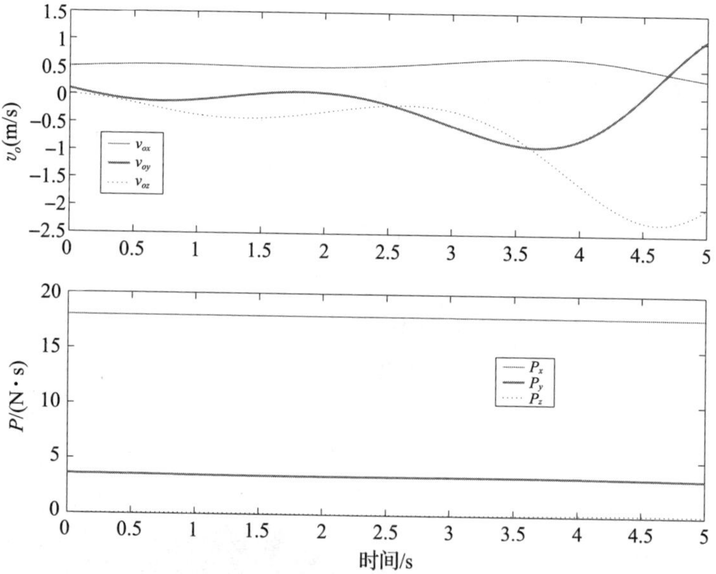

图 6.10　图 6.9 中模拟试验的空间速度 v_o 和平移动量 P。v_o 随刚体的旋转而变化，但 P 保持恒定值，表明重心为匀速直线运动

6.3.4 陀螺的模拟

作用于陀螺的力包括：(1) 作用于重心的重力 $\boldsymbol{f}_g$；(2) 陀螺的支点与地面接触而产生的力 $\boldsymbol{f}_g$。前者作用于陀螺的重心，后者只在陀螺的支点与地面接触时起作用。

$$\boldsymbol{f}_g = [0\ 0\ -mg]^{\mathrm{T}}$$

将垂直方向的接触力看作是弹簧阻力，将水平方向的摩擦力看作是与接触点的水平速度成正比的阻力，用下式计算。

```
function [P,L] = SE3dynamics(j)
global uLINK
w_c = uLINK(j).R * uLINK(j).c + uLINK(j).p;   % 重心
w_I = uLINK(j).R * uLINK(j).I * uLINK(j).R';  % 惯性张量
c_hat = wedge(w_c);
Iww = w_I + uLINK(j).m * c_hat * c_hat';
Ivv = uLINK(j).m * eye(3);
Iwv = uLINK(j).m * c_hat;
P = uLINK(j).m * (uLINK(j).vo + cross(uLINK(j).w,w_c));      % 动量
L = uLINK(j).m * cross(w_c,uLINK(j).vo) + Iww * uLINK(j).w; % 角动量
pp = [cross(uLINK(j).w,P);
      cross(uLINK(j).vo,P) + cross(uLINK(j).w,L)];
a0 = -[Ivv, Iwv'; Iwv, Iww] ¥ pp;                    % 空间加速度的计算
uLINK(j).dvo = a0(1:3);
uLINK(j).dw  = a0(4:6);
```

图 6.11　SE3dynamics.m，基于空间速度向量的运动方程

$$f_c = \begin{cases} [-D_f \dot{p}_x, -D_f \dot{p}_y, -K_f p_z - D_f \dot{p}_z]^{\mathrm{T}} & (p_z < 0) \\ [0,0,0]^{\mathrm{T}} & (p_z > 0) \end{cases}$$

式中，$\boldsymbol{p} \equiv [p_x\ p_y\ p_z]^{\mathrm{T}}$ 表示陀螺支点的坐标。D_f 是简单表现地面摩擦的阻尼系数，K_f 是地面垂直方向的弹簧系数。

这些力围绕世界坐标系原点作用而产生的力矩 $\boldsymbol{\tau}$ 可通过下式计算得到（见 6.6.1 节）。

$$\boldsymbol{\tau} = \boldsymbol{c} \times \boldsymbol{f}_g + \boldsymbol{p} \times \boldsymbol{f}_c$$

对以上描述的外力发生过程进行编程，程序如图 6.12 所示。

```
function [f,t] = TopForce(j)
global uLINK G Kf Df
w_c = uLINK(j).R * uLINK(j).c + uLINK(j).p;   % 重心位置
f = [0 0 -uLINK(j).m * G]';    % 重力
t = cross(w_c, f);             % 由重力引起的围绕原点的力矩

if uLINK(j).p(3) < 0.0      % 支点与地面接触
    v = uLINK(j).vo + cross(uLINK(j).w,uLINK(j).p);  % 支点的速度
    fc = [-Df*v(1)  -Df*v(2)  -Kf*uLINK(j).p(3)-Df*v(3)]';
    f  = f + fc;
    t  = t + cross(uLINK(j).p, fc);
end
```

图 6.12　TopForce.m，计算作用在陀螺上的外力和力矩

在1G重力下，给出适当的初始角速度，使陀螺落在地面上时的模拟结果如图6.13所示。根据作用于陀螺的重力力矩，旋转轴上端以圆周运动方式移动，可以很好地将岁差运动再现出来。

图6.14显示了陀螺运动的模拟程序。用式（6.26）计算空间加速度，并更新了空间速度，假设空间加速度在微观时间内是恒定的。

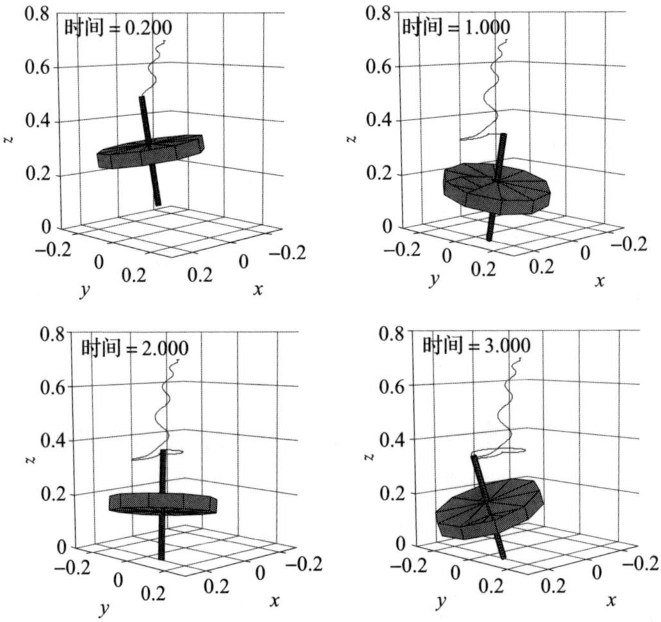

图6.13　当给出的初始角速度为 $[0\ 0\ 50]^T$ rad/s 时，使陀螺落在地面上的模拟结果。为了显示岁差运动情况，描绘出了旋转轴上端在空间内的轨迹

```
global uLINK G Kf Df
G = 9.8;
Kf = 1.0E+4; Df = 1.0E+3;        % 地面刚度 (N/m) 和黏性 [N/(m/s)]
r = 0.2; a = 0.05; c = 0.2;      % 圆盘半径、厚度、轴的长度/2 (m)
MakeTop(1, r,a,c);

uLINK(1).p = [0 0 0.3]';                    % 初始位置 (m)
uLINK(1).R = Rodrigues([1 0 0],pi/50);      % 初始姿态
uLINK(1).vo= [0 0 0]';                      % 初始速度 (m/s)
uLINK(1).w = [0 0 50]';                     % 初始角速度 (rad/s)
```

图6.14　陀螺运动的模拟程序。在动力学模拟的同时显示动画。关于函数MakeTop和ShowObject，请见6.7.2节

```
Dtime   = 0.002;
EndTime = 2.0;
time   = 0:Dtime:EndTime;

figure
frame_skip = 3;
AX=[-0.2 0.4];  AY=[-0.3 0.3]; AZ=[0 0.8];                 % 3D显示范围
for n = 1:length(time)
    [f,tau] = TopForce(1);                                  % 外力计算
    [P,L]   = SE3dynamics(1,f,tau);                         % 加速度计算
    [uLINK.p, uLINK.R] = SE3exp(1, Dtime);                  % 位置和姿态更新
    uLINK(1).w = uLINK(1).w + Dtime * uLINK(1).dw;          % 角速度更新
    uLINK(1).vo= uLINK(1).vo+ Dtime * uLINK(1).dvo;         % 速度更新
    if mod(n,frame_skip) == 0
        ShowObject;                                         % 动画显示
    end
end
```

图 6.14 （续）

$$\begin{cases} \boldsymbol{v}_o(t+\Delta t) = \boldsymbol{v}_o(t) + \dot{\boldsymbol{v}}_o \Delta t \\ \boldsymbol{\omega}(t+\Delta t) = \boldsymbol{\omega}(t) + \dot{\boldsymbol{\omega}} \Delta t \end{cases}$$

使用图 6.7 所示的基于式（6.14）的程序对陀螺位置和姿态进行更新，假设空间速度在微观时间内是恒定的，以动画方式显示陀螺运动。

6.4 刚性连杆系统的动力学

本节将人形机器人看作是由多个刚体连接的刚性连杆系统，以考察其行为。组成连杆系统的每一个刚体都遵循上一节所述的动力学原理，通过将这些刚体无缝衔接来确定整个机器人的运动。

6.4.1 考虑加速度的正向运动学

对由关节连接的两个刚性连杆之间的空间速度关系进行调查，如图 6.15 所示。假设连杆 2 通过旋转关节与漂浮在空中的连杆 1 相连。在连杆 1 静止在空中的状态下，连杆 2 以速度 $\dot{q}_2$ 围绕单位旋转轴向量 $\boldsymbol{a}_2$ 旋转，其角速度如下式。

$$\boldsymbol{\omega}_2 = \boldsymbol{a}_2 \dot{q}_2 \tag{6.27}$$

用空间速度向量方法（见 6.2 节）表示连杆 2 的平移速度，即

$$\boldsymbol{v}_{o2} = \dot{\boldsymbol{p}}_2 - \boldsymbol{\omega}_2 \times \boldsymbol{p}_2$$

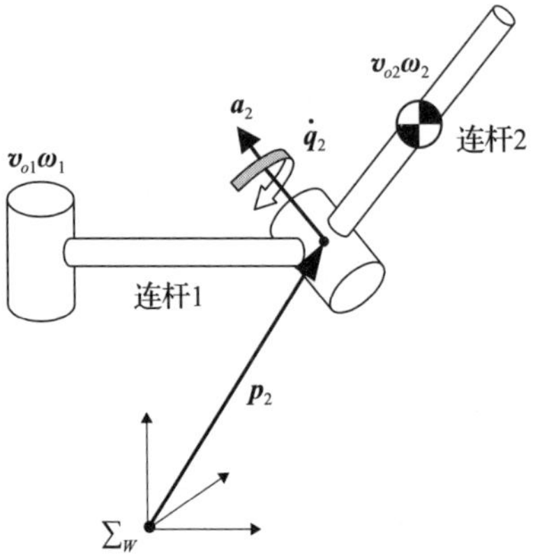

图 6.15　两个刚性连杆之间的空间速度关系。连杆 2 以速度$\dot{q}_2$ 绕关节轴 a_2 旋转，以获得相对于连杆 1 的相对速度

式中，p_2 表示连杆 2 的原点位置，因为连杆 1 是静止的，所以 $\dot{p}_2=0$。将式（6.27）代入上式，可得到式（6.28）。

$$v_{o2} = p_2 \times a_2 \dot{q}_2 \tag{6.28}$$

式（6.28）和式（6.27）给出了关节 2 对连杆 1 产生的相对速度（v_{o2}，ω_2）。

当连杆 1 以速度（v_{o1}，ω_1）运动时，只要加上连杆 2 的关节产生的空间速度即可，如下式所示。

$$\begin{bmatrix} v_{o2} \\ \omega_2 \end{bmatrix} = \begin{bmatrix} v_{o1} \\ \omega_1 \end{bmatrix} + \begin{bmatrix} p_2 \times a_2 \\ a_2 \end{bmatrix} \dot{q}_2 \tag{6.29}$$

以下使用下列速记法，以使公式的展开更容易理解。

$$\xi_2 = \xi_1 + s_2 \dot{q}_2 \tag{6.30}$$

式中，

$$\xi_j \equiv \begin{bmatrix} v_{oj} \\ \omega_j \end{bmatrix}, \ s_j \equiv \begin{bmatrix} p_j \times a_j \\ a_j \end{bmatrix}$$

ξ_j是空间速度向量之和，s_j是关节产生的空间速度向量，都是 6 维向量。

为了得到连杆 1 和连杆 2 之间的空间加速度关系，只需对式（6.30）进行微分即可⊖。

⊖ 空间速度的优势到这里才体现出来。在不使用空间速度的情况下，加速度的传播必须使用更复杂的公式[70]。

$$\dot{\boldsymbol{\xi}}_2 = \dot{\boldsymbol{\xi}}_1 + \dot{\boldsymbol{s}}_2 \dot{q}_2 + \boldsymbol{s}_2 \ddot{q}_2 \tag{6.31}$$

式中，$\dot{\boldsymbol{s}}_2$ 可以用式（6.32）计算。

$$\dot{\boldsymbol{s}}_2 = \begin{bmatrix} \hat{\boldsymbol{\omega}}_1 & \hat{\boldsymbol{v}}_{o1} \\ \boldsymbol{0} & \hat{\boldsymbol{\omega}}_1 \end{bmatrix} \boldsymbol{s}_2 \tag{6.32}$$

现在，机器人躯干的位置、姿态、空间速度和空间加速度都已知，再加上机器人所有关节的角度、速度、加速度（$q_j, \dot{q}_j, \ddot{q}_j$）也已知。如果将式（6.30）和式（6.31）从躯干重复应用到四肢前端，就可以计算出机器人所有连杆的空间速度和空间加速度。这是一种连加速度都考虑在内的正向运动学计算，使用递归法可以很容易对其进行编程（见图 6.16）。

```
function ForwardAllKinematics(j)
global uLINK G
if j == 0 return; end
if j ~= 1
    mom = uLINK(j).mother;
    %% 计算位置和姿态
    uLINK(j).p = uLINK(mom).R * uLINK(j).b + uLINK(mom).p;
    uLINK(j).R = uLINK(mom).R * Rodrigues(uLINK(j).a, uLINK(j).q);
    %% 计算空间速度
    sw = uLINK(mom).R * uLINK(j).a;  % axis vector in world frame
    sv = cross(uLINK(j).p, sw);      % p_i x axis
    uLINK(j).w  = uLINK(mom).w  + sw * uLINK(j).dq;
    uLINK(j).vo = uLINK(mom).vo + sv * uLINK(j).dq;
    %% 计算空间加速度
    dsv = cross(uLINK(mom).w, sv) + cross(uLINK(mom).vo, sw);
    dsw = cross(uLINK(mom).w, sw);
    uLINK(j).dw  = uLINK(mom).dw  + dsw * uLINK(j).dq + sw * uLINK(j).ddq;
    uLINK(j).dvo = uLINK(mom).dvo + dsv * uLINK(j).dq + sv * uLINK(j).ddq;
    uLINK(j).sw = sw;              % store h1 and h2 for future use
    uLINK(j).sv = sv;
end
ForwardAllKinematics(uLINK(j).sister);   % 传播到姐妹连杆
ForwardAllKinematics(uLINK(j).child);    % 传播到子连杆
```

图 6.16 计算各连杆的空间速度和空间加速度

6.4.2 刚性连杆系统的反向动力学

考虑各连杆的力和力矩。用空间速度向量 $\boldsymbol{\xi}$ 对第 6.3 节中求得的刚体运动方程进行改写。

$$\begin{bmatrix} \boldsymbol{f} \\ \boldsymbol{\tau} \end{bmatrix} = \boldsymbol{I}^S \dot{\boldsymbol{\xi}} + \boldsymbol{\xi} \times \boldsymbol{I}^S \boldsymbol{\xi} \tag{6.33}$$

式中，×表示以下 6 维向量的运算。

$$\boldsymbol{\xi} \times \begin{bmatrix} \boldsymbol{v}_o \\ \boldsymbol{\omega} \end{bmatrix} \times \equiv \begin{bmatrix} \hat{\boldsymbol{\omega}} & 0 \\ \hat{\boldsymbol{v}}_o & \hat{\boldsymbol{\omega}} \end{bmatrix} \tag{6.34}$$

图 6.17 显示了作用于第 j 个连杆的力和力矩。此处把从根部（母侧）作用于连杆 j 的力和力矩表示为 $\boldsymbol{f}_j$、$\boldsymbol{\tau}_j$。把直接从外部作用于连杆 j 的力和力矩（此时是作用于重心的重力）表示为 $\boldsymbol{f}_j^E$、$\boldsymbol{\tau}_j^E$。来自母侧的作用、来自环境的作用，以及来自子侧的反作用的总和引起连杆 j 的运动。运动方程如下。

$$\begin{bmatrix} \boldsymbol{f}_j \\ \boldsymbol{\tau}_j \end{bmatrix} + \begin{bmatrix} \boldsymbol{f}_j^E \\ \boldsymbol{\tau}_j^E \end{bmatrix} - \begin{bmatrix} \boldsymbol{f}_{j+1} \\ \boldsymbol{\tau}_{j+1} \end{bmatrix} = \boldsymbol{I}_j^S \dot{\boldsymbol{\xi}}_j + \boldsymbol{\xi}_j \times \boldsymbol{I}_j^S \boldsymbol{\xi}_j \tag{6.35}$$

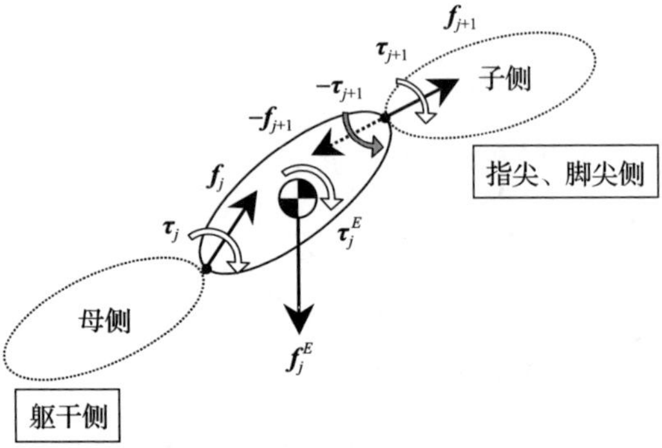

图 6.17 作用于第 j 个连杆的力和力矩

改写该方程，可获得传递到各连杆的力和力矩的递归公式。

$$\begin{bmatrix} \boldsymbol{f}_j \\ \boldsymbol{\tau}_j \end{bmatrix} = \boldsymbol{I}_j^S \dot{\boldsymbol{\xi}}_j + \boldsymbol{\xi}_j \times \boldsymbol{I}_j^S \boldsymbol{\xi}_j - \begin{bmatrix} \boldsymbol{f}_j^E \\ \boldsymbol{\tau}_j^E \end{bmatrix} + \begin{bmatrix} \boldsymbol{f}_{j+1} \\ \boldsymbol{\tau}_{j+1} \end{bmatrix} \tag{6.36}$$

如果 j 是末端连杆，则 $\boldsymbol{f}_{j+1}$，$\boldsymbol{\tau}_{j+1}$ 为零，可以计算 $\boldsymbol{f}_j$，$\boldsymbol{\tau}_j$。因此，通过从末端向根部依次进行计算，可以确定与每个关节相关的力和力矩。另外，在各关节轴上发生的转矩 u_j 可以用式（6.37）计算。

$$u_j = s_j^{\mathrm{T}} \begin{bmatrix} \boldsymbol{f}_j \\ \boldsymbol{\tau}_j \end{bmatrix} \tag{6.37}$$

图 6.18 将上述计算方法总结为基于递归计算的反向运动学程序。该程序即使在连杆出现分支的情况下也能正确地传递力和力矩。

```
function [f,t] = InverseDynamics(j)
global uLINK
if j == 0
    f=[0,0,0]';
    t=[0,0,0]';
    return;
end
c = uLINK(j).R * uLINK(j).c + uLINK(j).p;      % 重心
I = uLINK(j).R * uLINK(j).I * uLINK(j).R';     % 惯性张量
c_hat = hat(c);
I = I + uLINK(j).m * c_hat * c_hat';
P = uLINK(j).m * (uLINK(j).vo + cross(uLINK(j).w,c));   % 动量
L = uLINK(j).m * cross(c,uLINK(j).vo) + I * uLINK(j).w; % 角动量
f0 = uLINK(j).m * (uLINK(j).dvo + cross(uLINK(j).dw,c)) ...
     + cross(uLINK(j).w,P);
t0 = uLINK(j).m * cross(c,uLINK(j).dvo) + I * uLINK(j).dw ...
     + cross(uLINK(j).vo,P) + cross(uLINK(j).w,L);

[f1,t1] = InverseDynamics(uLINK(j).child);     % 来自子连杆的力和力矩
f = f0 + f1;
t = t0 + t1;
if j ~= 1
    uLINK(j).u = uLINK(j).sv' * f + uLINK(j).sw' * t;  % 关节转矩
end
[f2,t2] = InverseDynamics(uLINK(j).sister);    % 来自姐妹连杆的力和力矩
f = f + f2;
t = t + t2;
```

图 6.18　基于递归计算的反向动力学程序

通过将反向动力学计算出的关节转矩直接前馈给机器人，可以实现高精度的高速运动。这种控制方法被称为计算转矩法。但是，只有对于机械手那样第一连杆固定在地面上，并且能够产生任意力和力矩的情况，计算转矩法才能够计算出正确运动。

人形机器人的第 1 连杆，也就是躯干并不是固定的，因此无法保证获得维持反向动力学计算中躯干位置和姿态所需的力和力矩。如果给出不恰当的动作模式，躯干位置和姿态就会偏离计划的运动。对躯干的加速运动进行积分运算，可以模拟这种情况。

6.4.3　刚性连杆系统的正向动力学

将 HRP-2 所有关节的转矩设为 0，模拟机器人从站立状态跌落到地面的

状态，如图 6.19 所示。

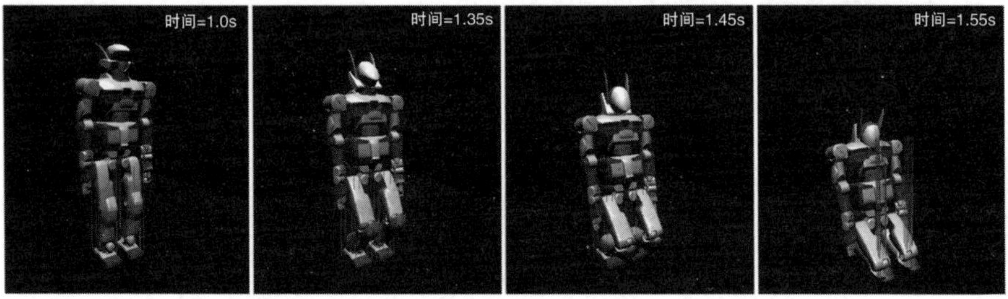

图 6.19 模拟 HRP-2 在关节转矩设为 0 的情况下倒地

在这种情况中，机器人在对环境施加作用力的同时，通过接受来自环境的作用力以进行各种运动。在给定的关节转矩和外力下计算机器人运动的方法被称为正向动力学。本节基于前几节所学知识，对正向动力学的基本计算方法进行说明。

一般而言，关节轴数为 n 的人形机器人具有 $n+6$ 个自由度，即躯干在三维空间中自由漂浮，其运动方程可用下式表示[94,155]。

$$\boldsymbol{u}_G = \boldsymbol{A}_G \ddot{\boldsymbol{x}}_G + \boldsymbol{b}_G \tag{6.38}$$

$\boldsymbol{u}_G$ 是机器人的输入，$\ddot{\boldsymbol{x}}_G$ 是概括机器人加速度的一个向量，定义如下。

$$\boldsymbol{u}_G \equiv \begin{bmatrix} \boldsymbol{f}_B \\ \boldsymbol{\tau}_B \\ \boldsymbol{u} \end{bmatrix} \quad \ddot{\boldsymbol{x}}_G \equiv \begin{bmatrix} \dot{\boldsymbol{v}}_{oB} \\ \dot{\boldsymbol{\omega}}_B \\ \ddot{\boldsymbol{q}} \end{bmatrix}$$

式中，$(\boldsymbol{f}_B, \boldsymbol{\tau}_B)$ 是作用于躯干的力和力矩（重力除外），$\dot{\boldsymbol{v}}_{oB}, \dot{\boldsymbol{\omega}}_B$ 是躯干的空间加速度，$\boldsymbol{u}$ 是所有关节扭矩的向量（$\boldsymbol{u} \in \mathbf{R}^n$），$\ddot{\boldsymbol{q}}$ 是所有关节加速度的向量（$\ddot{\boldsymbol{q}} \in \mathbf{R}^n$）。

$\boldsymbol{A}_G \in \mathbf{R}^{(n+6)\times(n+6)}$ 表示惯性矩阵，$\boldsymbol{b}_G \in \mathbf{R}^{(n+6)}$ 表示离心力、科里奥利力、重力效果的向量。如果这些参数都是已知的，则根据式（6.38），在给定的输入 $\boldsymbol{u}_G$ 下，使用下式可求出加速度 $\ddot{\boldsymbol{x}}_G$，这样就求出了正向动力学的解。

$$\ddot{\boldsymbol{x}}_G = \boldsymbol{A}_G^{-1} (\boldsymbol{u}_G - \boldsymbol{b}_G) \tag{6.39}$$

6.4.2 节中所述的反向动力学运算算法计算关节转矩的函数为 $InvDyn()$。

$$\boldsymbol{u}_G = InvDyn(\ddot{\boldsymbol{x}}_G) \tag{6.40}$$

比较式（6.38）和式（6.40）可以看出，如果将通过加速度 $\ddot{\boldsymbol{x}}_G$ 的所有要素均设为 0，通过 $InvDyn()$ 可以立即求出 $\boldsymbol{b}_G$。

$$\boldsymbol{b}_G = InvDyn\ (\boldsymbol{0}) \tag{6.41}$$

考虑只有第 i 个要素为 1，其他全部为 0 的 $n+6$ 维向量 $\boldsymbol{\delta}_i$。将其设置为加速度，进行如下计算。

$$\boldsymbol{A}_G \boldsymbol{\delta}_i = InvDyn\ (\boldsymbol{\delta}_i) - \boldsymbol{b}_G \tag{6.42}$$

左边是矩阵 $\boldsymbol{A}_G$ 的第 i 列。因此，使 i 从 1 变化到 $n+6$，通过重复上述计算，可以求出 $\boldsymbol{A}_G$ 的所有要素。这种方法称为单位向量法㊀。根据单位向量法计算躯干的空间加速度以及各关节角加速度的程序如图 6.20 所示。另外，计算 $InvDyn()$ 的程序如图 6.30 所示。

```
nDoF = length(uLINK)-1+6;
A    = zeros(nDoF,nDoF);
b    = InvDyn(0);
for n=1:nDoF
    A(:,n) = InvDyn(n) - b;
end
% 添加电机惯量
for n=7:nDoF
    j = n-6+1;
    A(n,n) = A(n,n) + uLINK(j).Ir * uLINK(j).gr^2;
end
u   = [0 0 0 0 0 0 u_joint(2:end)']';
ddq = A ¥ (-b + u);
uLINK(1).dvo = ddq(1:3);
uLINK(1).dw  = ddq(4:6);
for j=1:length(uLINK)-1
    uLINK(j+1).ddq = ddq(j+6);
end
```

图 6.20　使用单位向量法的正向动力学程序

利用得到的 $\boldsymbol{A}_G$、$\boldsymbol{b}_G$ 和式（6.39），求出给定转矩产生的加速度并对其进行积分，就可以对机器人进行模拟。

单位向量法的原理容易理解，编程也很容易，但是随着机器人关节数量的增加，速度会急剧下降。其中一个原因是惯性矩阵的计算方法。在单位向量法中，如果关节数为 n，则为了计算 $\boldsymbol{A}_G$ 和 $\boldsymbol{b}_G$，需要进行 $n+7$ 次反向动力学运算。而且，由于一次反向动力学运算所需时间与关节数 n 成正比，所以整个计算时间与 $n(n+7)$ 成正比。这个问题可以通过引入一种直接计算惯性

㊀ 在文献［63］中作为 Method 1 被提出。

矩阵的算法[23,63]来解决。

但是，更本质的问题是为了求解式（6.39）中出现的巨大同步线性方程而进行的计算。虽然可以用高斯-约当消元法和 LU 分解等方法高效地进行这种计算[93,109]，但由于所花费的时间总是与 $(n+6)^3$ 成正比，因此这是基于正向动力学对人形机器人加速运动模拟的最大瓶颈。6.4.4 节介绍了解决该问题的方法。

6.4.4　使用 Featherstone 方法的正向动力学

考虑由旋转关节连接的刚性连杆 1 和 2 漂浮在零重力空间的情况，如图 6.21 所示。现在，假设连杆 1 的空间加速度已知，考察对由关节 2 的旋转转矩 u_2 产生的角加速度 $\ddot{q}_2$ 进行直接计算的方法。2 个刚体之间的加速度关系由下式给出。

$$\dot{\boldsymbol{\xi}}_2 = \dot{\boldsymbol{\xi}}_1 + \dot{\boldsymbol{s}}_2 \dot{q}_2 + \boldsymbol{s}_2 \ddot{q}_2 \tag{6.43}$$

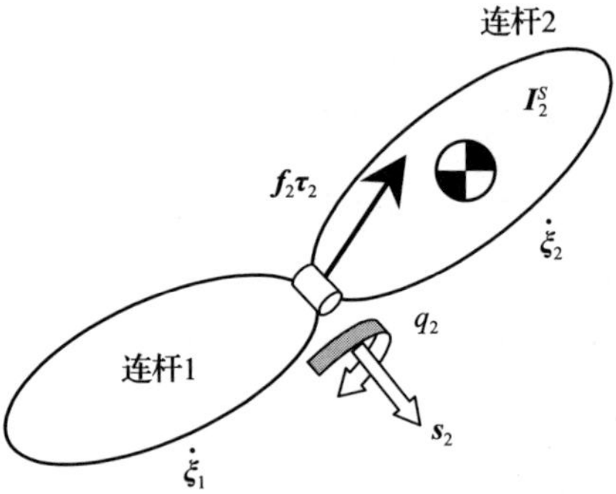

图 6.21　漂浮在空间中的两个刚性连杆

连杆 2 的运动方程如下。

$$\begin{bmatrix} \boldsymbol{f}_2 \\ \boldsymbol{\tau}_2 \end{bmatrix} = \boldsymbol{I}_2^S \dot{\boldsymbol{\xi}}_2 + \boldsymbol{\xi}_2 \times \boldsymbol{I}_2^S \boldsymbol{\xi}_2 \tag{6.44}$$

关节转矩 u_2 可由下式计算。

$$u_2 = \boldsymbol{s}_2^{\mathrm{T}} \begin{bmatrix} \boldsymbol{f}_2 \\ \boldsymbol{\tau}_2 \end{bmatrix} \tag{6.45}$$

在上式中代入式（6.43）和式（6.44），并对加速度项进行整理后可得

$$\ddot{q}_2 = \frac{u_2 - \boldsymbol{s}_2^{\mathrm{T}}[\boldsymbol{I}_2^S(\dot{\boldsymbol{\xi}}_1 + \dot{\boldsymbol{s}}_2 \dot{q}_2) + \boldsymbol{\xi}_2 \times \boldsymbol{I}_2^S \boldsymbol{\xi}_2]}{\boldsymbol{s}_2^{\mathrm{T}} \boldsymbol{I}_2^S \boldsymbol{s}_2} \tag{6.46}$$

利用该公式，可以立即计算出由关节转矩 u_2 产生的关节角加速度 $\ddot{q}_2$，而不必求解上一节中式（6.39）中的大方程组。

但是，只有当所关注的连杆位于机构末端时，才可以使用式（6.46）。当连杆 2 的前面连接着其他连杆时（见图 6.22），由于其约束力，式（6.44）就不再成立了。约束力来自其他连杆所具有的惯性。因此，可以定义一个惯性矩阵 $\boldsymbol{I}_2^A$，将连杆 2 前面所有相连铰接体的影响包含在内，下面的公式成立。

$$\begin{bmatrix} \boldsymbol{f}_2 \\ \boldsymbol{\tau}_2 \end{bmatrix} = \boldsymbol{I}_2^A \dot{\boldsymbol{\xi}}_2 + \boldsymbol{b}_2 \tag{6.47}$$

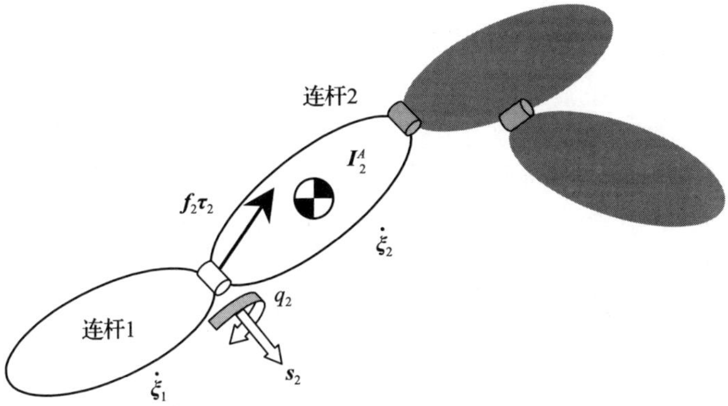

图 6.22 铰接体惯性 $\boldsymbol{I}_2^A$ 表示作用于连杆 2 的力与加速度之间的关系，包括其末端相连铰接体（灰色部分）的所有影响

$\boldsymbol{I}_2^A$ 称为铰接体惯性（Articulated-Body Inertia）[⊖]。铰接体惯性矩阵表示作用于连杆的外力与连杆加速度之间的关系。$\boldsymbol{b}_2$ 是偏置项（偏置力），包括作用于连杆 2 之前的铰接体上的离心力、科里奥利力、外力和关节转矩所产生的所有影响。

Featherstone 认为铰接体惯性可通过以下递归公式进行计算。

$$\boldsymbol{I}_j^A = I_j^S + I_{j+1}^A - \frac{\boldsymbol{I}_{j+1}^A \boldsymbol{s}_{j+1} \boldsymbol{s}_{j+1}^{\mathrm{T}} \boldsymbol{I}_{j+1}^A}{\boldsymbol{s}_{j+1}^{\mathrm{T}} \boldsymbol{I}_{j+1}^A \boldsymbol{s}_{j+1}} \tag{6.48}$$

偏置项也可以通过同样的递归公式进行计算。

⊖ 由于没有固定的译词，所以我们给它临时取了一个名字。Articulated-Body 是指用关节连接的刚性连杆。

假设所有关节的铰接体惯性和偏置项都已得到，将式（6.47）和式（6.43）代入式（6.45），可以得到与之前章节所述相同的关节转矩和角速度之间的关系公式。

$$\ddot{q}_2=\frac{u_2-\boldsymbol{s}_2^{\mathrm{T}}[\boldsymbol{I}_2^A(\dot{\boldsymbol{\xi}}_1+\dot{\boldsymbol{s}}_2\dot{q}_2)+\boldsymbol{b}_2]}{\boldsymbol{s}_2^{\mathrm{T}}\boldsymbol{I}_2^A\boldsymbol{s}_2} \tag{6.49}$$

也就是说，从关节转矩中可以得到该关节轴的加速度。这是 Featherstone 算法的核心。

综上所述，正向动力学的计算可以通过以下 3 个步骤进行。

（1）计算从根部到末端的所有连杆的位置、姿态和速度。

（2）用式（6.48）计算从末端到根部的铰接体惯性，另外还计算偏置项。

（3）用式（6.49）计算从根部到末端的关节的加速度，用式（6.43）计算空间加速度。

各步骤所需时间单纯地与关节数 n 成正比，所以整体计算时间也与 n 成正比。这样的算法称为有 n 阶速度的算法，记为 $O(n)$。顺便说一下，在上一节所述的单位向量法的情况下，由于速度与 n 的三次方成正比，所以记为 $O(n^3)$。

6.5　综合机器人模拟器 Choreonoid

本节将对执行本章所述动力学计算的软件进行介绍。Choreonoid 是中冈慎一郎先生开发的一款开源综合机器人模拟器㊀。该软件具有动力学模拟功能和三维动画显示功能、动作编排功能，还附带各种机器人的样本数据（见图 6.23）。

该软件不仅是产综研进行人形机器人研究的基础，而且因其优异的性能和易用性受到世界各地的机器人技术人员和研究人员所喜爱。

Choreonoid 采用 C＋＋编程，并使用本书的记法作为其核心。在 src/Body 目录下的 Link. h 文件中对作为模拟实验基础的数据结构进行了定义，其主要部分如清单 6.1 所示。

该代码定义了 Link 这个 C＋＋类的成员变量，使用了以第 2 章的表 2.1 为基准的变量名㊁。

㊀ Choreonoid 的主页是 https://choreonoid.org。Github（https://github.com/choreonoid/choreonoid）上现在仍在进行开发。有日语文献［154］和英语文献［64］可供参阅。

㊁ 成员变量使用 public 函数进行访问，例如 q()。为了避免函数名称的重复，对应的私有变量名称后面会加上一个下画线‘_’，例如 q_。

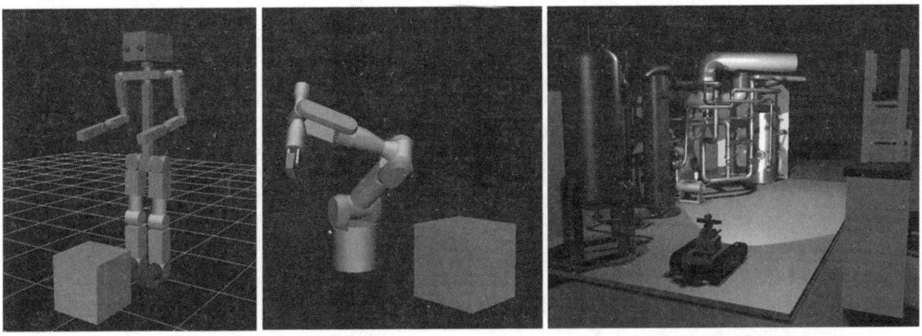

原创人形机器人SR1 (share/project/SR1Liftup.cnoid)　7轴机械手PA10（三菱重工）(share/project/PA10pickup.cnoid)　原创探索器和模拟工厂 (share/project/Tank.cnoid)

图 6.23 随 Choreonoid 一起提供的样本数据示例。括号中的内容表示应从菜单［文件］→［导入项目］中选择的文件名

清单 6.1 Link.h（部分）

```
1  private:
2      int index_;
3      int jointId_;
4      Link* parent_;
5      LinkPtr sibling_;
6      LinkPtr child_;
7      Body* body_;
8      Position T_;
9      Position Tb_;
10     //temporary variable for porting. This should be removed later.
11     Matrix3 Rs_;
12     Vector3 a_;
13     JointType jointType_;
14     ActuationMode actuationMode_;
15     double q_;
16     double dq_;
17     double ddq_;
18     double u_;
19     double q_target_;
20     double dq_target_;
21     Vector3 v_;
22     Vector3 w_;
23     Vector3 dv_;
24     Vector3 dw_;
25     Vector3 c_;
26     Vector3 wc_;
27     double m_;
28     Matrix3 I_;
```

Choreonoid，使用C++指针变量来表示机器人连杆之间的连接关系。母连杆为 parent _（第 4 行），姐妹连杆为 sibling _（第 5 行），子连杆为 child _（第

6 行)。第 8 行出现的位置类型(Position),是以不同名称对 C++矩阵库 Eigen 中 Affine 变换矩阵(见 2.1.2 节)的类型进行重新定义㊀。位置型的变量 T_共同持有世界坐标系中连杆的位置向量 $\boldsymbol{p}$ 和旋转矩阵 $\boldsymbol{R}$。第 9 行中,连杆相对于母连杆的位置、姿态 Tb_采用位置型进行定义,第 12 行中关节轴向量 $\boldsymbol{a}$ 定义为三维向量 Vector3。在第 15~18 行中,关节角度、速度、加速度和转矩被定义为双精度的浮点变量。

对于上一节介绍的使用 FeatherStone 方法的正向动力学,在 src/Body 目录下的 ForwardDynamicsABM.cpp 文件中对其进行了说明。清单 6.2 显示了用于铰接体惯性计算[基于式(6.48)]的程序(大约 500 行)的一部分。在第 1 行中求出构成机器人的连杆的指针数组 traverse,在第 2 行中求出连杆数量 n。第 4 行的 for 语句运行一个循环,用于从第 $n-1$ 个连杆到第 0 个连杆进行反向计算。在第 5 行中把作为对象的第 i 个连杆的指针设为变量 link,以后对此进行计算㊁。在第 7 和第 8 行中,将外力的平移分量和力矩分量添加到偏置项中。

从第 11 行开始,循环用于累积所有直接与自身相连的子连杆的铰接体惯性。从第 13 行到第 16 行,当子连杆固定在自己身上时,简单地将其铰接体惯性相加即可。此处的 Ivv()、Iwv()、Iww() 都是 3×3 矩阵,分别表示铰接体惯性矩阵(6×6)的左上、左下、右下部分子矩阵㊂。惯性张量的右上分量是 Iwv() 的倒置,所以不需要计算。第 19 行到第 22 行是式(6.48)中铰接体惯性的计算。child->hhv() 是在其他地方计算的 $\boldsymbol{I}_{j+1}^{A}\boldsymbol{s}_{j+1}$。此外,第 25 行和第 26 行计算了偏置项的平移分量和力矩分量。

清单 6.2 ForwardDynamicsABM.cpp(部分)

```
1 const LinkTraverse& traverse = body->linkTraverse();
2 const int n = traverse.numLinks();
3
4 for(int i = n-1; i >= 0; --i){
5    DyLink* link = static_cast<DyLink*>(traverse[i]);
6
7    link->pf() -= link->f_ext();
8    link->ptau() -= link->tau_ext();
9
```

㊀ 位置型、Vector3 型、Matrix3 型的定义见 Util/EigenTypes.h。

㊁ DyLink 是一个继承 Link 类并增加了动力学计算所需成员变量的类型,在 DyBody.h 中对其进行了定义。

㊂ 这些实体被定义为私有变量,例如 Ivv_,并设置了函数(访问器)以便从外部对其进行访问,例如 Ivv()。

```
    // compute articulated inertia (Eq.(6.48) of Kajita's textbook)
    for(DyLink* child = link->child(); child; child = child->sibling()){

        if(child->isFixedJoint()){
            link->Ivv() += child->Ivv();
            link->Iwv() += child->Iwv();
            link->Iww() += child->Iww();

        }else{
            const Vector3 hhv_dd = child->hhv() / child->dd();
            link->Ivv().noalias() += child->Ivv() - child->hhv() * hhv_dd.transpose();
            link->Iwv().noalias() += child->Iwv() - child->hhw() * hhv_dd.transpose();
            link->Iww().noalias() += child->Iww() - child->hhw() * (child->hhw() / child->dd()).transpose();
        }

        link->pf() .noalias() += child->Ivv() * child->cv() + child->Iwv().transpose() * child->cw() + child->pf();
        link->ptau().noalias() += child->Iwv() * child->cv() + child->Iww() * child->cw() + child->ptau();

        if(!child->isFixedJoint()){
            const double uu_dd = child->uu() / child->dd();
            link->pf() += uu_dd * child->hhv();
            link->ptau() += uu_dd * child->hhw();
        }
    }
}
```

6.6 拓展

6.6.1 力和力矩的处理

本章中的运动方程都是基于世界坐标系原点，所以所有的力和力矩都必须以围绕原点的方式进行考虑。例如，对于作用于刚体重心的重力，也要考虑其围绕原点产生的力矩。乍一看这样做似乎很繁杂，但却可以准确无误地计算出多个刚体之间的相互作用。

在此，总结了以世界坐标系原点为基准换算力和力矩的基本规则。

规则 1：从世界坐标系原点看，作用于点 $\boldsymbol{p}$ 的力 $\boldsymbol{f}$ 包括力 $\boldsymbol{f}$ 和力矩 $\boldsymbol{p}\times\boldsymbol{f}$（见图 6.24a）。

规则 2：从世界坐标系原点看，作用于点 $\boldsymbol{p}$ 的力矩 $\boldsymbol{\tau}$ 也是 $\boldsymbol{\tau}$（见图 6.24b）。

一般来说，当力 $\boldsymbol{f}_p$ 和力矩 $\boldsymbol{\tau}_p$ 同时作用在点 $\boldsymbol{p}$ 上时，只需简单地运用上述规则，就可以将其转换为与原点有关的力和力矩 $\boldsymbol{f}_o$、$\boldsymbol{\tau}_o$。

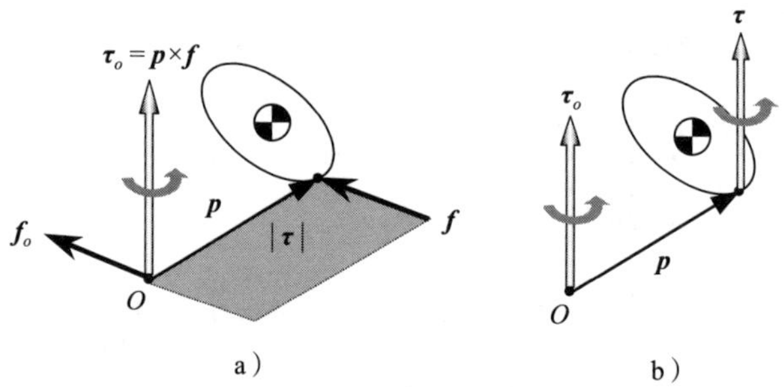

图 6.24 图 a 展示了在原点观察作用于空间中一点的力，图 b 展示了在原点观察作用于空间中一点的力矩

$$\begin{bmatrix} \boldsymbol{f}_o \\ \boldsymbol{\tau}_o \end{bmatrix} = \begin{bmatrix} \boldsymbol{f}_p \\ \boldsymbol{p} \times \boldsymbol{f}_p + \boldsymbol{\tau}_p \end{bmatrix} \tag{6.50}$$

力和力矩的关系也许是不言而喻的，但很容易犯一个奇怪的错误。考虑图 6.25 所示的测验会对理解有所帮助。

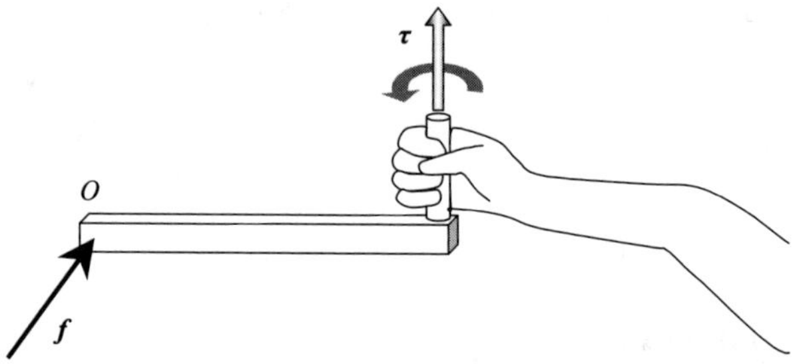

图 6.25 握住棍子一端的把手同时施加力矩 $\boldsymbol{\tau}$。为了阻止棍子旋转，只需在图中所示的方向上，在另一侧（此处为原点 O）施加一个适当的力 $\boldsymbol{f}$ 即可。这是否违反了主张相同力矩传递到原点的规则 2 呢？（答案见章末的图 6.31）

6.6.2 辅助函数

本节展示了本章介绍的 Matlab 程序中使用的辅助函数。

在无重力空间中围绕重心的旋转运动模拟程序（见图 6.5）中，使用图 6.27所示的辅助函数 MakeRigidBody，将具有给定尺寸（宽度、深度、高度）和质量的长方体设置为变量 uLINK（参见第 2 章）。此外，图 6.26 的 ShowObject 程序用于将长方体以模拟中得到的姿态显示在画面中。

```
vert = uLINK(1).R * uLINK(1).vertex;           %旋转变换
for k = 1:3
    vert(k,:) = vert(k,:) + uLINK(1).p(k);     %平移变换
end
newplot
h = patch('faces',uLINK(1).face','vertices',vert','FaceColor',[0.5 0.5 0.5]);
axis equal; view(3); grid on; xlim(AX); ylim(AY); zlim(AZ);
text(0.25, -0.25, 0.8, ['time=',num2str(time(n),'%5.3f')])
drawnow
```

图 6.26 ShowObject.m，以动画形式显示物体的形状

```
function MakeRigidBody(j, wdh, mass)
global uLINK
uLINK(j).m = mass;                                         % 质量
uLINK(j).c = [0 0 0]';                                     % 重心
uLINK(j).I = [ 1/12*(wdh(2)^2 + wdh(3)^2) 0 0;
            0 1/12*(wdh(1)^2 + wdh(3)^2)  0;
            0 0 1/12*(wdh(1)^2 + wdh(2)^2)] * uLINK.m; % 惯性张量
uLINK(j).vertex = 0.5*[
   -wdh(1) -wdh(2)  -wdh(3);
   -wdh(1)  wdh(2)  -wdh(3);
    wdh(1)  wdh(2)  -wdh(3);
    wdh(1) -wdh(2)  -wdh(3);
   -wdh(1) -wdh(2)   wdh(3);
   -wdh(1)  wdh(2)   wdh(3);
    wdh(1)  wdh(2)   wdh(3);
    wdh(1) -wdh(2)   wdh(3);
]';                               % 顶点坐标
uLINK(1).face = [
   1 2 3 4; 2 6 7 3; 4 3 7 8; 1 5 8 4; 1 2 6 5; 5 6 7 8;
]';                               % 多边形
```

图 6.27 MakeRigidBody.m，设置长方体形状和物理参数

在陀螺运动的模拟程序（图 6.14）中，使用图 6.28 的辅助函数 MakeTop 来设置具有指定形状和质量的陀螺的信息。在 MakeTop 中，使用辅助函数 MakeZcylinder（见图 6.29）生成陀螺的圆盘部分和轴部分，该辅助函数还能生成给定半径和长度的圆柱体。另外，使用与显示长方体时相同的 ShowObject，按模拟得到的位置和姿态对陀螺进行显示。

在使用单位向量法的正向动力学的程序（图 6.20）中，给出了单位加速度向量，通过计算反向动力学得到运动方程。为此使用的辅助函数是图 6.30 的 InvDyn。

```
function MakeTop(j, r,a,c)
global uLINK

[vertex1,face1] = MakeZcylinder([0 0 c]',r,a);       % 圆盘部分的形状
[vertex2,face2] = MakeZcylinder([0 0 c]',0.01,2*c); % 轴的形状
uLINK(j).vertex = [vertex1 vertex2];
face2 = face2 + size(vertex1,2);
uLINK(j).face   = [face1 face2];

density = 2.7E+3;                               % 铝的比重（kg/m²）
uLINK(j).m = pi*r^2*a*density;                  % 圆盘部分的质量（kg）
uLINK(j).I = [ (a^2 + 3*r^2)/12 0 0;
               0 (a^2 + 3*r^2)/12  0;
               0 0 r^2/2] * uLINK.m;            % 圆盘部分的惯性张量
uLINK(j).c = [0 0 c]';                          % 重心
```

图 6.28 MakeTop.m，设置陀螺的形状和物理参数

```
function [vert,face] = MakeZcylinder(pos, radius,len)

a = 10;      % 圆周长的分割数
theta = (0:a-1)/a * 2*pi;

x  = radius*cos(theta);
y  = radius*sin(theta);
z1 = len/2 * ones(1,a);
z2 = -z1;

vert    = [x x 0 0;
           y y 0 0;
           z1 z2 len/2 -len/2];     % 顶点坐标
for n = 1:3
   vert(n,:) = vert(n,:) + pos(n);
end

face_side = [1:a; a+1:2*a; a+2:2*a a+1; 2:a 1];
face_up   = [1:a; 2:a 1];
face_up(3:4,:) = 2*a+1;  % index of up center
face_down = [a+2:2*a a+1; a+1:2*a];
face_down(3:4,:) = 2*a+2; % index of down center
face = [face_side face_up face_down];
```

图 6.29 MakeZcylinder.m，创建圆柱形

```
function ret = InvDyn(j)
global uLINK
uLINK(1).dvo = [0 0 0]';
uLINK(1).dw  = [0 0 0]';
if j >= 1 & j <= 3
    uLINK(1).dvo(j) = 1;
elseif j >= 4 & j <= 6
    uLINK(1).dw(j-3) = 1;
end
for n=1:length(uLINK)-1
    if n == j-6
        uLINK(n+1).ddq = 1;
    else
        uLINK(n+1).ddq = 0;
    end
end
ForwardAllKinematics(1);
[f,tau] = InverseDynamics(1);
ret = [f',tau',uLINK(2:end).u]';
```

图 6.30 InvDyn.m，设置单位加速度向量并计算反向动力学

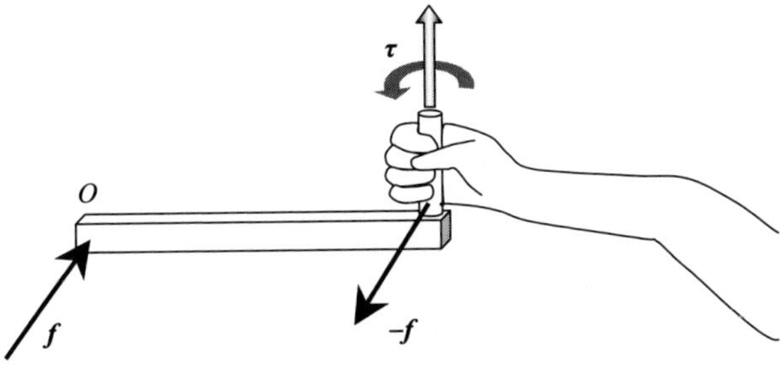

图 6.31 为了使棍子保持不动，必须在棍子上施加一个力矩 $\boldsymbol{\tau}$，同时施加 $-\boldsymbol{f}$。当握着棍子的人位于轻便移动的小车上时，整个小车就会朝着垂直纸面向里的方向移动

参考文献

[1] Aldebaran robotics (2016 年にソフトバンクロボティクスに改名). https://www.softbankrobotics.com/.

[2] Carnegie Mellon University TARTAN RESCUE. https://www.ri.cmu.edu/project/drc-tartan-rescue-team/.

[3] DARPA Robotics Challenge. https://www.darpa.mil/program/darpa-robotics-challenge.

[4] 近藤科学 KHR シリーズ. https://kondo-robot.com/product-category/robot/khrseries.

[5] Broad Agency Announcement DARPA Robotics Challenge, April 2012. DARPA-BAA-12-39.

[6] A. Takanishi, M. Ishida, Y. Yamazaki, and I. Kato. The realization of dynamic walking by the biped walking robot. In *Proceedings of IEEE Int. Conf. on Robotics and Automation*, pp. 459–466, 1985.

[7] A.L.Hof, M.G.J.Gazendam, and W.E.Sinke. The condition for dynamic stability. *Journal of Biomechanics*, Vol. 38, pp. 1–8, 2005.

[8] Hitoshi Arisumi, Sylvain Miossec, Jean-Rémy Chardonnet, and Kazuhito Yokoi. Dynamic Lifting by Whole Body Motion of Humanoid Robots. In *Proc. 2008 IEEE/RSJ Int. Conf. on Intelligent Robots and Systems*, pp. 668–675, 2008.

[9] M. Benallegue, A. Benallegue, and Y. Chitour. Tilt estimator for 3d non-rigid pendulum based on a tri-axial accelerometer and gyrometer. In *2017 IEEE-RAS 17th International Conference on Humanoid Robotics* (*Humanoids*), pp. 830–835, 2017.

[10] B.K.Cho, S.S.Park, and J.H.Oh. Controllers for running in the humanoid robot, HUBO. In *Proceedings of IEEE-RAS International Conference on Humanoid Robots*, pp. 385–390, 2009.

[11] B.Lim, J.Lee, J.Kim, M.Lee, H.Kwak, S.Kwon, H.Lee, W.Kwon, and K.Roh. Optimal gait primitives for dynamic bipedal locomotion. In *Proceedings of the IEEE/RSJ International Conference on Intelligent Robots and Systems*, pp. 4013–4018, 2012.

[12] Karim Bouyarmane and Abderrahmane Kheddar. Using a Multi-Objective Controller to Synthesize Simulated Humanoid Robot Motion with Changing Contact Configurations. In *Proc. 2011 IEEE/RSJ Int. Conf. on Intelligent Robots and Systems*, pp. 4414–4419, 2011.

[13] Karim Bouyarmane and Abderrahmane Kheddar. Humanoid Robot Locomotion and Manipulation Step Planning. *Advanced Robotics*, Vol. 26, No. 10,

pp. 1099–1126, 2012.

[14] DLR (German Aerospace center) Institute of Robotics and Mechatronics. TORO. `https://www.dlr.de/rm/en/desktopdefault.aspx/tabid-6838/11291_read-25964/`.

[15] Ch. Ott, Ch. Baumgärtner, J. Mayr, M. Fuchs, R. Burger, D. Lee, O. Eiberger, A.Albu-Schäffer, M. Grebenstein, and G. Hirzinger. Development of a biped robot with torque controlled joints. In *Proceedings of IEEE-RAS International Conference on Humanoid Robots (Humanoids 2010)*, pp. 167–173, 2010.

[16] R. Cisneros, M. Benallegue, A. Benallegue, M. Morisawa, H. Audren, P. Gergondet, A. Escande, A. Kheddar, and F. Kanehiro. Robust humanoid control using a qp solver with integral gains. In *2018 IEEE/RSJ International Conference on Intelligent Robots and Systems (IROS)*, pp. 7472–7479, 2018.

[17] D.C.Witt. A feasibility study on powerd lower-limb prostheses. In *Proceedings of Symposium on the Basic Problems of Prehension, Movement and Control of Artificial Limbs*, pp. 1–8, 1968.

[18] H. de Garis. GenNETS: Genetically programmed neural net. In *Proceedings of IJCNN91 Singapore, Int. Joint Conf. on Neural Networks*, pp. 1391–1396, 1991.

[19] Tom DeMarco. *Controlling Software Projects: Management, Measurement, and Estimates.* Yourdon Press, 1986.

[20] D.Lahr and D.Hong. The development of CHARLI: A linear actuated powered full size humanoid robot. In *Proceedings of the International Conference on Ubiquitous Robots and Ambient Intelligence (URAI 2008)*, November 2008.

[21] A. Escande, A. Kheddar, and S. Miossec. Planning support contact-points for humanoid robots and experiments on HRP-2. In *Proc. 2006 IEEE/RSJ Int. Conf. on Intelligent Robots and Systems*, pp. 2974–2979, Beijing, China, October 2006.

[22] Adrien Escande and Abderrahmane Kheddar. Contact Planning for Acyclic Motion with Tasks Constraints. In *Proc. 2009 IEEE Int Conf. Robotics and Automation*, pp. 435–440, 2009.

[23] Roy Featherstone. *Robot Dynamics Algorithms.* Kluwer Academic Publishers, 1987.

[24] F.Kanehiro, H.Hirukawa, and S.Kajita. OpenHRP: Open Architecture Humanoid Robotics Platform. *The International Journal of Robotics Research*, Vol. 23, No. 2, pp. 155–165, 2004.

[25] G.Metta, G.Sandini, D.Vernon, L.Natale, and F.Nori. The iCub humanoid robot: an open platform for research in embodied cognition. In *Proceedings of the 8th Workshop on Performance Metrics for Intelligent Systems (PerMIS '08)*, pp. 50–56, 2008.

[26] A. Goswami. Posturel stability of biped robots and the foot-rotation indi-

cator(fri) point. *Int. J. of Robotics Research*, Vol. 18, No. 6, pp. 523–533, 1999.

[27] Kenji Hashimoto, Takashi Matsuzawa, Xiao Sun, Tomofumi Fujiwara, Xixun Wang, Yasuaki Konishi, Noritaka Sato, Takahiro Endo, Fumitoshi Matsuno, Naoyuki Kubota, Yuichiro Toda, Naoyuki Takesue, Kazuyoshi Wada, Tetsuya Mouri, Haruhisa Kawasaki, Akio Namiki, Yang Liu, Atsuo Takanishi, and Satoshi Tadokoro. *WAREC-1 – A Four-Limbed Robot with Advanced Locomotion and Manipulation Capabilities*, pp. 327–397. Springer International Publishing, Cham, 2019.

[28] Kris Hauser, Timothy Bretl, Jean-Claude Latombe, Kensuke Harada, and Brian Wilcox. Motion Planning for Legged Robots on Varied Terrain. *Int. J. Robot. Res.*, Vol. 27, No. 11-12, pp. 1325–1349, 2008.

[29] H.Hirukawa, F.Kanehiro, K.Kaneko, S.Kajita, and M.Morisawa. Dinosaur robotics for entertainment applications. *IEEE Robotics & Automation Magazine*, Vol. 14, No. 3, pp. 43–51, September 2007.

[30] Sang-Ho Hyon, J.G. Hale, and Gordon Cheng. Full-Body Compliant Human-Humanoid Interaction: Balancing in the Presence of Unknown External Forces. *IEEE Transactions on Robotics*, Vol. 23, No. 5, pp. 884–898, 2007.

[31] J.Englsberger, C.Ott, and A.Albu-Schäffer. Three-dimensional bipedal walking control using Divergent Component of Motion. In *Proceedings of IEEE/RSJ International Conference on Intelligent Robots and Systems*, pp. 2600–2607, 2013.

[32] J.Englsberger, C.Ott, M.A.Roa, A.Albu-Schäffer, and G.Hirzinger. Bipedal walking control based on Capture Point dynamics. In *Proceedings of IEEE/RSJ International Conference on Intelligent Robots and Systems*, pp. 4420–4427, 2011.

[33] Jet Propulsion Laboratory (Caltech). DARPA robotics challenge, RoboSimian (track A). `https://www-robotics.jpl.nasa.gov/tasks/showTask.cfm?TaskID=236\&tdaID=700043`.

[34] J.J.Kuffner and S.M.LaValle. RRT-Connect: An Efficient Approach to Single-query Path Planning. In *Proceedings of IEEE Int.Conf. on Robotics & Automation*, pp. 995–1001, 2000.

[35] J.Kuffner, K.Nishiwaki, S.Kagami, M.Inaba, and H.Inoue. Motion Planning for Humanoid Robots Under Obstacle and Dynamic Balance Constraints. In *Proceedings of IEEE Int.Conf. on Robotics & Automation*, pp. 692–698, 2001.

[36] J.Pratt, J.Carff, S.Drakunov, and A.Goswami. Capture Point: A Step toward Humanoid Push Recovery. In *Proceedings of International Conference on Humanoid Robots*, pp. 200–207, 2006.

[37] T. Jung, J. Lim, J. Bae, K. K. Lee, H-M. Joe, and J-H. Oh. Development of the Humanoid Disaster Response Platform DRC–HUBO+. *IEEE Transaction on Robotics*, Vol. 34, No. 1, February 2018.

[38] J.Urata, K.Nishiwaki, Y.Nakanishi, K.Okada, S.Kagami, and M.Inaba. Online walking pattern generation for push recovery and minimum delay to commanded changed of direction and speed. In *Proceedings of IEEE/RSJ International Conference on Intelligent Robots and Systems*, pp. 3411–3416, 2012.

[39] J.Yamaguchi, E.Soga, S.Inoue, and A.Takanishi. Development of a bipedal humanoid robot - control method of whole body cooperative dynamic biped walking -. In *Proceedings of IEEE Int. Conf. on Robotics and Automation*, pp. 368–374, 1999.

[40] S. Kajita, R. Cisneros, M. Benallegue, T. Sakaguchi, S. Nakaoka, M. Morisawa, K. Kaneko, and F. Kanehiro. Impact Acceleration of Falling Humaniod Robot with an Airbag, 2016.

[41] S. Kajita, T. Sakaguchi, S. Nakaoka, M. Morisawa, K. Kaneko, and F. Kanehiro. Quick squatting motion generation of a humanoid robot for falling damage reduction, 2017.

[42] K. Kameta, A. Sekiguchi, Y. Tsumaki, and D.N. Nenchev. Walking Control Using the SC Approach for Humanoid Robot. In *Proceedings of 2005 International Conference on Humanoid Robots*, pp. 289–294, 2005.

[43] Takumi Kamioka, Hiroyuki Kaneko, Mitsunide Kuroda, Chiaki Tanaka, Shinya Shirokura, Masanori Takeda, and Takahide Yoshiike. Dynamic gait transition between walking, running and hopping for push recovery. pp. 1–8, 11 2017.

[44] K.Fujiwara, F.Kanehiro, S.Kajita, K.Yokoi, H.Saito, K.Harada, K.Kaneko, and H.Hirukawa. The First Human-Size Humanoid that can Fall Over Safely and Stand-up Again. In *Proceedings of IEEE/RSJ Int. Conf. on Intelligent Robots and Systems*, pp. 1920–1926, 2003.

[45] K.Hase and N.Yamazaki. Computer Simulation Study of Human Locomotion with a Three-Dimensional Entire-Body Neuro-Musculo-Skeletal Model. *JSME International Journal, Series C*, Vol. 45, No. 4, pp. 1040–1072, 2002.

[46] K.Kaneko, F.Kanehiro, M.Morisawa, K.Miura, S.Nakaoka, and S.Kajita. Cybernetic human HRP-4C. In *Proceedings of 9th IEEE-RAS International Conference on Humanoid Robots*, pp. 7–14, 2009.

[47] K.Kaneko, F.Kanehiro, M.Morisawa, T.Tsuji, K.Miura, S.Nakaoka, S.Kajita, and K.Yokoi. Hardware improvement of cybernetic human HRP-4C towards entertainment use. In *Proceedings of IEEE/RSJ International Conference on Intelligent Robots and Systems*, pp. 4392–4399, 2011.

[48] K.Kaneko, H.Kaminaga, T.Sakaguchi, S.Kajita, M.Morisawa, I.Kumagai, and F.Kanehiro. Humanoid Robot HRP-5P: an Electrically Actuated Humanoid Robot with High Power and Wide Range Joints. *IEEE Robotics and Automation Letters*, Vol. 4, No. 2, pp. 1431–1438, April 2019.

[49] K.Kaneko, K.Harada, G.Miyamori, and K.Akachi. Humanoid robot HRP-3.

In *Proceedings of 2008 IEEE/RSJ International Conference on Intelligent Robots and Systems*, pp. 2471–2478, 2008.

[50] K.Kaneko, M.Morisawa, S.Kajita, S.Nakaoka, T.Sakaguchi, R.Cisneros, and F.Kanehiro. Humanoid Robot HRP-2Kai –Improvement of HRP-2 towards Disaster Response Tasks –, 2015.

[51] K.Miura, M.Morisawa, F.Kanehiro, S.Kajita, K.Kaneko, and K.Yokoi. Human-like walking with toe supporting for humanoids. In *Proceedings of IEEE/RSJ International Conference on Intelligent Robots and Systems*, pp. 4428–4435, 2011.

[52] Tianyi Ko, Ko Yamamoto, Kazuya Murotani, and Yoshihiko Nakamura. Compliant Biped Locomotion of Hydra, an Electro-Hydrostatically Driven Humanoid. In *Proceedings of IEEE-RAS International Conference on Humanoid Robots*, pp. 587–592, 2018.

[53] K. Kojima, T. Karasawa, T. Kozuki, E. Kuroiwa, S. Yukizaki, S. Iwaishi, T. Ishikawa, R. Koyama, S. Noda, F. Sugai, S. Nozawa, Y. Kakiuchi, K. Okada, and M. Inaba. Development of Life-sized High-Power Humanoid Robot JAXON for Real-World Use, 2015.

[54] Scott Kuindersma, Robin Deits, Maurice Fallon, Andrés Valenzuela, Hongkai Dai, Frank Permenter, Twan Koolen, Pat Marion, and Russ Tedrake. Optimization-based locomotion planning, estimation, and control design for atlas. *Autonomous Robots*, Vol. 40, No. 3, pp. 429–455, 2016.

[55] K.Yamane. *Simulating and Generating Motions of Human Figures*. Springer, 2004.

[56] K.Yamane and Y.Nakamura. Efficient Parallel Dynamics Computation of Human Figures. In *Proceedings of the 2002 IEEE International Conference on Robotics & Automation*, pp. 530–537, 2002.

[57] K.Yamane and Y.Nakamura. Dynamics Filter–Concept and Implementation of Online Motion Generator for Human Figures. *IEEE Trans. on Robotics & Automation*, Vol. 19, No. 3, pp. 421–432, 2003.

[58] Sébastien Lengagne, Joris Vaillant, Eiichi Yoshida, and Abderrahmane Kheddar. Generation of Whole-body Optimal Dynamic Multi-contact Motions. *International Journal of Robotics Research*, Vol. 32, No. 9-10, pp. 1104–1119, 2013.

[59] M. Vukobratović, B.Borovac, D.Surla, and D.Stokić. *Biped Locomotion — Dynamics, Stability, Control and Application —*. Springer-Verlag, 1990.

[60] M.Morisawa, S.Kajita, F.Kanehiro, K.Kaneko, K.Miura, and K.Yokoi. Balance Control based on Capture Point Error Compensation for Biped Walking on Uneven Terrain. In *Proceedings of International Conference on Humanoid Robots*, pp. 734–740, 2012.

[61] M.Vukobratović, B.Borovac, and D.Šurdilović. Zero-moment point — proper interpreation and new applications. In *Proceedings of IEEE-RAS Intr. Conf*

on Humanoid Robots, pp. 237–244, 2001.

[62] M.Vukobratović and J.Stepanenko. On the stability of anthropomorphic systems. *Mathematical Biosciences*, Vol. 15, pp. 1–37, 1972.

[63] M.W.Walker and D.E.Orin. Efficient Dynamics Computer Simulation of Robotic Mechanisms. *Journal of Dynamic Systems, Measurement, and Control*, Vol. 104, pp. 205–211, 1982.

[64] Shin'ichiro Nakaoka. Choreonoid: Extensible Virtual Robot Environment Built on an Integrated GUI Framework. In *Proc. of the 2012 IEEE/SICE International Symposium on System Integration (SII2012)*, pp. 79–85, 2012.

[65] N.E.Sian, 横井, 梶田, 金広, 谷江. 簡易な入力装置を用いたヒューマノイドロボットの全身遠隔操作システム. 日本ロボット学会誌, Vol. 22, No. 4, pp. 519–527, 2004.

[66] N.Sugimoto, J.Morimoto, S-H.Hyon, and M.Kawato. The eMOSAIC model for humanoid robot control. *Neural Networks*, Vol. 29-30, No. 0, pp. 8–19, 2012.

[67] R. Katoh and M. Mori. Control Method of Biped Locomotion Giving Asymtotic Stability of Trajectory. *Automatica*, Vol. 20, No. 4, pp. 405–414, 1984.

[68] M.H. Raibert. *Legged robots that balance.* MIT Press, Cambridge, Massachusetts, 1986.

[69] R.Featherstone. A Divide-and-Conquer Articulated-Body Algorithm for Parallel $O(log(n))$ Calculation of Rigid-Body Dynamics. *International Journal of Robotics Research*, Vol. 18, No. 9, pp. 867–892, 1999.

[70] R.Featherstone. The Acceleration Vector of a Rigid Body. *The International Journal of Robotics Research*, Vol. 20, No. 11, pp. 841–846, 2001.

[71] R.M.Murray, Z. Li, and S.S.Sastry. *A Mathematical Introduction to Robotics Manipulation.* CRC Press, 1994.

[72] PAL Robotics. REEM-C. `http://www.pal-robotics.com/robots/reem-c`.

[73] ROBOTIS. Open platform humanoid project. `http://www.robotis.com/xe/darwin_en`.

[74] R.Tedrake, T.W.Zhang, and H.S.Seung. Stochastic Policy Gradient Reinforcement Learning on a Simple 3D Biped. In *Proceedings of 2004 IEEE/RSJ International Conference on Intelligent Robots and Systems (IROS2004)*, pp. 2849–2854, 2004.

[75] Luis Sentis, Jaeheung Park, and Oussama Khatib. Compliant Control of Multicontact and Center-of-Mass Behaviors in Humanoid Robots. *IEEE Trans. on Robot.*, Vol. 26, No. 3, pp. 483–501, 2010.

[76] S.H.Collins, M.Wisse, and A.Ruina. A Three-Dimensional Passive-Dynamic Walking Robot with Two Legs and Knees. *International Journal of Robotics Research*, Vol. 20, No. 7, pp. 607–615, 2001.

[77] S.Kagami, F.Kanehiro, Y.Tajima, M.Inaba, and H.Inoue. AutoBalancer: An Online Dynamic Balance Compensation Scheme for Humanoid Robot. In *Proceedings of 4th Int. Workshop on Algorithmic Foundations on Robotics*, pp.

SA79–SA89, 2000.

[78] S.Kagami, K.Nishiwaki, J.J.Kuffner Jr., Yasuo Kuniyoshi, Masayuki Inaba, and Hirohika Inoue. Design and Implementation of Software Research Platform for Humanoid Robotics: H7. In *Proceedings of the 2001 IEEE-RAS International Conference on Humanoid Robots*, pp. 253–258, 2001.

[79] S.Kajita, M.Morisawa, K.Miura, S.Nakaoka, K.Harada, K.Kaneko, F.Kaneko, and K.Yokoi. Biped Walking Stabilization Based on Linear Inverted Pendulum Tracking. In *Proceedings of the IEEE/RSJ International Conference on Intelligent Robots and Systems*, pp. 4489–4496, 2010.

[80] S.Lohmeier, T.Buschmann, and H.Ulbrich. Humanoid robot LOLA. In *Proceedings of IEEE International Conference on Robotics and Automation*, pp. 775–780, 2009.

[81] S.Nakaoka, A.Nakazawa, K.Yokoi, H.Hirukawa, and K.Ikeuchi. Generating Whole Body Motions for a Biped Humanoid Robot from Captured Human Dances. In *Proceedings of IEEE Int.Conf. on Robotics & Automation*, pp. 3905–3910, 2003.

[82] S.Nakaoka, S.Kajita, and K.Yokoi. Intuitive and flexible user interface for creating whole body motions of biped humanoid robots. In *Proceedings of IEEE/RSJ International Conference on Intelligent Robots and Systems*, pp. 1675–1682, 2010.

[83] S.Nozaawa, R.Ueda, Y.Kakiuchi, K.Okada, and M.Inaba. A full-body motion control method for a humanoid robot based on on-line estimation of the operational force of an object with an unknown weight. In *Proceedings of IEEE/RSJ International Conference on Intelligent Robots and Systems*, pp. 2684–2691, 2010.

[84] Taga, G., Yamaguchi, Y., and Shimizu, H. Self-organized control of bipedal locomotion by neural oscillators in unpredictable environment. *Biological Cybernetics*, No. 65, pp. 147–159, 1991.

[85] T.Koolen, T.Boer, J.Rebula, and A.Goswami. Capturability-Based Analysis and Control of Legged Locomotion, Part1: Theory and Application to Three Simple Gait Methods. *International Journal of Robotics Research*, Vol. 31, pp. 1094–1113, 07 2012.

[86] T.McGeer. Passive dynamic walking. *The International Journal of Robotics Research*, Vol. 9, No. 2, pp. 62–82, April 1990.

[87] T.McGeer. Passive walking with knees. In *Proceedings of IEEE Int.Conf. on Robotics & Automation Vol.3*, pp. 1640–1645, 1990.

[88] N.G. Tsagarakis, D.G. Caldwell, F. Negrello, W. Choi, L. Baccelliere, VG. Loc, J. Noorden, L. Muratore, A. Margan, A. Cardellino, L. Natale, E. Mingo Hoffman, H. Dallali, N. Kashiri, J. Malzahn, J. Lee, P. Kryczka, D. Kanoulas, M. Garabini, M. Catalano, M. Ferrati, V. Varricchio, L. Pallottino, C. Pavan, A. Bicchi, A. Settimi, A. Rocchi, and A. Ajoudani. WALK-MAN: A

High Performance Humanoid Platform for Realistic Environments. *Journal of Field Robotics*, Vol. 34, No. 7, pp. 1225–1259, 2017.

[89] T.Takenaka, T.Matsumoto, and T.Yoshiike. Real Time Motion Generation and Control for Biped Robot –1st Report: Walking Gait Pattern Generation –. In *Proceedings of IEEE/RSJ Int.Conf. on Intelligent Robots and Systems*, pp. 1084–1091, 2009.

[90] T.Yoshiike, M.Kuroda, R.Ujino, H.Kaneko, H.Higuchi, S.Iwasaki, Y.Kanemoto, M.Asatani, and T.Koshiishi. Development of experimental legged robot for inspection and disaster response in plants. In *Proceedings of the IEEE/RSJ International Conference on Intelligent Robots and Systems (IROS)*, pp. 4869–4876, 2017.

[91] Joris Vaillant, Abderrahmane Kheddar, Hervé Audren, François Keith, Stanislas Brossette, Adrien Escande, Karim Bouyarman, Kenji Kaneko, Mitsuharu Morisawa, Pierre Gergondet, Eiichi Yoshida, Suuji Kajita, and Fumio Kanehiro. Multi-contact vertical ladder climbing with an HRP-2 humanoid. *Autonomous Robots*, Vol. 40, No. 3, pp. 561–580, 2016.

[92] C.W. Wampler. Manipulator Inverse Kinematic Solutions Based on Vector Formulations and Damped Least-Square Methods. *IEEE Transactions on Systems, Man, and Cybernetics*, Vol. SMC-16, No. 1, pp. 93–101, 1986.

[93] W.H.Press, B.P.Flannery, S.A.Teukolsky, and W.T.Vetterling. 「ニューメリカルレシピ・イン・シー」. 技術評論社, 1993.

[94] Y.Fujimoto and A.Kawamura. Three Dimensional Digital Simulation and Autonomous Walking Control for Eight-Axis Biped Robot. In *Proceedings of IEEE International Conference on Robotics and Automation (ICRA1995)*, pp. 2877–2884, 1995.

[95] Y.Ogura, K.Shimomura, H.Kondo, A.Morishima, T.Okubo, S.Momoki, H.Lim, and A.Takanishi. Human-like walking with knee stretched, heel-contact and toe-off motion by a humanoid robot. In *Proceedings of IEEE/RSJ International Conference on Intelligent Robots and Systems*, pp. 3976–3981, 2006.

[96] Y.Okumura, T.Tawara, K.Endo, T.Furuta, and M.Shimzu. Realtime ZMP Compensation for Biped Walking Robot using Adaptive Inertia Force Control. In *Proceedings of the 2003 IEEE/RSJ International Conference on Intelligent Robots and Systems (IROS2003)*, pp. 335–339, 2003.

[97] T. Yoshikawa. *Foundations of Robotics: Analysis and Control.* MIT Press, 1990.

[98] Y.Sumi, Y.Kawai, T.Yoshimi, and F.Tomita. 3D Object Recognition in Cluttered Environments by Segment-Based Stereo Vision. *Int. J. Computer Vision*, Vol. 46, No. 1, pp. 5–23, 2002.

[99] Y.Tamiya, M.Inaba, and H.Inoue. Realtime Balance Compensation for Dynamic Motion of Full-Body Humanoid Standing on One Leg. *Journal of*

Robotics Society Japan, Vol. 17, No. 2, pp. 268–274, 1999. (in Japanese).
[100] Z.Peng, Y.Fu, Z.Tang, Q.Huang, and T.Xiao. Online walking pattern generation and system software of humanoid BHR-2. In *Proceedings of IEEE/RSJ International Conference on Intelligent Robot and Systems*, pp. 5471–5476, 2006.
[101] カワダロボティクス株式会社. Product, HRP-4. `https://www.kawadarobot.co.jp/product/`.
[102] J.J. クレイグ. 「ロボティクス —機構・力学・制御—」. 共立出版, 1991.
[103] ゴールドスタイン. 「新版 古典力学（上）」. 吉岡書店, 1983.
[104] ナポレオン, 中浦, 三平. 人間型ロボットにおける ZMP 制御問題に関する解析. p. 3A17, 2003.
[105] R.P. ポール. 「ロボット・マニピュレータ」. コロナ社, 1984.
[106] ランダウ, リフシッツ. 「力学」. 東京図書, 1974.
[107] 愛田, 北森. 最適予見制御と最小 2 乗スムージングの関係および平滑化逆システムの一構成法. 計測自動制御学会論文集, Vol. 25, No. 4, pp. 419–426, 1989.
[108] 伊理, 韓. 「ベクトルとテンソル第 I 部 ベクトル解析」. 教育出版, 1977.
[109] 伊理正夫, 藤野和建. 数値計算の常識. 共立出版, 1985.
[110] 岡田, 古田, 富山. 二脚歩行ロボットにおける慣性力制御に基づく実時間 ZMP 補償. 日本機械学会ロボティクス・メカトロニクス講演会'01 予稿集, pp. 2A1–E3, 2001.
[111] 下村, 清水, 遠藤, 古田, 奥村, 田原, 北野. 小型ヒューマノイドロボットのための分割形状を有する足裏センサモジュールの開発. ロボティクスメカトロニクス講演会'03 講演論文集, 2003.
[112] 中野馨. 運動を自己学習するロボット. 「脳をつくる — ロボット作りから生命を考える」, pp. 46–53. 共立出版, 1995.
[113] 梶田, 金広, 金子, 藤原, 原田, 横井, 比留川. 分解運動量制御：運動量と角運動量に基づくヒューマノイドロボットの全身運動生成. 日本ロボット学会誌, Vol. 22, No. 6, pp. 772–779, 2004.
[114] 梶田, 森澤, 中岡, シスネロス, 阪口, 金子, 金広. DARPA ロボティクスチャレンジ決勝戦でのロボットシステム開発と教訓. 日本ロボット学会誌, Vol. 34, No. 6, pp. 360–365, 2016.
[115] 梶田, 谷. 凹凸路面における動的 2 足歩行の制御について. 計測自動制御学会論文集, Vol. 27, No. 2, pp. 177–184, 1991.
[116] 梶田, 谷. 実時間路面形状計測に基づく動的 2 足歩行の制御. 日本ロボット学会誌, Vol. 14, No. 7, pp. 1062–1069, 1996.
[117] 米田完, 広瀬茂男. 歩行機械の転倒安定性. 日本ロボット学会誌, Vol. 14, No. 4, pp. 517–522, 1996.
[118] 関口, 跡部, 亀田, 妻木, Nenchev. 特異点近傍を通過するヒューマノイドの歩行軌道生成手法. 日本機械学会論文集 (C 編), Vol. 73, No. 727, pp. 796–802, 2007.
[119] 吉川恒夫. 「ロボット制御基礎論」. コロナ社, 1988.
[120] 吉田武. 「オイラーの贈り物 — 人類の至宝 $e^{i\pi} = -1$ を学ぶ」. ちくま学芸文庫, 2001.

[121] 金広, 金子, 藤原, 原田, 梶田, 横井, 比留川, 赤地, 五十棲. ヒューマノイドの転倒回復機能の実現. 日本ロボット学会誌, Vol. 22, No. 1, pp. 37–45, 2004.

[122] 金子, 金広, 梶田, 横山, 赤地, 川崎, 太田, 五十棲. Hrp-2 プロトタイプの開発. 日本ロボット学会創立 20 周年記念学術講演会予稿集, p. 1D32, 2002.

[123] 空尾, 村上, 大西. インピーダンス制御による 2 足歩行ロボットの歩行制御. 電気学会論文集 D, Vol. 117-D, No. 10, pp. 1227–1233, 1997.

[124] 熊谷, 冨田, 江村. センサ情報による人型 2 脚ロボットの動歩行に関する研究 – 第 2 報: 上体姿勢を考慮した場合–. 日本機械学会ロボティクス・メカトロニクス講演会'98 予稿集, pp. 2CIII1–2, 1998.

[125] 下山勲. 竹馬型 2 足歩行ロボットの動的歩行. 日本機械学会論文集 (C 編), Vol. 48, No. 433, pp. 1445–1455, 1982.

[126] 原, 横川, 佐田尾. Lateral 平面上での外乱を考慮した動的二足歩行ロボットの制御について. 日本機械学会講演論文集 No.974-1 ('97.3 関西支部第 72 期定時総会講演会), pp. 10–37–38, 1997.

[127] 古田, 田原, 奥村, 清水, 下村, 遠藤, 山中, 北野. morph3: 全身運動が生成可能な小型ロボットシステム. ロボティクスメカトロニクス講演会'03 講演論文集, 2003.

[128] 五十棲, 赤地, 平田, 金子, 梶田, 比留川. ヒューマノイドロボット HRP-2 の開発. 日本ロボット学会誌, Vol. 22, No. 8, pp. 1004–1012, 2004.

[129] 広瀬, 竹中, 五味, 小澤. 人間型ロボット. 日本ロボット学会誌, Vol. 15, No. 7, pp. 983–985, 1997.

[130] 山本江. ヒューマノイドの構造可変性を陽に考慮した粘弾性分配制御. 日本ロボット学会誌, Vol. 35, No. 2, pp. 160–169, 2017.

[131] 江上, 土谷. 最適予見制御と一般化予測制御. 計測と制御, Vol. 39, No. 5, pp. 337–342, 2000.

[132] 細田耕. 「柔らかヒューマノイド」. 化学同人, 2016.

[133] 小金沢鋼一, 高西淳夫, 菅野重樹. ワセダロボットの歩み — 加藤研究室におけるバイオメカニズム研究 — (第 3 版). 加藤一郎研究室, 1991.

[134] 高木宗谷. トヨタパートナーロボット. 日本ロボット学会誌, Vol. 24, No. 2, pp. 208–210, 2006.

[135] 妻木, 小寺, ネンチェフ, 内山. 6 自由度マニピュレータの特異点適合動作. 日本ロボット学会誌, Vol. 16, No. 2, pp. 195–204, 1998.

[136] 三浦, 下山. 竹馬型二足歩行ロボットの制御系. 日本ロボット学会誌, Vol. 1, No. 3, pp. 176–181, 1983.

[137] 山口, 曽我, 井上, 高西. 2 足歩行ヒューマノイドロボットの開発 –全身協調型 2 足同歩行制御–. 第 3 回ロボティクスシンポジア予稿集, pp. 189–196, 1998.

[138] 山根, 中村. ヒューマンフィギュアの全身運動生成のための協応構造化インターフェイス. 日本ロボット学会誌, Vol. 20, No. 3, pp. 335–343, 2002.

[139] 高西淳夫. 二足歩行ロボットによる準動歩行. 日本ロボット学会誌, Vol. 1, No. 3, pp. 196–203, 1983.

[140] 高西淳夫. 上体の運動によりモーメントを補償する二足歩行ロボット. 日本ロボット学会誌, Vol. 11, No. 3, pp. 348–353, 1993.

[141] 古荘純次. 動的二足歩行ロボットの制御–その低次モデルおよび階層制御策–. 日本ロボット学会誌, Vol. 1, No. 3, pp. 182–190, 1983.
[142] 水戸部, 矢島, 那須. ゼロモーメント点の操作による歩行ロボットの制御. Vol. 18, No. 3, pp. 359–365, 2000.
[143] 杉原, 井上. 倒立振子に基づいた ZMP 操作によるヒューマノイドの実時間動作生成. 第 19 回日本ロボット学会学術講演会予稿集, pp. 983–984, 2001.
[144] 杉原知道. 最良重心-ZMP レギュレータに基づく二脚運動の立位可安定性と踏み出し. 第 14 回ロボティクスシンポジア講演予稿集, pp. 435–440, 2009.
[145] 杉原知道. Levenberg-marquardt 法による可解性を問わない逆運動学. 日本ロボット学会誌, Vol. 29, No. 3, pp. 269–277, 2011.
[146] 高野政晴. 「詳説 ロボットの運動学」. オーム社, 2004.
[147] 西脇, 加賀美, 國吉, 稲葉, 井上. 目標 ZMP 追従軌道高速生成法に基づくヒューマノイドのオンライン歩行動作生成. 第 19 回日本ロボット学会学術講演会, pp. 985–986, 2001.
[148] 西脇, 北川, 杉原, 加賀美. ZMP 導出の線形・非干渉化, 離散化によるヒューマノイドの動力学安定軌道の高速生成–感覚行動統合全身型ヒューマノイド H6 での実現-.
[149] 浅野, 羅, 山北. 受動歩行を規範とした 2 足ロボットの歩容生成と制御. 日本ロボット学会誌, Vol. 22, No. 1, pp. 130–139, 2004.
[150] 原島鮮. 「力学 I, II」. 裳華房, 1972.
[151] 早勢, 市川. 目標値の未来値を最適に利用する追値制御. 計測自動制御学会論文集, Vol. 5, No. 1, pp. 86–94, 1969.
[152] 大須賀, 桐原. 受動歩行ロボット quartet ii の歩行解析と歩行実験. 日本ロボット学会誌, Vol. 18, No. 5, pp. 737–742, 2000.
[153] 杉原知道, 舛屋賢, 山本元司. 三次元高精度姿勢推定のための慣性センサの線形・非線形特性分離に基づいた相補フィルタ. 日本ロボット学会誌, Vol. 31, No. 3, pp. 251–262, 2013.
[154] 中岡慎一郎. 拡張可能なロボット用統合 GUI 環境 Choreonoid. 日本ロボット学会誌, Vol. 31, No. 3, pp. 12–17, 2013.
[155] 中村, 山根, 長嶋. 構造変化を伴うリンク系の動力学計算法とヒューマンフィギュアの運動計算. 日本ロボット学会誌, Vol. 16, No. 8, pp. 1152–1159, 1998.
[156] 中村仁彦, 花房秀郎. 関節型ロボットアームの特異点低感度運動分解. 計測自動制御学会論文集, Vol. 20, pp. 453–459, 1984.
[157] 中野, 小森谷, 米田, 高橋. 「大学院情報理工学 4：高知能移動ロボティクス」. 講談社, 2004.
[158] 長阪, 稲葉, 井上. 体幹位置コンプライアンス制御を用いた人間型ロボットの歩行安定化. 第 17 回日本ロボット学会学術講演回予稿集, pp. 1193–1194, 1999.
[159] 長阪憲一郎. 動力学フィルタによる人間型ロボットの全身運動生成. 東京大学博士課程論文, 2000.
[160] 長沼伸一郎. 「物理数学の直感的方法：第二版」. 通商産業研究社, 2000.
[161] 長谷, 西口, 山崎. 3 次元筋骨格系と階層的神経系を有する 2 足歩行モデル. バイオメカニズム 15–形と動きの探求–, pp. 187–197, 2000.

[162] 田所諭. Impact タフ・ロボティクス・チャレンジの概要と成果 – 災害でロボットが人命を救うために –. 日本ロボット学会誌, Vol. 37, No. 9, pp. 789–794, 2019.
[163] 土谷, 江上. 「ディジタル予見制御」. 産業図書, 1992.
[164] 藤原, 金広, 梶田, 横井, 齋藤, 原田, 比留川, 五十棲. 等身大ヒューマノイドロボットの後方転倒制御の実現. 日本ロボット学会誌, Vol. 23, No. 4, pp. 427–434, 2005.
[165] 竹中透. 「脚式移動ロボットの歩行制御装置」. 特許広報 (B2), 特許第 3148829 号, 2001.
[166] 竹中透, 松本隆志. 「脚式移動ロボットの動作生成装置」. 公開特許広報 (A), 特開 2002-326173, 2002.
[167] 内山 勝, 中村 仁彦. 「岩波講座ロボット学 2: ロボットモーション」. 岩波書店, 2004.
[168] 日本機械学会編. 「新技術融合シリーズ：第 7 巻 生物型システムのダイナミックスと制御」. 養賢堂, 2002.
[169] 井上博允, 金出武雄, 安西祐一郎, 瀬名秀明. 「岩波講座ロボット学 1: ロボット学創成」. 岩波書店, 2004.
[170] 比留川, 原田, 梶田, 金子, 金広, 藤原, 森澤. 接触力凸多面錐に基づくヒューマノイドロボットの動作生成 ～第 1 報 接触状態遷移判定法. 第 10 回ロボティクスシンポジア講演予稿集, pp. 139–146, 2005.
[171] 布川, 中山, 谷野. 「線形代数と凸解析」. コロナ社, 1990.
[172] 美多勉. 高速二足歩行ロボットのディジタル制御. コンピュートロール, No. 2, pp. 76–87, 1983.
[173] 本田技研. Honda ニュースリリース, さらなる進化を遂げた「新型 ASIMO」と、ロボティクス研究および応用製品の総称「Honda Robotics」を発表 (2011 年 11 月 08 日), 2011. https://www.honda.co.jp/news/2011/c111108a.html.
[174] 吉野龍太郎. 歩行パターン・レギュレータによる高速歩行ロボットの安定化制御. 日本ロボット学会誌, Vol. 18, No. 8, pp. 1122–1132, 2000.
[175] 浪花智英. 「Octave/Matlab で見るシステム制御」. 科学技術出版, 2000.